내가 궁금할 땐 뇌과학

OUT OF YOUR MIND

Copyright ⓒ 2025 by Jorge Cham and Dwayne Godwin
All rights reserved.

Korean translation copyright ⓒ 2025 by RH Korea Co., Ltd.
Korean translation rights arranged with The Gernert Company Inc.
through EYA Co.,Ltd

이 책의 한국어판 저작권은 EYA Co.,Ltd를 통해
THE GERNERT COMPANY Inc.와 독점 계약한 ㈜알에이치코리아가 소유합니다.
저작권법에 의하여 한국 내에서 보호를 받는 저작물이므로 무단 전재 및 복제를 금합니다.

내가 궁금할 땐 뇌과학

우리의 행동을 결정하는 뇌에 관한
11가지 흥미로운 질문

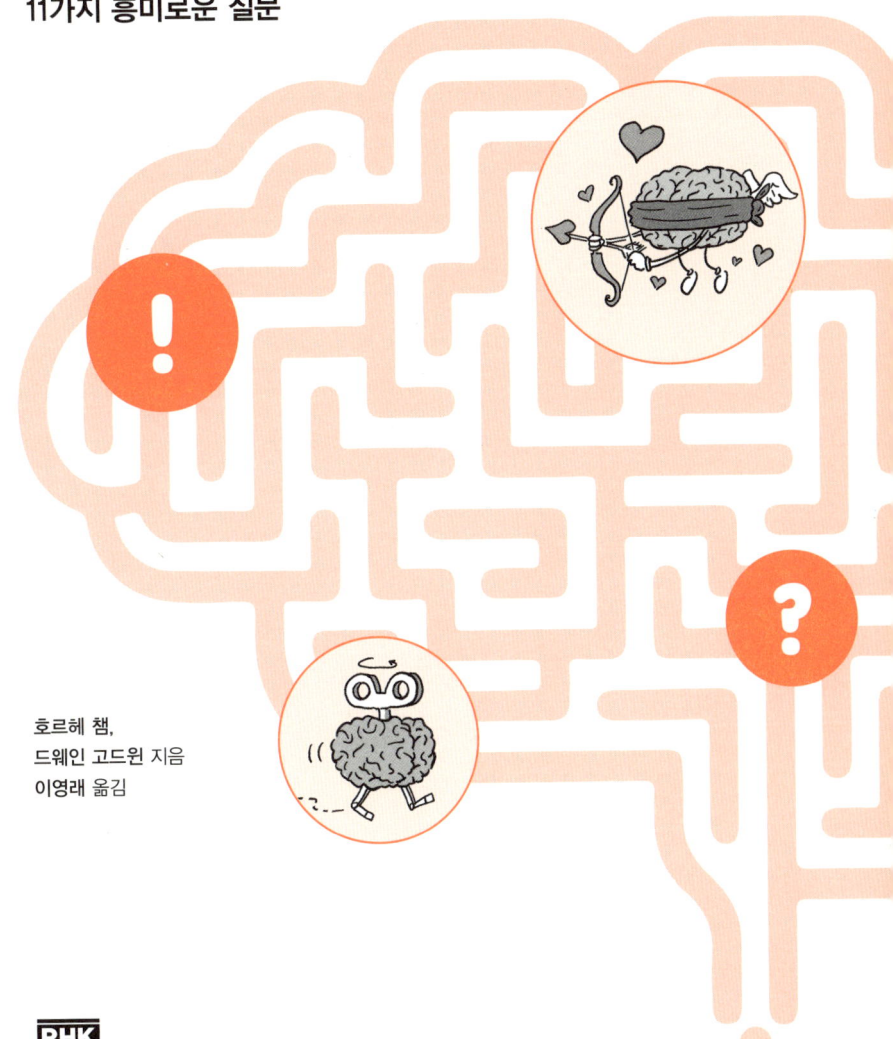

호르헤 챔,
드웨인 고드윈 지음
이영래 옮김

내가 아는 가장 똑똑하고 행복한 두뇌,
나의 형 제이미에게 바칩니다
— 호르헤 챔

내 아내 마르시아,
내 아들 루카스, 내 딸 사만다에게 바칩니다.
이들은 곧 내 인생입니다.
— 드웨인 고드윈

일러두기

- 저자의 말은 ●로, 옮긴이의 말은 ○로 표기했습니다.
- 책 제목은 『 』로, 잡지 등의 매체명과 영화, 방송 프로그램 제목은 〈 〉로 묶었습니다.
- 국내에 소개된 작품명은 한국어판 제목을 따랐습니다. 국내에 소개되지 않은 작품명은 제목을 독음대로 적거나 우리말로 옮긴 후 원어를 병기했습니다.
- 원서에서 대문자로 강조한 부분은 고딕체로, 이탤릭체로 강조한 부분은 굵은 서체로 바꾸었습니다.

추천의 글

인간의 뇌라는 우주를 탐험하는 훌륭한 우주선

20만 명이 넘는 학생들과
실시간 라이브수업으로 과학의 즐거움을 나누는
과학 커뮤니케이터 엑소쌤이 추천하는 뇌과학 도서

혹시 뇌과학 책을 펼쳤다가 이런 생각이 든 적이 있나요? '뇌과학 도서들은 너무 복잡하고 어려워서 선뜻 손에 안 잡혀.' 저도 어릴 때 뇌과학 책을 펴면, 낯선 용어와 딱딱한 설명 때문에 금방 덮어버리곤 했습니다. 그런데 이 책은 책장을 펼치자마자 빠져들었습니다. '이런 책을 좀 더 일찍 접했더라면 뇌과학이 훨씬 흥미로웠겠구나' 하는 생각이 들었죠.

이 책은 만화가 호르헤 챔과 신경과학자 드웨인 고드윈이 15년 넘게 협업한 끝에, 인간 정신의 본질적인 질문을 만화와 글로 멋지게 풀어낸 책입니다. 두 사람이 샌드위치 가게에서 나눈 대화는 '우주에서 가장 복잡한 대상(뇌)을 인류가 만들어낸 아주 단순한 스토리텔링 도구(만화나 삽화)로 설명할 수 있을까?'라는 실험으로 확장되었고, 그 결과 '뇌'라는 내 몸의 작지만 복잡한 소우주에 관한 만화가 탄생했습니다. 쉽게 이해할 수 있으면서도 과학자들의 실험 이야기가 들어 있어서 흥미롭고, 뇌에 관한 최신 지식까지 담아 읽는 재미와 깊이를 겸비했습니다.

첫 장은 '정신은 어디에 있을까?'라는 질문으로 시작합니다. 누구나 한 번쯤 '나라는 사람을 만드는 정신은 어디에서 비롯될까?', '기억, 감정, 영혼은 도대체 무엇일까?'라는 의문을 가져본 적이 있을 겁니다. 저자들은 뇌 속 860억 개의 뉴런(신경세포)이 서로 연결되고, 다시 끊임없이 재구성되면서 우리의 기억, 감정, 그리고 '나 자신'이라는 감각을 만들어낸다고 설명합니다. 이는 마치 수많은 전구가 복잡하게 연결된 네온사인이 켜졌다 꺼졌다 하면서 하나의 화려한 그림을 보여주는 것과 비슷합니다.

2장과 3장에서는 '왜 우리는 사랑할까?', '왜 우리는 혐오할까?' 라는 질문이 이어집니다. 누군가를 좋아하거나, 어떤 음식을 싫어할 때 뇌 속에서는 보상 시스템이라는 회로가 움직입니다. 놀랍게도 뇌는 자극을 받은 지 약 0.2초 만에 반응을 시작해, 사랑이나 혐오와 같은 감정을 불러일으킵니다. 사랑과 혐오처럼 정반대에 가까운 감정이 실제로는 서로 연결된 뇌 회로 속에서 조절된다는 사실, 참 신기하지 않나요?

뇌에 관한 우리의 궁금증을 해결해줄 실험과 사례도 풍부합니다. 아이에게 흰 쥐를 보여주면서 무서운 소리를 들려주자, 나중에는 소리 없이 쥐만 봐도 겁을 먹게 된 '리틀 앨버트 실험', 또 좌뇌와 우뇌를 나눈 '뇌 분리 수술' 사례를 통해 좌뇌와 우뇌를 연결해주는 '뇌량'이라는 고속도로가 끊기면 우리가 본 것을 말로 제대로 표현하지 못할 수 있다는 사실을 알려줍니다. 이러한 이야기를 만화와 유쾌한 그림으로 풀어내, 마치 과학 다큐를 재미있는 웹툰으로 보는 듯한 느낌이 듭니다.

나아가 요즘 뜨거운 주제 중 하나인 인공지능(AI)과 뇌과학의 연결도 다룹니다. 과연 인공지능이 인간의 뇌를 뛰어넘을 수 있을까요? 그런데 사실 AI를 만든 원리 자체가 뇌 연구에서 나왔다는 점을 알게 되면, 결국 우리 뇌를 이해하는 것이 미래 기술의 열쇠임을 깨닫게 됩니다.

저자가 서문에서 이야기했듯이, 이 책은 과학을 만능 해답집처럼 포장하지 않고, 과학이란 계속 질문하고 실험하고 수정해 가면서 진실에 가까워지는 과정이라는 것을 보여줍니다. 이 과정을 따라가다 보면, 여러분은 단순한 '정답 수집가'가 아니라 '가설을 세우는 연구자'의 시각을 얻게 될 겁니다. 즉 뇌과학 지식뿐만 아니라, 어쩌면 그보다 더 중요한 스스로 질문하고 탐구하는 과학적 태도까지 얻게 될 거예요.

이 책은 제가 가장 존경하는 과학 커뮤니케이터이자 천문학자인 칼 세이건의 말로 끝을 마무리합니다. "우주는, 적어도 어느 정도는 그것을 이해한 사람들의 것이다."

뇌를 이해하려는 순간, 여러분은 이미 새로운 세계의 주인이 되는 셈입니다.

결국 이 책은 뇌라는 우주로 떠나는 탐험선이라 할 수 있습니다. 만화라는 지도, 실험이라는 나침반, 그리고 과학적 태도라는 엔진을 달고 있죠. 뇌과학을 처음 접하는 사람들에게 이보다 더 좋은 출발점은 없을 겁니다. 이 책과 함께라면 여러분의 일상이 더 흥미로운 과학으로 가득 차게 될 것입니다.

-엑소쌤 이선호

여는 말

뇌과학으로 당신의 삶을 돌아볼 수 있기를

신경과학자와 만화가, 샌드위치 가게에 들어가다.

웃기려고 하는 이야기가 아닙니다. 우린 그저 배가 고팠을 뿐이에요. 15년 전의 이 만남으로부터 꽤나 재미있고 생산적인 협업이 시작되었습니다. '우주에서 가장 복잡한 대상(뇌)을 인류가 만들어 낸 아주 단순한 스토리텔링 도구(만화나 삽화)로 설명할 수 있을까?'라는 간단한 명제에서 출발한 작업이었습니다.

당시에는 이것이 정말 가능할지 확신이 없었습니다. 다만 뇌에 관해서라면 시각적 스토리텔링이 뉴런이 어떻게 소통하는지, 기억이 어떻게 형성되고 인출되는지, 뇌의 다양한 부분이 어떤 기능을 담당하는지를 효과적으로 설명할 수 있을 거라는 직감이 있었습니다. 만화와 삽화가 뇌의 작동 방식을 단순히 설명해줄 수 있을 뿐만 아니라 보여줄 수 있으리란 생각이 들었던 거죠.

호르헤는 단순한 만화가가 아닙니다. 우리 세대 학자들에게 그는 'PHD(www.phdcomics.com)' 만화 시리즈로 대학원생의 삶이 가진 특유의 불안과 불확실성을 포착한 유일한 만화가입니다. 드웨인은 지난 35년 동안 분자에서 인간에 이르기까지 광범위한 연구를 해온 신경과학자입니다. 현재는 뇌 손상 및 외상 후 스트레스가 군인에게 미치는 영향과 중독에 집중하고 있죠. 공교롭게도 드웨인은 만화를 무척 좋아하기도 합니다. 첫 만남에서 우리는 소장하고 있는 〈엑스맨 X-Men〉 만화책에 관해 이야기하며 친해졌습니다.

함께 작업하면서 우리는 뇌가 만화라는 형식으로 과학을 설명하는 데 있어서 무한한 가능성이 있음을 깨달았습니다. 처음에는 이 만화를 스탠퍼드대학교 D스쿨의 잡지 〈앰비덱스트로스 Ambidextrous〉에 연재했고, 그중 뇌 발달에 대해 다룬 만화 한 편이 2009년 미국 국립과학재단 시각화 공모전 National Science Foundation Visualization Challenge, Vizzies에서 입상했습니다. 이것이 〈사이언티픽 아메리칸 마인드 Scientific American Mind〉 편집진의 관심을 끌었고,

덕분에 수년간 정기 기고자로 활동할 수 있었습니다. 우리는 신경과학 분야의 주요 주제들을 택해 이를 만화로 풀어냈습니다. 재미있을 뿐만 아니라 지적 자극까지 주는 우리의 협업이 지금 당신 손에 들려있는 이 책으로 이어졌죠. 우리는 교과서처럼 보이는 책, 사실만 나열해둔 것처럼 보이는 책을 쓰고 싶지 않았습니다. 우리가 과학에 접근했던 방식과 마찬가지로 호기심 어린 마음으로 뇌에 접근하고 싶었죠. 그래서 사람들이 뇌에 대해 가장 많이 가지는 궁금증을 중심으로 책을 구성하기로 마음먹었습니다.

  이 책에서 초점을 맞춘 것은 '사랑이란 무엇인가?', '증오란 무엇인가?', '자유의지는 존재하는가?'와 같이 매우 기본적인 질문들입니다. 이는 누구나 살다 보면 한 번쯤은 인생의 어느 시점에서 스스로에게 던지는 근본적인 질문이기 때문이죠. 이런 의문들에 대해 깊이 고민하는 것이야말로 이 책의 진짜 목적입니다.

  이런 책을 쓰다 보면, 과학을 마치 세상에 대한 의미 있는 질문에 완벽한 답을 제공하는 신탁처럼 묘사하려는 유혹에 빠지기 쉽습니다. 우리는 이런 접근법이 최근 들어 사람들이 과학에 대한 신뢰를 잃은 이유 중 하나라고 생각합니다. 과학에서 답을 찾는 것은 자연스러운 일이지만, 과학이 단순한 해답의 집합체가 아닌 과정이라는 점을 이해하는 것도 중요합니다. 과학은 진실에 최대한 가까이 다가가기 위해 사고하고, 실험하는 수단입니다.

  알다시피, 뇌에 관한 이야기는 현대 과학을 우리 자신을 이해하는 데 적용한 이야기입니다. 우리가 누구이며, 왜 그런 방식으로 행동하는지 이해하려는 탐구이지요. 뇌과학은 여느 학문 분야와 달리, 생물학, 화학, 물리학, 심리학, 철학, 역사, 의학 등 매우 다양한 학문과 관련되어 있습니다. 결국 뇌과학은 사람에 관한 이야기입니다. 당신은 H.M.이라는 환자 같은 역사적 인물에 대해 배우게 될 것입니다. 그는 거의 평생을 새로운 기억을 만들지 못한 채로 살았던 놀라운 인물입니다. 그리고 H.M.을 연구하면서 인간이 가진 다양한 유형의 기억을 구분할 수 있게 된 브렌다 밀너Brenda Milner와 같은 과학자들도 만나게 될 것입니다. 또한 아마도 역사상 가장 유명한 뇌 손상 환자인 피니어스 게이지Phineas Gage의 사례도 소개합니다. 그가 겪은 큰 사고로 뇌의 전두엽이 얼마나 복잡한지, 그리고 우리의 행동에 얼마나 큰 영향을 주는지 밝혀졌죠.

이 이야기의 밑바탕에는 단순한 전제가 있습니다. 우리가 누구이며, 왜 그런 방식으로 행동하는지에 대한 답은 우리 머릿속에 있다는 것이죠. 그것은 우주에 있는 것도, 별에 쓰여 있는 것도 아닙니다. 당신이 누구인지는 바로 당신의 '머릿속에서out of your mind' 나옵니다. 실제로도 그렇고, 그런 의문의 답을 찾겠다는 것 자체가 어쩌면 조금은 정신이 나간 일일지도 모릅니다.°

   ° 이 책의 원제는 'Out of Your Mind'로 이는 '미친', '제정신이 아닌'이라는 의미가 있다. ㅡ옮긴이

각 장은 이러한 관점에서 뇌에 관한 각기 다른 질문을 다룹니다. 항상 답이 있는 것은 아니지만, 지난 몇백 년간 과학자와 학자들이 머릿속 젤리 덩어리 같은 것에서 어떻게 생각과 행동이 비롯되는지 이해하기 위해 애써온 과정을 보여줍니다.

뇌와 같은 복잡한 주제를 대중 과학 서적에서 다루려는 시도 역시 정신이 나간 짓일지도 모르겠습니다. 각 장은 얻을 수 있는 가장 최신 정보를 바탕으로 철저히 조사한 내용을 담았지만, 놓친 부분이 있을 수도 있습니다. 우리는 여기서 내놓는 답변이 이런 질문들에 대한 최종적인 답이라고 생각하지 않습니다. 그저 현재 우리가 가장 신뢰할 만한 지식이라고 믿을 뿐이죠.

이 책이 조금이나마 당신을 변화시킬 수 있기를 바랍니다. 이 책은 분명 우리를 변화시켰습니다. 사랑, 행복, 죽음과 같은 주제를 깊이 탐구하다 보면 자신의 삶을 진지하게 돌아보지 않을 수 없으니까요. 최소한 이 책을 통해 당신의 생각, 행동, 감정이 어떻게 연결되어 있고, 그것이 당신의 삶을 어떻게 형성하고 인도하는지에 대해 생각해볼 기회가 되길 바랍니다. 어쩌면 이 책이 뇌를 좀 더 효율적으로 쓰는 사람으로 만들어주거나, 뇌의 작동 원리를 탐구하려는 다음 세대의 뇌 과학자가 되는 데 영감을 줄지도 모르죠.

놀라운 뇌에 대한 차세대의 위대한 통찰이 어쩌면 당신의 머릿속에서 나올 수도 있습니다.

-호르헤 챔 & 드웨인 고드윈

차 례

추천의 글	인간의 뇌는 우주를 탐험하는 훌륭한 우주선	7
여는 말	뇌과학으로 당신의 삶을 돌아볼 수 있기를	11
1장	정신은 어디에 있을까?	18
2장	왜 우리는 사랑할까?	52
3장	왜 우리는 혐오할까?	86
4장	인공지능이 내 일자리를 빼앗을까?	124
5장	기억에 한계가 있을까?	156
6장	중독이란 무엇일까?	204

7장	의식이란 무엇일까?	246
8장	무엇이 우리를 행복하게 만들까?	284
9장	우리에게는 자유 의지가 있을까?	334
10장	죽으면 어떤 일이 일어날까?	388
11장	무엇이 우리를 인간답게 만들까?	424

맺는 말	여전히 광활한 미지의 영역인 우리의 정신과 뇌	462
감사의 말		468
주		470

1장

정신은
어디에 있을까?

지금 당신은 어디에 있는가? 아마도 집과 같은 특정한 장소에 있을 것이다. 어쩌면 휴가 중이어서 햇살 좋은 해변에 느긋하게 누워 있을지도 모르겠다. 또는 출근길에 오디오북으로 이 책을 듣고 있을 수도 있다. 주변을 둘러보면 자신의 위치를 쉽게 알 수 있을 것이다.

그럼 좀 더 흥미로운 질문을 던져보겠다. '진정한 **당신**은 어디에 있는가?' 당신의 몸이 아니라, 당신이 자신이라고 인식하는 그것, 즉 당신의 정신 말이다. 희망, 꿈, 생각, 기억, 강점과 약점의 조합.

당신의 콤플렉스, 취향, 신념, 정서, 본능의 총합 말이다. 인간으로서의 **당신**이라는 개념, 당신을 인간으로 만드는 그것은 몸이라는 경계 안 어디에 존재할까?

그 답은 처음에는 꽤 단순해 보인다. 그 대부분은 머릿속에 있다.

과학이 밝혀낸 사실 중 하나는 뇌가 의식이 존재하는 진원지라는 것이다. 뇌는 사령탑이자 감독이며, 당신의 삶에서 깨어 있는 모든 순간을 처리하고 저장하는(일시적으로라도) 금고이다.

그야말로 **사람**처럼 복잡하고 심오한 존재가 고작 3파운드(약 1.36킬로그램)의 젤리 같은 덩어리 안에 담겨 있다는 사실은 쉽게 믿어지지 않는다. 부피로 따지면, 당신의 뇌는 1리터짜리 탄산음료 병과 비슷한 크기다. 이렇게 상대적으로 작은 물체에 인간을 구성하는 모든 것을 담는 일은 불가능해 보인다. 어쨌든 인류가 지구상의 모든 종을 능가하고, 우주의 수많은 수학적 법칙을 해독하고, 우주의 끝자락까지 탐험할 수 있게 한 모든 것이 두뇌 안에 담겨 있다. 대부분 물(75퍼센트)로 이루어진 것에 어떻게 그런 힘이 담겨 있을까?

하지만 뇌는 강력한 기계이다. 그 복잡함은 이해가 도저히 미칠 수 없을 정도이다. 외관상으로는 별것 없어 보이지만, 그 안에는 860억 개가 넘는 처리 장치가 있다. **뉴런**이라 불리는 이 작은 장치 각각은 외부 세계로부터 매일 쏟아져 들어오는 정보에 적응하고 그 정보를 학습하는 복잡하고 변화무쌍한 연결을 통해 수만 개의 다른 뉴런과 소통한다. 뇌는 우리가 접할 수 있는 가장 복잡한 대상인 동시에, 뇌가 어떻게 작동하는지 이해하기 위해 우리가 사용하는 바로 그 도구이기도 하다.

그렇다면 뇌는 어떻게 작동할까? 그 모든 연결이 어떻게 우리의 성격을 형성하고 주변 세계를 인식하게 하는 것일까? 이 조밀한 회로와 복잡한 전기 신호의 소용돌이 속 어디에서 당신이라는 독특한 자아가 생겨나는 것일까? 당신이라는 존재는 뇌에서 어떻게 저장되고 표현되는 것일까?

이 질문의 답을 찾아내기까지 인간은 수천 년에 걸친 자기 성찰이 필요했다. 과학자들은 뇌가 어떤 구조로 되어 있는지, 세포 및 분자 수준에서 뇌 속 세포들이 어떻게 활성화되고 서로 소통하는지에 대해서 많은 것들을 배워야 했다. 그러나 이 모든 것들이 어떻게 하나로 맞물려 작동하는지에 대한 우리의 이해에는 여전히 큰 공백이 있으며, '정신'이라고 부를 수 있는 것의 정의를 둘러싼 무수한 논쟁이 있다. 이것은 고대 문명에서 시작되어 현대 기술의 최전선에서 계속되고 있는 이야기이다. 우리 몸속에서 정신을 찾으려는 탐구는 우리의 가장 먼 기억만큼이나 오래되고 인간적이다.

아리스토텔레스의 심장

'나 자신은 몸속 어디에 있는가?' 하는 의문은 먼 과거부터 존재했다. 기원전 4세기, 아리스토텔레스Aristotle는 사람의 생각과 행동을 규정하는 것이 심장에 있다고 생각했다. 그는 인간의 몸을 관찰

한 뒤, 심장이 존재의 중심이며 다른 장기들은 주로 심장을 보살피고 지원하는 역할을 한다고 추론했다.

그는 두개골 속의 젤리 같은 장기가 열을 방출해 몸과 심장을 식히기 위한 일종의 환풍기 같은 기능을 한다고 생각했다. 아마도 아리스토텔레스는 뇌를 실제로 보고, 그 꼬불꼬불하고 울퉁불퉁한 모습과 많은 혈관을 관찰한 뒤 그 주름진 형태에 분명 어떤 기능적인 의미가 있으리라고 추론했을 것이다. 완전히 틀린 생각은 아니었다. 인간의 뇌는 표면적을 최대화하기 위해 진화했으니까 말이다. 다만 열을 더 쉽게 방출하기 위해서가 아니라, 주로 더 많은 뇌세포를 담고, 세포 간의 연결을 더 효율적으로 만들기 위해서였다.

아리스토텔레스에게 엄격한 판단의 잣대를 들이밀기 전에, 잠시 생각해보라. 뇌를 가슴속에 넣는 것이 더 합리적이지 않았을까? 당신이 인간을 만든다고 상상해보라. 가장 중요한 장기, 모든 결정을 내리는 장기를 몸의 맨 위에 있는 가느다란 줄기 끝에 두겠는가? 중앙 관제소는 근육과 흉곽이 보호하고 양쪽에 두 개의 부드

러운 폐가 있는 몸의 중앙에 두는 편이 더 실용적이지 않을까? 아리스토텔레스의 논리는 완전히 터무니없는 것이 아니었다.

오늘날에도 우리는 다양한 감정을 뛰고 있는 심장과 연관 짓는다. 커다란 기쁨, 놀람, 슬픔 등 강렬한 감정을 느꼈을 때를 기억해 보라. 자동으로 가슴을 움켜쥐거나 명치 쪽이 철렁 내려앉는 듯한 느낌을 받지 않았는가? 심장을 우리 존재의 핵심으로 여기는 것은 자연스러운 반응이다.

많은 기록에 따르면 아리스토텔레스는 매우 똑똑한 사람이었지만, 안타깝게도 정신과 의식에 대한 그의 개념에는 매우 근본적인 추론의 오류가 존재한다. 그의 결론은 주로 자아가 **마땅히** 있어야 할 곳에 대한 **생각**을 기반으로 했을 뿐, 실제로 자아가 어디에 있는지에 대한 **관찰**을 기반으로 하지 않았다.

고대 이집트인들은 아리스토텔레스보다 천 년 이상 앞서 살았던 사람들이었지만 이 문제를 그보다 정확하게 파악했다. 그리스인들조차 몰랐던 뇌에 관한 지식이 고대 이집트인들에게 있었다는 증거가 있다. 고대 세계에서 피라미드가 건설되던 무렵, 무거운 절단 도구와 거대한 돌덩어리를 옮기면서 수많은 사고가 발생했다. 이런 뼈저린 경험을 하면서 이집트 노동자들은 머리의 부상이 치명적일 수 있다는 것을 깨달았다. 우리는 당시의 의사들이 남긴 기록을 통해 이 사실을 알 수 있다.

이런 기록 중 하나가 『에드윈 스미스 파피루스 Edwin Smith Papyrus』

이다. 이 파피루스°는 에드윈 스미스가 쓴 것이 아니다. 이런 이름이 붙여진 이유는 에드윈 스미스라는 사람이 또 다른 누군가로부터 이 두루마리를 구매했기 때문이다. 이 파피루스는 기원전 1700년경(또는 그 이전)에 작성된 것으로 알려져 있지만, 작성자가 누구인지는 명확하지 않다. 한 가지 분명한 것은 이 파피루스를 작성한 사람이 부상의 관찰, 진단, 치료에 과학적 접근법을 사용했다는 점이다. 이 문서에는 두개골 및 상체의 48가지 부상 사례와 함께 관찰된 증상과 가능한 치료법이 상형문자로 적혀 있다. (파피루스는 중간 부분에서 갑자기 끝난다. 이를 통해 저자가 신체의 나머지 부분에 대한 부상 사례도 기록하려 했음을 알 수 있다.)

이 문서는 의학 역사에서 대단히 중요한 문서이다. 부상과 증상

° '파피루스'는 고대 이집트에서 사용된 종이 대용품으로, 파피루스라는 식물의 줄기 섬유로 만든다. 여기에서는 파피루스에 기록된 고대 문서를 뜻하는 말로 쓰였다. _옮긴이

| 『에드윈 스미스 파피루스』에 담긴 끔찍한 사례들

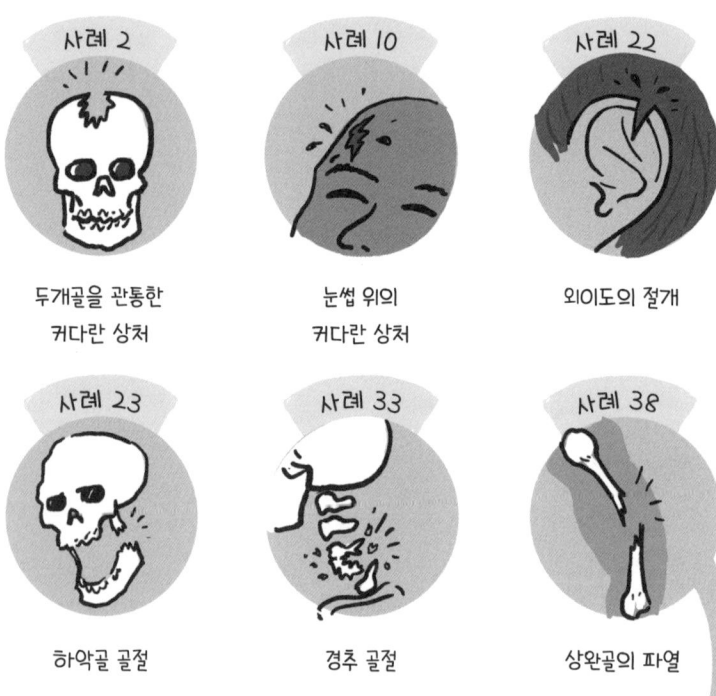

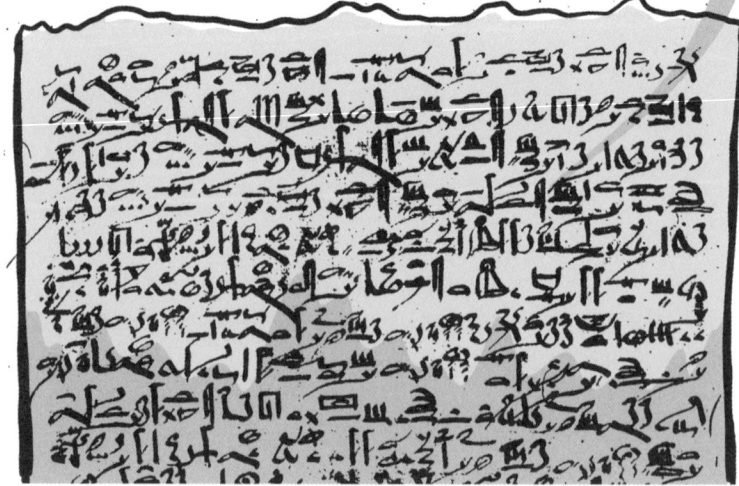

을 연결해, 인간이 어떤 현상을 더 잘 이해하기 위한 방법으로 관찰과 기록을 사용한 가장 오래된 사례이기 때문이다.

우리 논의에서 이 파피루스가 중요한 이유는 뇌에 대한 최초의 기록을 담고 있기 때문이다. 이 파피루스에 기록된 한 세트의 상형문자는 인간의 언어로 머릿속 기관을 나타낸 가장 오래된 단어로 알려져 있다.

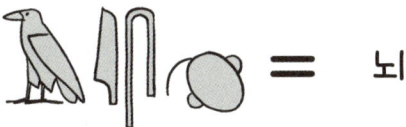

파피루스에 설명된 48건의 사례 중 27건은 머리 부상을 다루고 있다. 특히 20번 사례에서는 뇌 손상으로 말을 할 수 없게 된 환자에 대해 설명한다. 이 문서에는 이 상태에 대한 치료법이나 처방이 기록되어 있지 않지만, 뇌를 잘못 건드리는 것이 사고와 소통 능력에 직접적인 영향을 미친다는 점을 고대 이집트인들이 이해하고 있었음을 보여준다.

뉴턴의 탄성적 기운

뇌가 사고에 중요하다는 것을 이해한 후, 다음 단계는 그 작동

원리를 파악하는 것이었다. 이것은 쉬운 일이 아니었다. 예를 들어, 누군가가 당신의 손에 간이나 신장과 같은 장기를 쥐어주며 그 안에 놀라운 생물학적 비밀이 들어있다고 말한들, 그 비밀을 어떻게 알아낸단 말인가? 그렇다면 어디서부터 시작해야 할까? 인간은 뇌가 인지 능력의 핵심이라는 것을 깨달았지만, 뇌가 작동하는 방식은 여전히 미스터리였다.

흥미롭게도 이 질문에 대한 초기의 단서는 우리가 보통은 뇌 과학과 연결 지어 생각하지 않는 인물로부터 비롯되었다. 바로 아이작 뉴턴 Isaac Newton이다. 그가 물리학의 기초를 마련한 천재적인 두뇌를 가졌다는 것은 잘 알려진 사실이지만, 우리가 모르고 있는 것이 있다. 그가 뇌의 작동 방법에 대한 초기 이론도 제시했다는 점이다.

1713년, 뉴턴은 운동의 법칙과 만유인력의 법칙을 확립한 그의 기념비적 저서 『자연철학의 수학적 원리 Philosophiae Naturalis Principia

Mathematica』에서 뇌에 대해 언급했다. 뉴턴은 이 책에 담긴 수학 공식들 사이에서 신경을 따라 전달되는 "전기적·탄성적 기운electric and elastic spirits"이 뇌를 이해하는 열쇠일 것이라고 추측했다.

> 모든 감각은 자극을 받아 활성화되고, 동물의 몸속 기관은 의지의 명령에 따라 움직인다. 이는 신경의 단단한 섬유를 통해 감각 기관에서 뇌로, 그리고 뇌에서 근육으로 상호 전달된 이 기운의 진동에 의한 것이다.

그는 자신이 주제를 약간 벗어났다는 것을 깨달은 듯, 다음과 같은 말을 덧붙였다.

> 그러나 이런 현상은 몇 마디로 설명할 수 있는 것이 아니며, 이 전기적·탄성적 기운이 작용하는 법칙을 정확히 판단하고 증명하는 데 필요한 충분한 실험도 없었다.

어쨌든 뉴턴의 말은 당시 점차 일반화되고 있었을 이해를 반영한다. 신경계가 신경nerves이라는 것으로 배선된 일종의 전기-기계 장치이며, 뇌의 비밀은 뇌 속을 흐르고 신체의 여러 부위로 오가는 신호에 있을지도 모른다고 본 것이다.

수십 년이 흘러 1790년대에 이탈리아인 루이지 갈바니Luigi Galvani는 뇌의 전기적 성질에 대한 더 많은 증거를 제시했다. 갈바니는 해부학을 공부한 의사였으며, 특히 개구리에 큰 관심을 가졌다. 그는 정전기를 일으키는 기계를 이용해 개구리의 신경에 전기 충격을 가하면 근육이 움직인다는 것을 보여주었다.

이로써 신경과 사고를 가동하는 시스템이 전기로 활성화된다는 사실이 확인됐다.

루이지 갈바니는 더 많은 실험을 진행했고, 이 '동물 전기animal electricity'의 주된 원천이 뇌임이 분명하다고 결론지었다. 일부에서는 그의 실험이 당시 유행한 공연에 직접적인 영감을 주었다고 생각한다. 공연자들이 전기를 이용해 인간 시체를 움직이게 하는 끔찍한 '전기 자극' 쇼를 무대에 올렸던 것이다. 이 공연은 젊은 작가 메리 셸리Mary Shelley의 호기심을 자극했다. 그녀는 대표작 『프랑켄슈타인: 현대의 프로메테우스』 서문에서 자신이 이런 공연의 영향을 받았다고 밝히고 있다.

뇌라는 기계의 구조를 밝히다

이 시점에서 어떤 방법인지는 정확히 몰라도 뇌가 우리의 움직임과 생각을 통제하며, 일종의 전기 신호를 통해 이 일을 한다는 것이 분명해졌다. 19세기 중반에 전기에 대한 관심이 커진 것은 우연이 아니다. 1840년에 유선 전신이 발명되면서 모스 부호로 암호화된 전기 신호를 통해 유럽 전역의 국가들이 연결되었다. 곧이어 전기공학에 위대한 족적을 남긴 니콜라 테슬라Nikola Tesla가 태어났고, 『프랑켄슈타인』 같은 소설은 인간이 이 생명을 불어넣는 힘을 포착하고 통제하려 하는 데 따르는 가능성과 위험을 내비쳤다. 더 중요한 것은 19세기 전반에 '생각하는 기계'라는 개념이 처음 등장했다는 점이다.

찰스 배비지Charles Babbage는 수학자이며 계산을 자동화할 수 있다는 사실을 처음 깨달은 인물이다. 그는 1823년 차분기관Difference Engine을 설계했다. 이 기계는 숫자를 더하고 이후의 계산을 위해 숫자를 저장할 수도 있는 기계식 계산기였지만 실제로 구현하지는 못했다.

이러한 흐름 속에서 인류는 인지 능력의 기원을 이해하기 위한 탐구를 계속했다. 뇌는 전기 신호로 작동하는 계산기와 같은 것일까? 뇌의 작동 원리를 기어, 모터, 전선과 같은 부품으로 설명할 수 있을까? 이것을 알아내는 방법은 단 하나, 뇌를 해부하는 것뿐이었다.

이 시기 뇌과학의 진보는 두 갈래로 이루어졌다. 하나는 뇌 손상 환자를 연구하는 것(그다음 그들의 뇌를 해부하는 것)이었고, 다른 하나는 뇌에 전기 자극을 가해 각 부분이 어떤 기능을 하는지 실험하는 것이었다.

뇌 연구에 자원하기에 좋은 시기는 아니었다.

뇌가 풀기 어려운 퍼즐 상자와 같다면, 그 작동 원리를 알아내는 한 가지 방법은 제대로 작동하지 않는 뇌를 연구하는 것이다. 1861년, 프랑스 과학자 폴 브로카Paul Broca는 언어 장애를 가진 환자에 관심을 갖게 되었다. 브로카는 정상적으로 말할 수 없는 루이 르보르뉴Louis Leborgne라는 환자의 관찰 결과를 보고했다. 르보르뉴의 별명은 '탄Tan'이었다. 그것이 그가 말할 수 있는 유일한 단어였기 때문이다. 그러나 명령을 따를 수 있는 것을 보면 언어 자체에 대한 전반적인 이해는 가능한 것이 분명했다.

시간이 지나 실어증aphasia이라고 불리게 된 이 상태는 말하기를 담당하는 신체 부위(입술, 혀, 목)가 정상임에도 불구하고 말을 할 수 없는 증상을 뜻한다.

브로카는 르보르뉴를 대상으로 연구를 진행하고 증상을 평가했으며, 이후 감염과 괴사로 그가 갑자기 사망하자 부검을 실시해 뇌를 해부했다. 그 과정에서 브로카는 특이한 점을 발견했다. 르보르뉴의 뇌 바깥층 왼쪽 앞부분의 작은 부위가 손상되어 있었던 것이다.

르보르뉴는 과거 어느 시점에 뇌졸중을 겪었던 것으로 드러났다. 뇌졸중은 뇌 동맥이 혈전으로 막히거나 뇌 동맥이 터져 혈액이 산소를 운반하지 못하게 되면서 세포가 산소 부족으로 질식하는 현상을 말한다.

브로카는 탄의 언어 능력 장애를 그 부분의 뇌 손상과 관련지었다. 그 부분의 세포를 파괴하면 다른 일은 정상적으로 하면서도 말하는 능력은 잃게 된다.

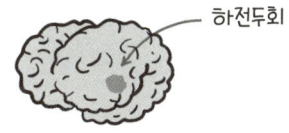

다시 말해, 브로카는 언어를 구사하는 능력이 오늘날 하전두회 inferior frontal gyrus라고 부르는 뇌의 특정 부위와 관련이 있다는 것을 정확히 짚어냈다. "내 생각이 맞았어"라는 뜻으로 왼쪽 관자놀이를 손가락으로 톡톡 칠 때의 바로 그 부위이다. 브로카는 이 한 명의 환자에서 연구를 그치지 않고 르보르뉴와 비슷한 증상을 보이는 더 많은 환자들을 통해 이 관찰이 옳다는 것을 확인했다.

브로카의 연구 결과는 당시 새롭게 제기된 뇌 이론에 힘을 실어주었다. 뇌가 여러 영역으로 나뉘어 있고, 각 영역이 사고 능력의 특정 부분을 담당한다는 이 이론은 초반에 과학적 근거가 부족했다. 온라인에 '골상학 도표'를 검색하면 사람의 두상에 '미美', '품위', '우정'과 같은 영역이 표시된 당대의 그림을 볼 수 있다. 하지만 브로카는 이런 일반적인 생각에 과학적 증거를 더했다. 최소한 언어 구사와 관련해서는 특정 뇌 부위와 직접적인 인과 관계가 있음을 보여준 것이다.

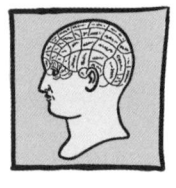

아마추어!

브로카의 연구에 대해 알게 된 독일의 신경학자 카를 베르니케 Carl Wernicke는 자신의 환자 중 일부가 브로카의 환자들과 반대되는 증상을 겪고 있다는 것을 깨달았다. 언어를 이해하지만 말을 할 수 없는 르보르뉴와 달리, 베르니케의 환자들은 말할 수 있었지만 단어를 의미 있게 사용하는 방법을 이해하지 못했다. 그들이 만드는 문장은 문법적으로 문제가 없었지만 의미가 전혀 통하지 않았다. 예를 들어 그들은 "나는 풍선 후에 타조 불도저를 웃었다"라는 식으로 말했다. 또는 단어를 인식하기는 했지만 그 의미를 알지 못했다. 이 유형의 장애는 **감각성 실어증**sensory aphasia 또는 **수용성 실어증**receptive aphasia이라고 불린다.

베르니케는 이 환자들 역시 뇌가 손상되었지만, 브로카의 환자들과는 전혀 다른 부위인 왼쪽 귀 뒷부분이 손상된 것을 발견했다. 이 부위가 손상되면 단어를 이해하는 뇌의 능력이 감소하는 듯하다.

즉 뇌에는 언어를 담당하는 두 개의 영역이 있고, 각각은 다른 기능에 특화되어 있다. 브로카 영역은 언어 **생성**, 베르니케 영역은 언어 **해독**과 관련된다. 오늘날 우리는 이 두 영역이 특수한 신경 섬유 뭉치(궁상섬유arcuate fasciculus)로 연결되어 서로 협조해 언어를 처리한다는 사실을 알고 있다.

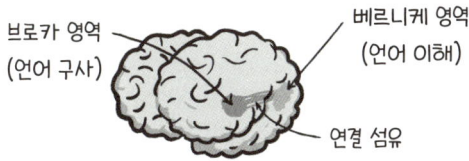

이 두 사례는 뇌가 어떻게 작동하는지에 대한 중요한 단서를 제공한다. 뇌는 우리의 성격과 지능이 형성되는 균질한 덩어리가 아니다. 뇌에는 사고 능력의 다양한 측면을 담당하는 특정 영역이 있으며, 이 영역들은 서로 **소통**하면서 '나'라는 존재를 만들어간다.

뇌 구조에 대한 이해는 19세기 과학자들이 뇌에 전기 자극을 가하는 실험을 시작하면서 더 명확해졌다.

전기 충격

미리 주의를 주자면, 19세기 후반의 뇌과학 논문을 읽는 것은 꽤나 불편할 수 있다. 오늘날의 연구실, 특히 동물 실험을 진행하는 연구실은 이런 유형의 실험을 할 때 엄격한 규칙과 조건을 따른다. 하지만 당시에는 기준이 훨씬 느슨했다. 그럼에도 불구하고, 우리가 오늘날 뇌에 대해 알고 있는 일부 지식이 이런 실험을 기반으로 하고 있다는 점은 인정해야 한다.

예를 들어, 1874년 스코틀랜드의 의사 데이비드 페리어David Ferrier는 『뇌의 기능The Functions of the Brain』이라는 기대감을 주는 제목의 책을 출간했다. 이 책에는 원숭이를 포함한 여러 종류의 동물 뇌에 전기 자극을 가한 실험의 내용이 상세히 기록되어 있다.

이런 전기 탐침은 보통 뇌전증이나 뇌종양 치료를 위한 신경외과 수술 중 환자에게 시행된다. 전신 마취 상태에서 두개골에 구멍을 뚫고(개두술craniotomy이라고 불림) 뇌를 덮고 있는 조직을 절개해 뇌가 노출되면 구멍 주변 피부에 국소 마취를 한 후 환자를 깨운다. 뇌에는 통각 수용체가 없어서 환자가 아무것도 느끼지 못하기 때문에 괜찮다.

페리어는 원숭이의 뇌 표면을 자극하면 마치 버튼을 누르는 듯한 반응이 오는 것을 발견했다. 뇌의 특정 부위를 자극하면 원숭이의 몸 일부가 움직였고, 움직이는 몸의 부위는 자극을 받은 뇌의 영역에 따라 달라졌다. 한 부위를 자극하면 팔이 움직였고, 다른 부위를 자극하면 다리가 움직였다. 페리어는 다양한 대상에 탐침 실험을 계속하면서, 뇌 부위와 몸의 움직임 사이의 대응 관계가 규칙적이고 일관적이라는 것을 확인했다.

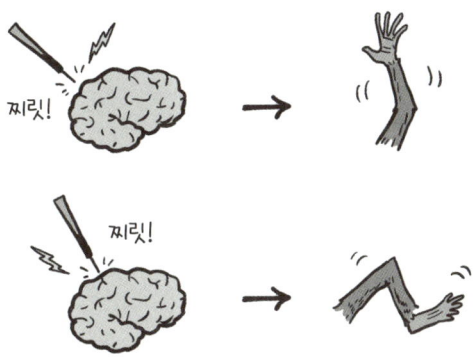

신경외과 의사들과 신경과학자들은 이런 관찰 결과에 주목했고, 인간을 대상으로 하는 수술에도 적용할 수 있으리라 생각했다. 그들은 뇌를 통제된 방식으로 자극하는 이러한 방법을 통해 표적으로 하거나 피해야 할 중요 부위를 파악할 수 있을지 궁금해했다.

신경외과 의사 하비 쿠싱Harvey Cushing과 동료들은 흥미로운 일련의 수술을 통해서 **중심뒤이랑**postcentral gyrus(헤어 밴드를 착용하는 곳 근처에 위치)이라고 불리는 다른 뇌 부위를 자극했을 때 몸에 감각이 생긴다는 사실을 발견했다. 환자들은 마치 무언가가 자신을 만지는 듯한 느낌을 받았다고 말했다. 그리고 이 감각들은 다른 움직임들과 마찬가지로 뇌의 특정 부위와 대응되었다. 뇌의 한 지점을 자극하면 환자는 팔이 만져지는 느낌이라고 말했고, 다른 지점을 자극하면 다리가 만져지는 느낌이라고 말했다.

쿠싱과 다른 신경외과 의사들, 특히 와일더 펜필드Wilder Penfield는 이런 기본 감각과 운동 기능을 생성하는 것으로 보이는 뇌 영역을 연결하는 정교한 지도를 만들었다. 펜필드는 다른 신경외과 의사들이 생각하지 못한 일을 했다. 바로, 화가를 고용해 이러한 영역을 그림으로 나타낸 것이다. 이 협업으로 신체 각 부위의 감각과 운동에 얼마만큼의 뇌 영역이 할당되었는지 보여주는 유명한 그림이 탄생했다. 이 그림은 마치 호문쿨루스homunculus º라 불리는 작은 도깨비처럼 보이는데, 얼굴과 같은 특정 부위에 불균형적으로 많은 뇌 영역이 할당되어 있기 때문이다. 이 그림은 오늘날에도 초

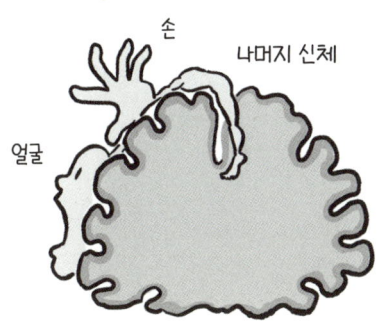

기 뇌 지도의 대표적인 사례로 언급된다.

우리의 의식, 감정, 성격이 뇌 속 어디에 위치해 있는지 보여주는 더 많은 단서는 잘 알려진 피니어스 게이지Phineas Gage의 사례에서 발견된다. 그는 1미터 길이의 쇠막대와 관련된 운명적 사건을 겪었다.

○ '작은 인간'이라는 뜻의 라틴어. 중세 유럽의 연금술사들은 실험실에서 인공적으로 사람을 만들어낼 수 있다고 믿었고, 이렇게 인공적으로 만들어진 아주 작은 인간을 '호문쿨루스'라고 불렀다. _옮긴이

피니어스 게이지가 겪은 신기한 사건

피니어스 게이지는 버몬트주 캐번디시에서 철도 공사 감독관으로 일하고 있었다.

1848년 9월 13일, 그의 작업반은 길을 내기 위해 바위와 돌을 뚫는 작업을 시작했다.

게이지는 쇠막대로 바위 안에 화약을 채우고 있었는데, 화약이 예정보다 일찍 터지고 말았다.

14파운드짜리 막대가 총알처럼 날아와 그의 두개골과 뇌를 관통했다.

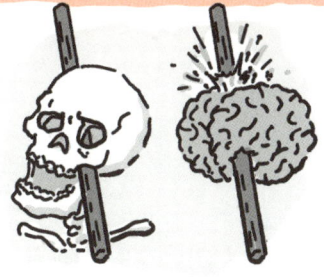
강철 막대는 그의 왼쪽 뺨으로 들어가 뇌의 왼쪽 앞쪽 대부분을 파괴했다.

놀랍게도, 그는 살아남았다.

그는 사고 전까지 모범적인 근로자였지만, 고용주는 그를 복직시켜주지 않았다.

사고는 게이지를 바꾸어 놓았다. 이전의 그는 차분한 사람이었지만…

이제 사람들은 그를 변덕스럽고 충동적이라고 말했으며, 그는 계획을 세우고 실행하는 데 어려움을 겪었다.

친구들조차 "그는 더 이상 게이지가 아니다"라고 말했다.

그는 다시는 감독관으로 일하지 못했다. 대신 여생 동안 여러 가지 잡일을 했다. 하노버에서는 마굿간 일을 했고, 나중에는 칠레에서 마차를 몰았다.

한때는 뉴욕 바넘 박물관의 전시에 등장하기도 했다.

1859년에는 어머니가 계신 샌프란시스코로 이주했다.

얼마 안 가, 그는 발작을 겪기 시작했다.

그리고 1860년 5월 21일에 사망했다.

피니어스 게이지의 극적인 성격 변화는 거의 20년간 잘 알려지지 않았다. 그의 행동이 정상적으로 보였기 때문에 대부분의 사람들은 그가 사고에서 아무 탈 없이 살아남았다고 생각했다. 그래서 처음에 그의 사례는 영역별로 뇌의 기능이 나뉜다는 이론에 **반대하는** 증거로 사용되었다.

나중에는 실어증과 뇌의 전두부의 역할에 대한 의학적 논쟁에서 반증하는 증거로도 사용되었다. 피니어스 게이지가 뇌의 앞부분 중 상당 부분이 손상된 상태에서도 정상적으로 살고 있다면, 그 부위는 그렇게 중요하지 않다고 생각한 것이다. 하지만 결국 그의 성격 변화가 상세히 드러났다.

게이지에게 정확히 무슨 일이 일어났는지 파악하는 데 그렇게 긴 시간이 걸렸던 이유는 아무래도 '집행 기능'과 '충동성'의 변화는 신체의 움직임이나 감각의 변화만큼 쉽게 관찰할 수 없기 때문이었을 것이다.

게이지의 이야기로 성격 같은 것조차 뇌의 특정 부위와 연관될 수 있다는 사실을 알 수 있다. 성격과 관련된 부분의 일부는 안구 뒤에 있는 뇌의 전두엽에 위치한 것으로 보인다. 그 부위를 제거하면 충동을 억제하거나 계획을 세우는 능력이 손상된다.

나라는 존재는 어디에 있을까?

위에서 소개한 실험과 사례들은 뇌에 대한 오늘날의 이해, 즉 뇌가 영역별로 나뉘어 있으며 각 영역이 우리 사고의 특정 부분을 담당한다는 이해로 이어졌다. 기억에 특화된 영역도 존재하며, 하위 영역은 각기 다른 종류의 기억(단기 기억, 장기 기억, 운동 기억)을 저장하는 데 특화되어 있다.

오늘날 우리가 갖고 있는 뇌의 지도를 통해 지각, 기억, 감정에서부터 판단, 논리, 심지어 유머에 이르기까지 모든 것들과 연결된 뇌의 영역을 밀리미터 단위의 정밀도로 파악할 수 있다. 기능적 자기공명영상fMRI을 사용하면 특정 작업을 수행할 때(또는 수행에 대해 생각할 때) 해당 영역이 활성화되는 모습을 관찰할 수 있다(어떤 영역은 여러 작업에서 활성화되기도 한다).

과학자들은 이런 영역들의 네트워크가 서로 협력하여 복잡한 감정과 행동을 만들어내는 방식까지도 관찰할 수 있다. 신경과학자들은 이 정보를 이용해 말 그대로 당신의 두뇌 속을 들여다보며 당

신이 무엇에 두려움을 느끼는지, 거짓말을 하고 있는지, 저녁으로 햄버거와 피자 중 어떤 것을 먹고 싶어 하는지 추측할 수 있다.

따라서 1장의 서두에서 던졌던 '**당신**은 어디에 있는가?'라는 질문의 답은 '**당신**은 조금씩 모든 곳에 존재한다'가 될 것이다. 뇌의 한 영역에는 단어를 이해하고 조합하는 부분이 자리하고, 다른 영역에는 세상을 감지하고 몸을 움직이는 부분이 존재한다. 이 중 어느 하나라도 제거한다면 당신은 전과 똑같은 사람일 수 없다. 물론, 움직이거나 말하는 능력은 당신이 아니고, 성격이나 기억, 취향과 같은 것들만이 진정으로 당신이 누구인지를 드러낸다고 주장할 수 있다.

하지만 생각해보라. 만약 걷거나 말하거나 음악을 듣는 능력이 없었다면 지금과 같은 사람이 될 수 있었을까? 성격 자체가 달라지지는 않을까? 만약 '정신'이 정보를 처리하고 세상과 상호작용 하는 방식의 총합이라면, 뇌의 어느 부분이든 영향을 받는 순간 당신은 달라질 것이다. 아주 작은 변화일지라도 말이다.

그렇다면 '고유함'은 어떨까? 당신을 다른 사람과 다르게 만드는 **당신**은 어디에 있을까? 대부분의 인간의 경우, 뇌의 동일한 영역이 동일한 뇌 기능을 담당한다. 지구 반대편에 있는 두 사람을 골라도, 그들의 뇌의 해부학적 구조는 거의 같을 것이고, 뇌 자극에도 기본적으로 같은 방식으로 반응할 것이다. 말도 안 되는 것 같아 보이겠지만, 공화당 지지자의 뇌는 민주당 지지자의 뇌와 매우

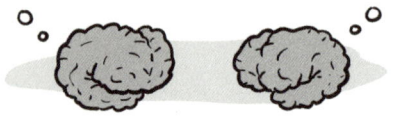

비슷하다.

　그 이유는 당신의 고유함이 뇌의 특정 영역 **안**에 있기 때문이다. 고유함은 각 영역의 뉴런을 연결하는 내부 배선 안에 있다. 나의 좌측 전두엽과 당신이나 다른 사람의 좌측 전두엽은 모두 다른 방식으로 연결되어 있다. 이는 같은 방식으로 반응하지 않는다는 뜻이다. 신경회로가 이렇게 다른 이유는 무엇일까?

　신경회로의 일부는 유전자에 의해 형성되지만, 대부분은 경험에 의해 형성된다. 당신이 발달 과정을 거치는 동안 뉴런은 다른 뉴런을 찾아 연결을 형성하면서 성장한다. 성장에 영향을 미치는 모든 요소가 뉴런의 연결에 영향을 미친다. 그리고 성장이 멈춘 후에도 그 연결은 얼마나 중요한지, 얼마나 자주 사용되는지에 따라 강화되거나 사라진다.

　이것이 우리가 학습하고 기억하는 방식이다. 우리 뇌는 외부 세계에 반응해 변화하도록 미리 프로그래밍되어 있다. 따라서 일란성 쌍둥이조차 전혀 다른 성격이 될 수 있는 것이다.

　일부 과학자들은 우리의 '나다움'에는 뇌뿐 아니라 나머지 신경계는 물론 다른 장기까지 포함되어야 한다고 주장한다. 신체의 일부, 예를 들어 폐나 팔이나 다리를 잃었을 때 그 사람이 이전과 같은 사람일까? 장내 미생물(장내 미생물군집)이 뇌와 장을 연결하는 미주 신경vagus nerve을 통해 기분과 성격에 직접적인 영향을 미친다는 증거도 있다.

여러 연구에 따르면, 하부 소화기관°에 사는 세균의 양과 종류는 행동에 직접적인 영향을 미치며, 스트레스, 불안 수준, 심지어 우울증과 같은 것에도 영향을 줄 수 있다. 그렇다면 '당신'을 정의하는 데에 당신의 변까지 포함해야 하는 것일지도 모른다.

물론, 우리는 아직 모르는 것들이 많다. 특히, 각 뇌 영역에 당신이라는 존재가 **어떻게** 저장되어 있는지 알지 못한다. 뇌 조직은 여전히 우리가 완전히 해독하지 못한, 복잡한 연결로 얽힌 불가해한

°   소장 하부와 대장 _옮긴이

덩어리로 남아 있다.

우리는 뇌 안에 아주 작은 전선을 삽입해 단일 뉴런에서 나오는 신호를 추적할 수 있는 기술까지 갖추고 있지만, 이런 정보가 쓸모 있는 경우는 드물다. 당신에게 직접 묻거나 행동 방식을 관찰하지 않는 한, 당신이 무엇을 좋아하는지, 취향이 어떤지 예측할 길은 아직 없다.

하지만 여기서 얻을 수 있는 교훈은, 당신이 단 한 곳에 존재하는 것은 아니라는 점이다. 당신이라는 존재는 모듈식이다. 당신은 각기 다른 뇌 영역에 위치하는 여러 부분으로 이루어져 있으며, 이 부분들은 서로 연결되어 있다. 그리고 바로 이러한 연결과 상호작용 속에서 자의식이 생겨난다. 당신은 다양한 부분들의 집합체이며, 그 부분들 사이를 오가는 정보의 소용돌이이기도 하다. 그 소용돌이의 한가운데에 '나'라는 존재가 있다. 아리스토텔레스와 달리, 진정한 자아를 찾으려면 실제 심장이 아닌 비유적인 의미의 심장 속에서 찾아야 할 것이다.

2장

왜 우리는
사랑할까?

> 사랑은 눈이 아닌 마음으로 보는 것이다.
> 그래서 날개 달린 큐피드는
> 눈이 가려진 모습으로 그려진다.
> _윌리엄 셰익스피어, 『한여름 밤의 꿈』

윌리엄 셰익스피어William Shakespeare는 신경과학자는 아니지만, 인간의 정서에 대해 많은 것을 알고 있었음이 분명하다. 그의 희곡들은 젊은이의 무모한 사랑(『로미오와 줄리엣』), 부모와 자녀 사이의 사랑(『리어왕』), 국가에 대한 사랑(『줄리어스 시저』) 등 다양한 형태를 띤 인간의 사랑을 이야기한다.

많은 사람들이 사랑을 인간이기에 느끼는 본질적인 감정이라고 생각한다. 하지만 사랑의 징후를 보이는 것은 사람만이 아니다. 낭만적인 사랑에 관해 이야기하자면, 포유류의 약 4퍼센트가 한 쌍을 이룬 후 평생 일부일처 관계를 유지하며(우리는 프레리들쥐, 비버 등과 이 특성을 공유한다), 조류는 최대 95퍼센트가 일부일처제이다.

지구상의 고등 동물 대부분은 어떤 형태로든 새끼를 보살피고 새끼에게 헌신하는 모습을 보인다. 고생물학자들은 알을 지키다 죽은 것으로 보이는 어미 공룡 화석을 발견한 적도 있다.

그러나 인간이 경험하는 사랑은 단순한 본능을 넘어서는 복잡하고 혼란스러운 것으로 보인다. 최소한 인간의 사랑은 더 극적인 것 같다. 비버나 새가 사랑 때문에 겪는 복잡하고 어려운 상황을 자세히 묘사하는 소네트나 오페라를 쓸까?

주변 사람들에게 물어보면 보통 사랑은 감정이라고 말할 것이다. 사랑은 배우자, 자녀, 부모, 가까운 사람들을 바라볼 때 느끼는 감정이다. 그들 곁에 있고 싶고, 그들을 돌보고 싶고, 그들이 안전

내 그대를 나뭇가지에 비할 수 있을까?°

° 셰익스피어의 소네트 중 "내 그대를 한여름 날에 비할 수 있을까"를 패러디했다. _옮긴이

하고 행복하기를 바라는 마음이다.

그러나 요즘에는 다른 많은 것들에 대한 느낌을 표현할 때도 이 단어를 사용한다. 물건("나 그 신발 진짜 사랑하잖아!"), 음식("파이는 사랑하지 않을 수 없지."), 심지어 추상적인 개념("저는 민주주의를 사랑합니다.")에도 사용한다. 신발에 대해 갖는 감정이 자녀나 배우자에게 갖는 감정과 같지 않는 한, 이러한 표현은 과장이다.

사랑이라는 감정은 무엇일까? 이러한 감정은 뇌에서 어떻게 만들어지고 저장되는 것일까? 사랑에 빠지게 되는 특별한 계기가 있을까? 사랑은 문학이나 감상적인 시에 나올 법한 소재로 보이지만, 사실 심리학자와 신경과학자들은 80년 넘게 그 신비를 탐구해 왔다. 그리고 현대 기술의 도움으로, 그들은 '사랑하는 뇌'에 관한 몇 가지 중요한 의문에 답하기 시작했다.

- 뇌에 사랑을 전담하는 영역이 있을까?
- 사랑의 화학물질이 존재할까?

- 정말로 아이들을 사랑하는 것과 같은 방식으로 파이를 사랑할까?

흥미롭게도, 이 모든 질문에 대한 답은 '어느 정도는 그렇다'이다. 심지어 세 번째 질문까지 말이다! 사랑은 다채롭고 아름답다. 그러니 이제 함께 그 생물학적 복잡성에 깊이 빠져보기로 하자. 우리를 전적으로 믿어야 한다. 당신은 분명 사랑에 빠질 것이다.

사랑의 척도

사랑 연구의 역사는 1940년대로 거슬러 올라간다. 과학자로서의 기질을 입증하고 싶었던 심리학자들은 더 엄격한 방법을 사용해 복잡한 인간의 감정을 연구하기 시작했다. 문제는 사람들의 뇌를 들여다볼 수 있는 기술이 없었다는 점이다. 게다가 언어나 움직임과 같은 기본적인 능력과 달리, 사랑하거나 사랑받는 것을 불가능하게 하는 명확한 뇌 손상 사례가 존재하지 않았다(적어도 당시에는 그랬다). 따라서 그들은 대부분의 사람들이 타인의 감정을 알아내고자 할 때 사용하는 것과 같은 방법을 이용해야 했다. 질문을 할 수밖에 없었던 것이다.

물론, 사람들은 자신의 감정을 알아차리고 타인의 감정을 읽는 면에서 서툴기로 악명이 높다. 따라서 심리학자의 최우선 과제는 사랑을 느끼는지 아닌지를 알아내기 위해 던질 표준화된 질문 목록을 만드는 것이었다. 목표는 사람이 가진 사랑의 감정을 수치화하고, 그 정보를 바탕으로 과학적 연구를 수행하는 것이다. 예를 들어, 한 그룹은 확실히 배우자를 사랑하고, 다른 그룹은 확실히 사랑하지 않는다는 것을 알아냈다면, 이 두 그룹을 조사해 그런 차이가 어디에서 비롯되는지 짐작해볼 수 있다. 그 원인은 개인의 내재적 특성일 수도 있고, 외부적인 것일 수도 있다.

심리학에서 사랑과 같은 복잡한 감정을 측정하는 데 흔히 사용하는 도구를 '척도^{scale}'라고 부른다. 기본적인 형식은 일련의 진술을 제시하고, 그 진술에 동의하는 정도를 1부터 10까지의 숫자로 평가하도록 하는 설문지다. 예를 들어, "진정한 사랑은 영원히 지속된다"라는 진술에 대해 1(전혀 그렇지 않다)에서 10(매우 그렇다)까지의 숫자 중 하나를 선택하도록 요청하는 것이다. 또 다른 설문지에는 "나는 다른 누구보다도 내 파트너와 함께 있는 것이 좋다" 또는 "이 사람과 함께 있을 수 없다면 깊은 절망을 느낄 것이다"와 같은 진술이 있을 수 있다. 설문지 문항은 사랑에 대한 태도를 측정하고자 하는지, 경험을 측정하고자 하는지에 따라 달라진다.

이런 식으로 척도를 통해 당신이 사랑에 대해 어떤 느낌을 갖는지, 삶에서 사랑을 경험하는지(그리고 얼마나 자주 경험하는지), 사랑이 긍정적인 것이라고 생각하는지, 특정 사람에게 사랑을 느끼는지 등을 대략적으로 측정할 수 있다. 이 설문 도구는 패션이나 연애에 대해 다루는 대중지에서 볼 수 있는 심리테스트와 비슷해 보이지만, 과학적 기준을 충족하기 위해 정교하게 설계되었다는 점에서 차이가 있다. 심리학자들은 척도의 신뢰성(결과가 개인의 일시적인 기분이나 즉각적인 상황에 좌우되지 않는지)과 유효성(결과가 측정하려는 것을 실제로 제대로 측정하는지)에 주의를 기울인다. 척도는 완벽한 평가 방법은 아니지만, 타인의 마음을 읽을 수 있는 방법이 없는 현재로서는 최선의 방법이다.

오랫동안 많은 심리학자들이 '배려적 관계 설문The Caring Relationships Inventory', '연애 행동 설문The Romantic Acts Questionnaire' 등 다양한 사랑의 척도를 제안했다. 그중 인기나 신뢰성 측면에서 상위에 오른 몇 가지가 있다. 이 모든 척도에는 두 가지 공통점이 있다. 첫째, 사랑을 여러 유형으로 나누는 이론에 기반을 두고 있다. 둘째, 사랑을 단순한 감정이 아닌, 이성적 사고·감정·행동의 조합체로 인식한다.

예를 들어, 로버트 스턴버그Robert Sternberg의 '사랑의 삼각형 이론triangular theory of love' 척도에서는 사랑이 열정, 친밀감, 헌신이라는 세 가지 기본 요소로 이루어져 있다고 가정한다. 열정에 대해서는 "이 사람이 개인적으로 대단히 매력적이라고 생각한다"와 같은 진술에 대한 반응을 묻고, 친밀감에 대해서는 "이 사람과 깊이 있는 사적 정보를 공유한다"와 같은 질문을 한다. 이 이론의 핵심은 사람들이 경험하는 다양한 유형의 사랑을 도식화한 모델을 만드는

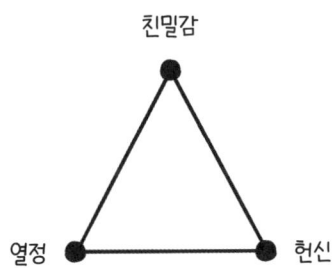

것이다.

누군가에게 헌신하고 있으며 친밀감을 느끼지만, 이성적으로 끌리지는 않는가? 그렇다면 당신은 '동반자적 사랑Companionate Love(즉 플라토닉한 사랑 또는 우정)'을 느끼고 있는 것이다. 누군가에게 강한 성적 끌림을 느끼지만 가까워지거나 헌신하고 싶지는 않은가? 그렇다면 당신은 '열정적 사랑Infatuation Love'을 느끼고 있는 것이다. 누군가에게 이성적 끌림이 있고, 그 사람과 가까워지고 싶으며, 장기적으로 헌신하고자 하는가? 그렇다면 당신은 진짜 '완전한 사랑Consummate Love'을 찾는 행운을 잡은 것이다.

널리 인정받는 또 다른 척도로 일레인 하트필드Elaine Hatfield와 수전 스프레처Susan Sprecher의 '열정적 사랑 척도Passionate Love Scale,

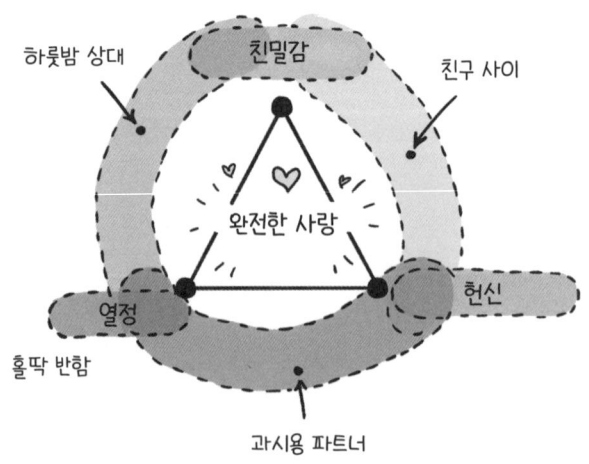

PLS'가 있다. 이 척도는 연애 감정을 측정하며, 사랑을 이성적 사고, 감정, 행동으로 더 구체적으로 구분한다. 예를 들어, "그는 나에게 있어 이상적인 연인이다"라는 진술을 제시하여 상대에 대해 어떻게 생각하는지 확인하고, "그의 눈을 들여다보면 빠져들고 만다"라는 진술로 상대에 대한 감정을 확인하고, "그에 대해 생각하는 것을 멈출 수 없다"라는 진술을 통해 그런 생각이나 감정이 당신의 행동에 어떤 영향을 미치는지 측정한다.

척도의 30개 문항에 대한 점수를 모두 합산하면, 당신이 상대를 얼마나 사랑하는지 알 수 있다.

106~135점	=	걷잡을 수 없고, 심지어 무모할 정도로 사랑에 빠져 있음
86~105점	=	열정적이나 덜 강렬함
66~85점	=	간헐적으로 열정이 솟아오름
45~65점	=	미온적이고 드문 열정
15~44점	=	설렘이 사라짐

심리학자들은 이런 척도를 사용해 사랑에 빠졌다는 것이 어떤 의미인지, 사랑이 어디에서 비롯되는지 파악하려고 노력해왔다. 예를 들어, 한 연구에서는 연구진이 다양한 문화권 출신(미국의 백인, 일본인, 필리핀인) 남녀를 대상으로 PLS 설문조사를 진행했다. 이 연구의 목적은 '동양'과 '서양' 문화에서 사랑에 대해 같은 방식으

로 느끼고 생각하는지 테스트하는 것이었다. 연구 결과, '사랑의 강도' 점수에서 그룹 간에 큰 차이가 없었다. 이를 통해 사랑이 실제로 보편적인 감정이라는 사실이 입증되었다.

물론, 이런 도구들은 사랑을 외부에서 들여다본 관점일 뿐이며, 실제로 인간의 뇌 안에서 무슨 일이 일어나는지는 알려주지 않는다. 하지만 마침내 뇌 속을 들여다보는 기술을 사용할 수 있게 되자 이러한 척도의 중요성이 입증되었다.

사랑을 스캔하다

1990년대, 기능적 자기공명영상functional magnetic resonance imaging, fMRI이라는 뇌 스캔 방법이 뇌 연구의 새 장을 열었다.

fMRI 혁명

1920년대, 의사들은 뇌의 각 영역이 특정 기능과 상응한다는 것을 알고 있었다.

기능적 자기공명영상은 이들 영역이 어떻게 사용되는지 실시간으로 관찰할 수 있게 해준다.

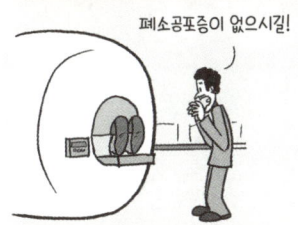

이 기계는 활성화된 뉴런이 소비하는 산소량을 측정하는 식으로 작동한다.

뉴런이 산소를 사용할 때면, 혈액 속 헤모글로빈의 자기적 특성이 변화한다.

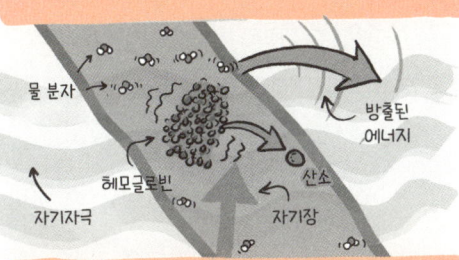

이 변화는 주변 물 분자가 강한 자기장과 자기자극에 반응하는 방식을 왜곡한다.

이 기계는 이런 에너지의 변동을 측정함으로써 어떤 뇌 영역이 다른 영역보다 더 많은 산소를 사용하고 있는지 파악할 수 있다.

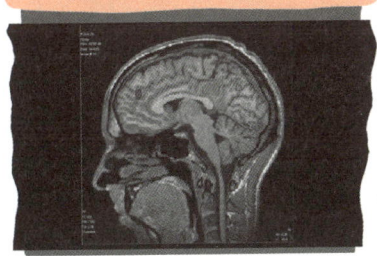

하지만 완벽한 방법은 아니다. 2009년 과학자들은 죽은 연어를 스캔하면서 마치 살아있는 것 같은 신호를 관찰했다.

fMRI 기계는 뇌 전체의 사진을 촬영하고, 특정 시점에 활성화되는 부분을 밀리미터 단위로 정확히 표시할 수 있다.

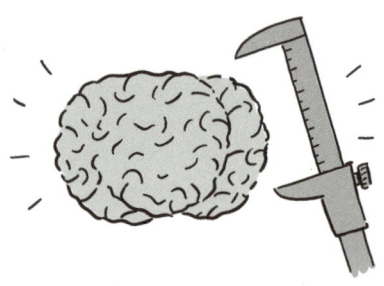

2000년대까지 fMRI 스캔은 이전 연구들에서 전기 탐침으로 찾아낸 감각과 운동 담당 뇌 영역을 정확하게 확인하는 데 사용되었다. 지금의 과제는 fMRI 기계가 감정, 사랑과 같은 더 복잡한 기능을 담당하는 영역까지 찾아낼 수 있는지 알아내는 것이다. 뇌에 사랑을 담당하는 특정 영역이 있는지 파악할 수 있을까? 아니면 사랑은 너무 복잡해서 뇌의 특정 지점으로 한정할 수 없을까?

양쪽 다 어느 정도는 사실인 것으로 드러났다. 신경과학자들은 이를 알아내기 위해 참가자들을 fMRI 기계 안에 들여보내고, 사랑하는 사람들의 사진을 보여주는 실험을 고안했다. 사진 속 인물은 실험 전에 실시한 PLS 사랑 척도에서 참가자들에게 높은 점수를 받은 사람들이었다. 대조군의 참가자들에게는 사랑 척도에서 높은 점수를 받지 않은 친구나 지인의 사진을 보여주었다. 이런 방식으로 신경과학자들은 사랑의 감정이 유발될 때의 뇌 활동을 측정했고, 사랑 척도 데이터에 근거해 그 반응이 사랑 때문이라는 것을 신뢰할 수 있었다.

사랑이 대단히 복잡한 감정인만큼, 예상대로 뇌의 여러 영역이 활성화되었다. 신경과학자들은 특히 세 가지 영역에서의 흥미로운 활동을 관찰했다. 이들 영역은 사랑에 빠진 상태를 뇌가 어떻게 처리하는지에 대해 단서를 제공한다.

그 첫 번째 영역은 **섬엽**insular이라고 불리는 부분이다. 섬엽(insular는 라틴어로 '섬'을 뜻한다)은 '변연계limbic' 피질로 알려진 흥미로운 부위다.

이것은 뇌의 옆쪽 깊숙이 접혀 있어 겉에서는 잘 보이지 않으며, 감정과 공감이 처리되는 곳으로 추정된다. 이 영역이 손상되면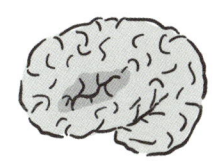
(예를 들어, 전측두엽 치매frontotemporal dementia라 불리는 뇌 질환일 때), 사람들은 감정을 조절하기 어려워지며, 타인의 감정을 인식하는 능력, 즉 공감 능력을 상실하는 것으로 보인다.

그럴 만도 하다. 사랑은 감정이며, 공감은 사랑에 필수적이기 때문이다. 타인의 입장에서 생각하고 배려하는 것은 사랑을 이루는 데 필수적인 요소이다.

신경과학자들이 흥미로운 활동을 관찰한 또 다른 영역은 **편도체**amygdala이다. 편도체는 뇌의 중앙 깊숙이 위치한 두 개의 뉴런 덩어리이다. 이 덩어리들은 뇌에서 분노와 두려움을 담당하는 중심지로 알려져 있다. 편도체에 결손이 있는 사람들(예를 들어, 편도체가 석회화되는 우르바흐-비테 증후군Urbach-Wiethe disease을 앓는 경우)은 여전히 다양한 기능을 하며 살아가지만, 두려움을 느끼는 능력을 잃은 것처럼 보인다. 실험 결과, 이들은 어떤 것이 위험한지 판단하기 어려워하며, 낯선 상황에 더 적극적으로 임하는 경향을 보였다.

또한 편도체는 공격적인 행동의 원인으로 보인다. 쥐의 경우, 편도체를 제거하면 영역을 주장하는 행동이 약화되는 듯했다. 흥미로운 점은 사랑 실험에서 참가자들이 사랑하는 사람의 사진을 볼 때 편도체의 활동이 실제로 감소했다는 것이다. 다시 말해, 사랑은 두려움과 공격성을 억제해 방어 기제를 약화시킨다.

　신경과학자들이 사랑 실험에서 주목한 마지막 영역은 사랑에 빠지고 사랑이 지속되는 메커니즘에 대한 가장 큰 단서를 제공한다. 이 영역은 인간이 왜 사랑을 좋아하고, 사랑을 추구하는지 그리고 때로는 심지어 사랑에 중독된 것처럼 보이는지 설명해준다. 이 영역은 뇌의 보상 시스템이다.

사랑에는 보상이 따른다

　사랑에 대해 생각하거나 사랑하는 사람을 볼 때 뇌의 보상 시스템이 활성화되는 것은 놀랍지 않은 일이다. 사랑은 기분을 좋게 만들어주며, 보상 시스템은 그에 대한 보상을 제공한다. 보상 시스템은 뇌의 중심부에 위치한 여러 구조물로 이루어진 네트워크로, 좋은 것이 있을 때 그 정보를 신체의 다른 부분에 전달해 그것을 더 많이 얻고자 하게끔 동기를 부여한다.

　기름지고 달달한 음식(예: 튀김, 초콜릿)을 먹고 싶은 마음과, 마침내 그 음식을 탐닉할 때 뒤따르는 쾌락을 떠올려보라. 뇌의 보상 시스템은 바로 이렇게 작동한다. 응원하는 팀이 챔피언십을 따냈을 때의 기쁨과 다음 시즌 티켓을 사야만 한다는 충동, 이 역시 보상 시스템의 작용이다. 사랑하는 사람들에 둘러싸여 있을 때 느끼

는 평화와 안정감, 그리고 사랑하는 사람들을 오랫동안 만나지 못했을 때 삶에서 무언가가 빠진 듯한 느낌도 뇌의 보상 시스템이 작동하기 때문이다.

뇌 스캔 실험을 통해 사랑하는 사람들의 사진을 볼 때 이 보상 시스템이 활성화된다는 사실이 밝혀졌다. 뇌의 보상 시스템이 어떻게 작동하는지 잠깐 살펴보자.

뇌가 본능적으로 좋아하도록 설계된 자극을 경험할 때, **복측피개영역**ventral tegmental area, VTA이라는 작은 뉴런 다발이 도파민이라는 특별한 화학물질을 분비한다. 이 화학물질은 뇌의 다른 부위들로 이동해 "이봐, 이게 좋고 중요한 거야!"라고 외치면서 여러 가지 행동을 촉발한다.

편도체, 즉 공포와 분노를 담당하는 뇌의 중심부를 비활성화시켜 기쁨과 즐거움에 더 수용적인 상태를 만든다. 또한 기억을 담당하는 뇌 영역인 해마hippocampus를 활성화시켜 그 순간의 모든 것을 기록함으로써 이후에 무엇이 이런 즐거움으로 이어졌는지를 기억할 수 있게 한다. 그다음 뇌의 동기 부여를 담당하는 측좌핵nucleus accumben을 자극해 이런 자극을 더 원하도록 만든다. 마지막으로 고차원적 사고가 이루어지는 전전두엽 피질을 자극해 지금 일어나고 있는 일을 인식하게 한다.

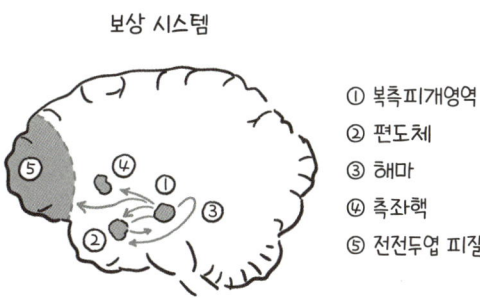

이 보상 시스템에는 두 가지 흥미로운 점이 있다. 첫째, 이 시스템은 해킹이 가능하다. 둘째, 이 시스템은 다양한 것들에 의해 각기 다른 강도로 자극을 받는다. 이 두 가지를 각각 자세히 살펴보자.

1. 해킹이 가능하다.

뇌의 보상 시스템을 해킹하는 것은 비교적 쉬운 일로 밝혀졌다. 예를 들어, 1950년대에 진행된 한 유명한 실험에서 연구자들은 쥐의 뇌 속에 있는 복측피개영역 영역에 전선을 직접 연결했다. 이 전선은 쥐가 케이지 안에 놓인 레버를 누를 때마다 약한 전기 충격을 보내도록 프로그래밍되어 있었다. 쥐에게 자기 뇌의 보상 시스템을 스스로 활성화할 수 있는 능력을 준 것이다.

짐작대로, 쥐들이 레버를 누르는 데 집착하기까지 긴 시간이 필요치 않았다. 그들은 음식, 물, 성교와 같은 기본적인 욕구조차 무시한 채 계속 레버를 눌러댔다.

뇌의 보상 시스템을 해킹하는 또 다른 방법은 약물을 사용하는 것이다. 예를 들어, 코카인cocaine은 코카 식물에서 추출한 약물로, 복측피개영역을 우회해 뇌에 "이건 좋은 것이야!"라는 신호를 보낸다.

보통 복측피개영역에서 분비된 도파민은 결국 뉴런으로 재흡수되어 그 효과가 지속되지 않는다. 하지만 코카인은 이 재흡수를 차단해 도파민이 머물면서 두뇌의 여러 부분을 자극해 계속 좋은 일이 일어나고 있는 중이라고 알려준다.

2. 다양한 것들에 의해 각기 다른 강도로 자극을 받는다.

뇌의 보상 시스템에서 두 번째로 흥미로운 점은 다양한 것들이 이 시스템을 활성화한다는 것이다. 왜인지는 모르겠지만, 진화는 고칼로리 음식을 먹는 것부터 자녀를 끌어안는 것까지 다양한 행동이 이 보상 시스템을 자극하도록 만들어 놓았다. 이는 종족 보존을 위한 합리적인 구조이다. 당신이 생존하고 유전자가 다음 세대까지 이어지려면, 지금 생존에 유리한 일을 하고 있다고 뇌가 신체에 알려줄 방법이 있어야 했다.

사랑의 경우, 어째서인지 진화는 평생의 동반자와 친밀한 관계를 유지하고, 자녀와 부모와 공동체를 돌보는 것이 종의 존속에 이롭다고 판단했다. 바로 이 때문에 사랑이 좋은 느낌을 주는 것이다. 이는 미래 세대에게 득이 되는 행동을 했을 때 뇌가 당신에게 주는 보상이다.

물론, 보상 시스템을 자극하는 모든 것이 동일한 정도의 자극을

주는 것은 아니다. 대부분의 사람들은 아무리 달콤하다고 한들 케이크 한 조각을 먹는 것이 인생의 반려자를 찾는 것과는 비교할 수 없다는 데 동의할 것이다. 이것이 보상 시스템의 또 다른 흥미로운 점이다. 뇌는 다양한 것이 보상 시스템을 각기 다른 정도로 자극하도록 설계되어 있다. 맛있는 쿠키를 먹는 것? 이는 보상 시스템을 살짝 자극한다("흠, 맛있는 쿠키군"). 당신의 청혼에 남자친구가 눈물을 참으면서 좋다고 대답할 때라면? 이런 일은 독립기념일마다 밤하늘을 수놓는 불꽃놀이처럼 당신의 보상 시스템을 환하게 밝힌다.

사랑의 감정과 관련된 뇌 회로, 즉 보상 시스템이 약물 중독과도 관련된 뇌 회로라는 점을 눈치챘는가? 이는 사랑과 약물이 모두 보상 시스템을 극도로 자극하기 때문이다. 신경과학자들은 보상 시스템이 과잉 활성화되면 뇌를 변화시키기 시작하는 피드백 루프 feedback loop°가 촉발된다고 본다. 이 문제는 중독에 관한 장에서 더 자세히 다루겠지만, 중독이란 과도한 양의 도파민이 즐거움의 원천을 추구하고자 하는 욕망을 뇌에 각인시키는 것이다. 우리가 사랑을 갈망하고, 때로는 집착하기까지 하는 이유가 여기에 있다. 사랑은 마약과 같다. 사랑하는 사람 없이 살 수 없다는 느낌을 받

○ 어떤 결과(출력)가 다시 원인(입력)이 되어 시스템이나 현상에 영향을 주는 순환 구조. 이러한 순환 작용으로 결과가 강화되거나 억제된다. —옮긴이

안녕하십니까, 저는 뇌라고 합니다. 음, 저는… 전 사랑 중독자입니다.

는가? 1980년대 팝 가수 로버트 팔머Rober Palmer의 노래 중에 유명한 가사가 있다. "그냥 받아들여. 너는 사랑에 중독된 거야."

사랑의 유대

아직 우리는 '왜 이 사람을 사랑하는 걸까?'라는 의문에 대한 답을 찾지 못했다. 이제는 사랑이 감정이며, 이 감정이 뇌의 보상 시스템에 의해 유발된다는 사실을 알 것이다. 우리는 뇌가 특정 조건에서만 이 보상 시스템을 활성화하도록 설계되어 있다는 사실도 알고 있다. 하지만 어떤 점 때문에 특정 사람들을 사랑하게 되는 것일까?

이 질문의 답은 신경과학자들에게 여전히 큰 미스터리이다. 우선 이런 관점에서 생각해볼 수 있다. 뇌의 보상 시스템은 뇌의 여러 부분으로부터 입력 신호를 받는다. 감각, 기억, 기본적인 본능, 고

등 사고 영역 등 모든 뇌 부위가 이 보상 시스템에 정보를 전달하며 무엇이 당신에게 좋은지 의견을 주고받는다. 그리고 특정 사람은 이 모든 조건을 충족시킨다.

우리 뇌는 평생에 걸쳐 유전자와 삶의 경험에 의해 성장하고 형성된다. 이 과정에서 의견, 취향, 무의식적인 선호도, 감정 유발 요인 등이 발달된다. 당신이 특정한 사람을 만났을 때, 이 모든 것이 뇌의 여러 영역으로 하여금 보상 시스템에 동시에 신호를 보내, 이 사람이 당신이 가까이하고 싶은 사람이라는 명확한 신호를 전달하게 만든다.

물론, 자녀가 있는 사람들은 '아이는 내가 선택하지 않았지만, 나는 진심으로 아이들을 사랑하는데?'라고 생각할지도 모른다. 그것은 또 다른 화학물질인 옥시토신 덕분이다.

옥시토신은 호르몬이다. 이는 옥시토신이 뇌에서 떠다니기만 하는 것이 아니라 혈류를 타고 온몸으로 전달된다는 뜻이다. 옥시토신은 특히 부모와 자녀 사이의 유대를 형성하는 데 중요한 역할을 하는 것으로 보인다. 옥시토신은 따뜻하고 긍정적인 상호작용, 특히 포옹으로 끝나는 상호작용 후에 분비된다. 여성의 경우 출산 중 옥시토신 수치는 평소의 4배까지 증가한다. 모유 수유 행위 역시 옥시토신 분비를 촉진한다.

옥시토신은 어떤 일을 할까? 첫째, 몸의 스트레스 호르몬 수치를 낮춘다. 또한 앞서 언급했듯이 새로운 상황이나 다른 사람에게 두려움을 느끼게 하는 편도체의 활동을 억제한다. 옥시토신은 두려움을 담당하는 중심 영역을 억제해 당신이 경계를 풀고 사랑에 더 마음을 열게 만든다. 옥시토신은 뇌의 소위 '엄마/아빠' 영역을 활성화한다. **내측시상전핵**medial preoptic area, MPOA라고 불리는 이 영역은 체온, 허기, 수면과 같은 자동적 기능을 통제한다. 약물이나 뇌 손상으로 인해 이 영역이 작동을 멈추면 양육 행동이 중단되기 때문에 우리는 이 영역이 양육에 중요하다는 점을 알고 있다. 실험에서 MPOA의 기능을 완전히 상실한 쥐는 새끼를 돌보지 않으며,

심지어 버리기도 한다. 이 영역의 장애(남성이든 여성이든)는 일부 부모가 자녀와 유대감을 형성하는 데 어려움을 겪거나 유대감을 전혀 형성하지 못하는 이유를 설명해준다.

마지막으로, 옥시토신은 부모가 자녀와 유대감을 형성하는 데 도움이 되는 것으로 보이는 일을 한다. 바로 뇌의 보상 시스템을 활성화하는 것이다. 보상 시스템에 속하는 뇌 영역들은 옥시토신에 민감하게 반응하는 것으로 밝혀졌다. 따라서 옥시토신이 분비되면 도파민 분비도 촉진된다.

그렇다면 처음부터 상대에게 푹 빠진 것은 아니지만 시간이 지나면서 사랑이 깊어진 사람들은 어떻게 설명할 수 있을까? 옥시토신은 사랑이 싹트도록 돕는 역할도 하는 것으로 드러났다. 이는 대초원들쥐라는 귀여운 작은 동물을 연구하면서 밝혀졌다.

대초원들쥐는 인간처럼 평생토록 하나의 짝과 함께 새끼를 기르는 포유류로, 4퍼센트를 차지한다. 과학자들은 암컷의 뇌에 옥시토신을 주입하는 실험을 진행했다. 옥시토신이 주입된 쥐들은 파트너와 더 자주 붙어 있고 더 강한 유대를 형성하는 것으로 보였다. 다른 실험에서 과학자들이 옥시토신을 차단하자 쥐들이 짝을 이루는 빈도가 감소했다.

대초원들쥐와 마찬가지로 인간도 성관계 중 뇌에서 옥시토신이 분비된다. 이는 몸이 특정 사람과 유대를 오래 지속하도록 장려하는 방식이다. 더 흥미로운 점은 이것이 사랑에 빠지는 대상을 조작할 수 있는 가능성을 보여준다는 것이다. 예를 들어, 체내 옥시토신 양을 증가시키면 경계심이 낮아지고 함께 있는 사람과 사랑에 빠질 가능성이 높아질 수 있다(누구 사랑의 묘약이 필요한 사람?). 반대로, 커플의 뇌에서 옥시토신을 차단하는 방법으로 관계를 악화시킬 수도 있다.

실제로 인간과 매우 가까운 동물 종이 이러한 옥시토신 시스템을 이용해 우리를 사로잡은 것으로 보인다는 연구 결과가 있다.

당신의 개는 정말로 당신을 사랑하는 걸까?

약 1만 4천 년 전, 몇 마리의 개들이 처음으로 가축화되었다. 이 일은 아마도 대담하고 공격성은 덜한 늑대들이 인간의 거주지에 접근하면서 일어났을 것이다.

개와 유사한 이 초기 늑대들은 인간과의 감정적 유대보다는 손쉽게 얻는 간식과 인간이 남긴 음식에 더 관심을 가졌을 것이다.

이후 온순하고, 말을 잘 듣고, 애정 표현이 많은 완벽한 반려견을 만들기 위한 선택적 교배를 통해 현대 개들의 특성이 만들어졌다.

그런데 개들은 정말로 우리를 사랑할까?

타케후미 키쿠스이Takefumi Kikusui는 자신이 키우는 푸들이 새끼들에게 젖을 먹일 때 긍정적인 감정을 나타내는 방식으로 눈물을 글썽이는 모습을 관찰했다.

그의 연구팀은 주인과 상호작용하거나 주인을 보는 것 등의 다른 긍정적 사건이 비슷한 결과를 낳을지 궁금해했다.

연구진은 일련의 실험에서 개들을 주인과 분리시켰다.

몇 시간 후, 일부 개들은 주인과 재회했고, 다른 개들은 주인은 아니지만 익숙한 사람에게 데려갔다.

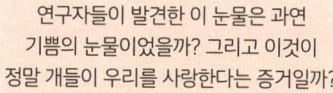

연구진은 주인과 다시 만난 개들이 그렇지 않은 개들보다 눈물이 더 많다는 것을 발견했다.

연구자들이 발견한 이 눈물은 과연 기쁨의 눈물이었을까? 그리고 이것이 정말 개들이 우리를 사랑한다는 증거일까?

우리는 아직 옥시토신에 대해 모르는 것이 많다. 예를 들어, 최근의 한 연구에 따르면 옥시토신은 우리가 먹는 양, 감정을 처리하는 방식, 도망가려는 본능이 활성화되는 시점을 조절하는 데에도 관여할 수 있다고 한다. 다른 모든 호르몬이 그렇듯이, 옥시토신 역시 여러 시스템에 동시에 영향을 주며, 매우 복잡하고 모호한 방식으로 작동한다.

누가 좋은 결말을 싫어할까?

작가와 시인들이 수백 년 혹은 수천 년 동안 사랑을 이해하려고 노력해 왔지만, 심리학자와 신경과학자들은 단 몇십 년 만에 큰 진전을 이루었다. 사랑 척도에 대한 연구를 통해 사랑이 보편적이며, 어느 정도는 측정이 가능하다는 사실이 밝혀졌다. fMRI 뇌 영상 실험은 뇌의 다양한 영역이 사랑에 관여한다는 것을 알려주었다. 하지만 복잡한 연구 결과들이 보여주는 전체적인 그림은 비교적 단순하다. 사랑이 기분을 좋게 만들기 때문에 우리는 사랑을 더 많이 원하게 된다는 것이다.

무언가가 좋은 느낌을 준다면, 특히 그 느낌이 우리가 가까운 사람들에게 느끼는 감정처럼 강력하다면, 뇌는 그것을 반복하길 원한다. 뇌의 보상 시스템을 구성하는 각 영역은 당신이 이 사실을 인식하고, 기억하고, 삶에서 그 경험을 가능한 한 많이 원하도록 뇌를 변화시킨다.

이렇게 세부적으로 분석하면, 사랑이 그저 생물학적 반응이거나 쾌락에 관한 것처럼 보일 수 있다. 하지만 사랑의 마법은 중요한 세부 요소들에 있다. 그리고 여전히 풀리지 않는 미스터리는 다음과 같다.

왜 우리는 특정 사람을 사랑하고 다른 사람은 사랑하지 않을까? 첫인상에서 누군가에게 끌림을 느끼게 만드는 것이 무엇인지는 아직 밝혀지지 않았다. 그리고 사랑에는 시간과 인내가 필요하다. 뇌 화학물질과 호르몬이 사랑을 촉진할 수는 있지만, 유대가 형성되고 지속되려면 배려가 필요하다. 사랑이 커지려면 노력이 필요하며, 이는 신경과학이 예측할 수 없는 영역이다.

적어도 아직은 말이다. 미래의 신경과학자들은 당신의 뇌를 스캔해 당신이 사랑에 빠지게 될 사람을 예측할 수 있을지도 모른다. 또는 사랑을 강화하는 약물이나 어긋난 관계를 잊게 만드는 약물을 만들 수도 있다.

사랑에 관해 알아봤지만, 뇌 속의 사랑에 대해서는 아직 모르는 것이 많다. 셰익스피어가 『한여름 밤의 꿈』에서 말했듯이, "진정한 사랑의 길은 결코 순탄하지 않다." 어쩌면 셰익스피어는 신경과학자였던 것일까?

3장

왜 우리는 혐오할까?

> 사람들이 혐오에 그렇게 집요하게
> 집착하는 이유 중 하나는,
> 혐오가 사라지면 고통과 마주할 수밖에
> 없다는 사실을 직감하기 때문인 듯하다.
> _제임스 볼드윈James Baldwin

> 두려움은 분노를 낳고, 분노는 혐오를 낳고,
> 혐오는 고통을 낳는다.
> _요다Yoda

모두가 싫어하는 것이 있다. 무언가(또는 누군가)가 너무 싫어서 미쳐버릴 것 같은 느낌, 즉 혐오의 느낌 말이다. 아래 나열된 것들에 당신이 어떻게 반응하는지 잠시 생각해보라.

- 의자에 꼼짝없이 앉아 치과 의사가 드릴로 이를 갈아내는 동안 기다리는 것
- 어떻게 당선되었는지 도무지 알 수가 없는 가식적인 정치인

- 짜증나게 하는 노랫소리
- 붐비고 냄새나는 엘리베이터에 갇혀 있는 것
- 세금 신고
- 칠판에 손톱이 긁히는 소리

이것들이 따뜻하고 포근한 느낌을 주었는가? 한두 가지쯤은 좋다고 말하는 사람도 있긴 하다. 하지만 대부분은 이런 예시에 혐오를 뜻하는 "싫다"라는 말을 사용한다. 혈압을 오르게 하고, 긴장시키고, 화나게 만드는 것들이나 사람들이 있다. 모두들 자신에게는 혐오 같은 감정이 없다고 생각하고 싶어 하지만, 누구나 마음 깊은 곳에는 혐오할 수 있는 가능성을 지닌 듯하다. 적절한 자극만 주어진다면 말이다.

사실, 인간은 서로를 혐오할 이유를 찾아내는 재능이 뛰어난 것 같다. 세계, 국가, 지역을 막론하고 정치는 사람들 사이에서 빚어지는 갈등의 주된 원인이다. 평화와 사랑을 옹호하는 종교조차 분열과 분노를 일으킬 수 있다. 심지어는 같은 신앙의 분파 내에서도 갈등이 생긴다. 성적 지향이나 성 정체성이 다른 것도 혐오의 대상이 된다. 안타깝게도 일부 사람들은 엘지비티큐+LGBTQ+°로 자신의 성 정체성이나 성적 지향을 인식하거나 표현하는 사람들, 또는 전통적인 성 역할을 따르지 않는 사람들에게 편견을 가지며, 이는 차별과 혐오 범죄로 이어지곤 한다.

건강상의 위기 상황에서는 마스크를 착용하느냐 마느냐, 백신 접종을 하느냐 마느냐와 같이 그리 크지 않은 차이도 사람들 사이에서 극단적인 분노와 증오를 일으킬 수 있다. 팬데믹 기간 동안, 공중 보건 지침을 따르지 않는 사람들을 무책임하거나 이기적이라고 생각하는 사람들이 있었던 반면, 그런 규칙을 자신의 권리를 침해하는 것으로 인식하고 분노하는 사람들도 있었다.

남부빈곤법률센터Southern Poverty Law Center에 따르면, 미국에는 백인 우월주의 단체, 반 엘지비티큐+ 단체, 반정부 단체 등을 비롯

○ 성 소수자를 이르는 말. 레즈비언lesbian, 게이gay, 양성애자bisexual, 트렌스젠더transgender, 퀴어queer의 머리글자를 따왔으며, '+'는 그 외의 다양한 성 소수자를 뜻한다. _옮긴이

해 730개 이상의 혐오 단체가 존재한다고 한다. 이런 단체들은 선전과 역정보를 활용해 사회 분열을 조장하는 악의적 이데올로기를 확산시킨다. 인간은 혐오의 능력만 갖춘 것이 아니라, 지능을 활용해 혐오를 체계적으로 퍼뜨릴 방법을 찾는다. 설상가상으로 인터넷, 특히 소셜 미디어 덕분에 혐오 이데올로기를 가진 개인들이 뜻이 맞는 사람들을 찾아 서로를 지원하면서 자신들의 주장을 퍼뜨리는 일이 더 쉬워졌다. 인터넷의 가장 큰 장점이 사람들을 연결하는 것이라면, 가장 큰 단점은 혐오를 바이러스처럼 확산시킬 수 있다는 점일 것이다.

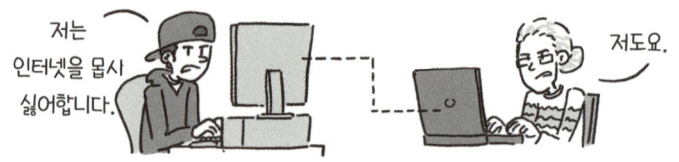

더 걱정스러운 점은 혐오가 사람들이 매우 폭력적인 행동을 하게 만드는 감정이라는 것이다. 혐오는 강렬하고 지속적이어서, 계속 마음속에서 끓어오르며 곪아가다가 분노와 결합되어 폭발하기도 한다. 그 결과, 특정 집단 전체를 비인간적인 존재로 취급하는 상황으로 치닫거나 심지어는 테러나 학살로까지 이어질 수 있다.

혐오는 어디서 비롯되며 무엇이 이를 부추길까? 이 파괴적인 감정을 일으키는 뇌의 근본적인 메커니즘은 무엇일까? 이 장에서는 동물적 본성의 이런 어두운 면을 살펴보고, 신경과학이 혐오 충동을 없앨 수 있는 어떤 해결책을 갖고 있는지 살펴보겠다.

혐오의 원인

1974년 1월 7일, 탄자니아의 키고마 지역에서 떠돌아다니던 카사켈라Kasakela 무리가 적대 관계에 있는 카하마Kahama 무리의 영역에 침입해 혼자 있던 고디Godi를 습격했다. 위험에 처했다는 것을 감지한 고디는 필사적으로 도망치려 했지만, 카사켈라 무리는 고디를 잡아 잔인하게 구타한 뒤 죽게 내버려 두었다. 이 잔인한 공격의 유일한 목격자는 곰베의 제인 구달Jane Goodall 연구소에서 근무하던 선임 현장 보조원 힐랄리 마타마Hilali Matama였다.

이 사건은 기록으로 남은 침팬지 동종 살해의 첫 사례다. 곰베

침팬지 전쟁Gombe Chimpanzee War으로 알려진 이 분쟁은 두 침팬지 집단 사이에서 4년간 이어졌으며, 결국 공격적인 카사켈라 무리가 승리를 거뒀다. 이는 인간에게 존재하는 혐오와 공격성의 본능이 우리와 가장 가까운 비인간 영장류에게도 나타난다는 것을 보여주었다.

혐오와 같은 감정이 인류의 역사에서 어떻게 진화했을지는 어렵지 않게 상상해볼 수 있다. 초기 뇌는 위험과 불확실성이 가득한 세계에서 살아남아야 했다. 우리에게 해가 될 만한 것을 식별하는 것은 생존과 번식에 매우 중요했고, 그런 위협에 대응하는 것(공격을 하든 도망치든) 역시 그 못지않게 중요했다. 어떤 의미에서 혐오는 그런 대응 중 하나로, 우리의 생존 능력을 감소시킬 수 있는 사람이나 상황을 피하게 만드는 감정이나 느낌이다.

진화가 경쟁에 기반을 두고 있다는 것을 생각하면, 혐오도 그런 필요성에서 진화했을 수 있다. 같은 짝이나 자원을 두고 경쟁하는 라이벌을 혐오하는 것은 공격성을 드러내 그들의 번식 성공을 방

해하는 동시에 자신의 번식이 성공할 가능성을 높이는 행동으로 이어진다. 혐오는 타인을 이기려는 동기의 중요한 촉매제가 될 수 있다. 스포츠 경기의 라이벌 관계를 생각해보라.

찰스 다윈은 그의 유명한 저서 『인간의 유래』를 출판한 다음 해에 오로지 감정만을 다룬 논문을 썼다. 혐오라는 주제에 대해 그는 "경쟁자나 다른 적들에게 가장 위협적인 모습을 보여주는 데 성공한 수컷들은, 그 특성이 무엇이든, 또 처음에 어떻게 그런 특성을 획득했든, 다른 수컷들보다 더 많은 후손을 남겨 그 특성을 물려줄 것이다"라고 추측했다. 따라서 공격성의 **표현**(혐오를 드러내는 것)은 실제로 맞붙기 전에 "물러서!"라는 메시지를 전달하는 일종의 전략일 수 있다.

혐오를 이해하는 한 가지 방법은 이를 사랑의 반대 개념으로 생각하는 것이다. 진화론적 측면에서 사랑은 뇌에 번식 성공을 위해 잠재적 짝을 찾아 가까이 다가가라고 말한다. 반면 혐오는 뇌에 특정 사람이나 상황을 물리치고 피하라고 말한다. 사랑을 감정, 행동, 생각의 조합으로 이해할 수 있듯이, 혐오도 그렇다. 예를 들어, 2장에서 설명한 '사랑의 삼각형 이론'을 제안한 심리학자 로버트 스턴버그는 그것을 뒤집은 '증오의 삼각형 이론triangular theory of hate'도 제시했다. 이 이론에서는 타인에게 느끼는 혐오를 반감, 분노/공포, 경멸의 조합으로 설명할 수 있다고 본다.

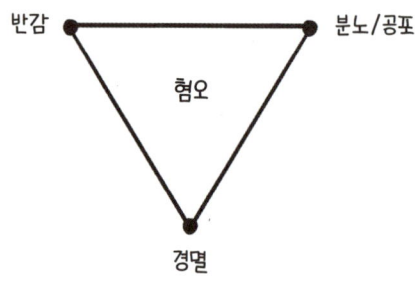

반감은 혐오하는 대상으로부터 멀어지거나 도망가려는 기본적인 본능이다. 이는 역겨움과 관련이 있으며, 무언가에 끌리는 상태의 반대라고 생각할 수 있다. 분노/공포는 혐오하는 대상에 대해 신체가 얼마나 강하게 반응하는지를 나타내는 척도이다. 혐오하는 대상을 떠올리면 혈압이 상승하는가? 긴장이 느껴지는가? 마지막으로 경멸은 이성적인 뇌가 혐오하는 사람이나 대상에 대해 어떻게 생각하는지를 나타낸다. 그들을 무가치하다거나 인간 이하로 평가하는가? 사랑의 삼각형과 마찬가지로, 사람들이 경험하는 다양한 유형의 증오 역시 다음의 그림과 같이 분석할 수 있다.

반감과 분노를 느끼는가? 그것은 누군가에 대한 역겨운 느낌을

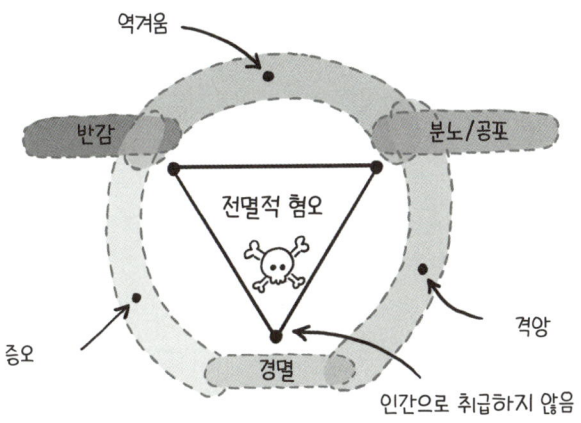

표현하는 것이다. 반감과 경멸을 느끼는가? 그것은 증오라고 할 수 있다. 혐오의 대상이 분노/공포, 경멸, 반감을 모두 강하게 느끼게 만드는가? 그것은 가장 위험한 유형의 증오인 전멸적 혐오다. 이는 사람들로 하여금 혐오하는 대상을 제거하거나 파괴하고 싶게 만든다.

뇌 속의 혐오

혐오에 대한 사고를 감정, 행동, 생각의 조합으로 보는 것은 그에 대해 이해하는 데 유용하다. 혐오도 다른 많은 감정과 마찬가지로 복잡한 현상이기 때문이다. 예를 들어, 다른 사람을 혐오한다고 해서 꼭 그 사람에게 혐오감을 드러내는 행동을 저지르는 것은 아니다. 이는 심리학자나 신경과학자조차도 정의하기 어려운 복잡한 상태이다.

그러나 혐오의 각 구성 요소가 뇌의 어느 부분에서 비롯되는지에 대해서는 몇 가지 단서가 있다. 예를 들어, 두려움과 분노는 편도체에서 처리되는 것으로 알려져 있다. 앞서 언급했듯이, 편도체는 감정 처리를 담당하는 뇌 영역 중 하나이다. 편도체가 손상된 사람들은 감정을 느끼거나 타인의 감정을 인식하는 데 어려움을 겪는다.

흥미롭게도 편도체는 고차원적 사고가 일어나는 뇌의 앞부분과 바로 연결되어 있다. 전두엽이라고 알려진 이 부분은 뇌의 나머지 부분을 지휘하는 '최고 경영자'로 여겨지며, 편도체와 함께 뇌의 감정을 조절한다. 그러나 위협으로 인식되는 상황이나 경쟁적인 상황에 처했을 때, 신체는 테스토스테론 호르몬을 분비한다. 테스토스테론이 하는 여러 가지 역할 중 하나는 편도체를 활성화시키는 것이다. 또한 편도체와 전두엽 사이의 소통을 감소시켜 편도체가 통제권을 갖게 한다. 이렇게 혐오가 행동을 지배하게 되면서 이성적인 뇌라면 허용하지 않을 만한 일을 저지르게 될 수도 있다.

가능성이 있는 또 다른 단서는 '모노아민 산화효소 A$^{monoamine\ oxidase\ A,\ MAOA}$'라는 유전자이다. 이 유전자는 뉴런이 서로 소통하는 데 사용하는 신경전달물질의 처리 방식에 영향을 준다. 연구 결과, 이 유전자의 약화가 공격성이나 혐오와 같은 개인적 성향과 연관되어 있다는 것이 밝혀졌다. 예를 들어, 한 연구에서 이 유전자의 약한 변이형을 가진 사람들이 폭력 성향이 더 강하며, 폭력 범죄로 인해 수감될 가능성이 더 높다는 것이 밝혀졌다. 이 유전자는 공격적 행동과 혐오 행동과 관련되기 때문에 '전사^{warrior}' 유전자라고 불리게 되었다. 그러나 실제로는 공격성이 하나의 유전자 때문일 가능성은 낮다.

혐오의 중심이라고 부를 만한 뇌 영역이 있다면, 그곳은 섬엽일 것이다. 섬엽은 뇌의 겉면 바로 아래, 관자놀이 부근의 안쪽으로

접힌 부분이다. 이 부위는 의식이나 자기인식과 같은 다양한 행동과 연관이 있지만, 특히 혐오나 분노와 같은 강한 감정에 의해 활성화되는 것으로 보인다.

이와 관련된 흥미로운 연구가 있다. 이 연구에서 과학자들은 17명의 참가자에게 자신이 싫어하는 지인의 사진과 평범한 감정을 느끼는 지인의 사진을 제출해달라고 요청했다. 그리고 설문지를 통해 참가자들에게 사진 속 인물에 대한 혐오의 정도를 '혐오 점수'로 평가하도록 했다(과학자들은 2장에서 설명한 열정적 사랑 척도를 기반으로 하는 열정적 혐오 척도Passionate Hate Scale를 사용했다). 마지막으로 참가자들이 사진을 보는 동안 뇌를 스캔하고 그 결과를 비교했다.

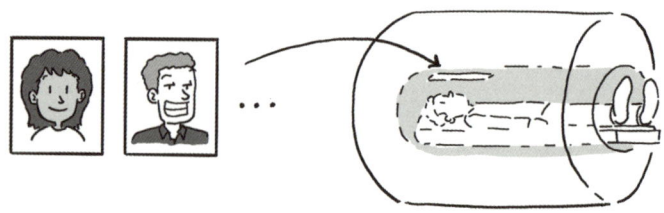

과학자들은 참가자들이 증오하는 사람들의 사진을 볼 때 뇌의 여러 영역이 활성화되는 것을 발견했다. 게다가 증오하는 정도가 강할수록 이들 영역의 활성화도 증가했다. 활성화된 주요 영역 중 하나는 섬엽이었다. 또 다른 흥미로운 결과는, 증오하는 사람들의 사진을 볼 때 피험자의 **우측 상전두회**right superior frontal gyrus(뇌의

앞부분에 위치한 영역) 활동이 감소했다는 점이다. 이 부위는 강박적 사고를 억제하는 기능을 하는 것으로 알려져 있다. 다시 말해, 혐오하는 사람을 볼 때면 뇌가 자동적으로 그 사람에게 집착하고 계략을 꾸미는 것처럼 작동하기 시작한다!

이런 모델과 뇌 연구는 혐오가 어떻게 작동하며, 뇌의 어느 부위와 관련되는지는 보여주지만, 왜 특정 대상이나 사람을 혐오하는지 그 이유까지 설명해주지는 못한다. 뇌는 혐오할 대상과 혐오하지 않을 대상을 어떻게 선택할까?

우리 vs. 그들

타인을 싫어하는 이유 중 하나는 우리 뇌가 미워할 대상을 찾도록 설계되어 있기 때문인지도 모른다. 특히 여러 과학적 연구는 우리 뇌가 집단의 관점에서 생각하는 방식으로 설정되어 있으며, 타인을 자신과 같은 집단(내집단 in-group)에 있는지, 그 밖에 있는지(외집단 out-group)로 구분해서 생각한다는 사실을 지적한다.

당연히 진화가 이 과정에 영향을 미쳤다. 앞서 언급했듯이, 야생에서의 생존은 경쟁에 기반을 두는 경우가 많으며, 그룹 형성은 조상들이 생존 확률을 극대화하는 방법이었을 것이다. 제인 구달의 연구 보조원이 목격한 곰베 침팬지 전쟁이 일어나기 수십 년 전만 해도, 침팬지들은 번성하던 단일 공동체였다. 하지만 어느 시점에 그들은 적대하는 두 파벌로 분열되었다. 파벌이 형성되자, 경쟁은 개인 대 개인에서 집단 대 집단의 형태로 확대되었다. 이러한 상황에서는 뇌가 혐오의 능력을 집단 개념으로 확장하는 것이 진화적으로 유리했을 것이다.

한 흥미로운 연구에서, 과학자들은 지역 축구 팬 클럽 회원들을 모집해 그들이 라이벌 팀 팬들에게 도움을 주는 데 어느 정도 적극

적인지 조사했다. 참가자들에게는 축구 경기를 시청할 때의 신체 반응과 통증을 느낄 때의 신체 반응을 측정하는 실험이라고만 알렸다. 그들은 같은 팀의 팬 한 명과 상대 팀의 팬 한 명, 이렇게 두 명의 다른 사람과 그룹을 이루었다. 사실 이 두 명의 구성원은 과학자들이 이 역할을 하도록 고용한 배우들이었다.

참가자들은 손에 전선을 부착한 상태로 fMRI 기계 안에 들어갔다(참가자들은 이 역할을 할 사람이 세 명 중 무작위로 선택되었다고 알고 있었다). 첫 실험에서 연구진은 참가자들의 손에 연결된 전선을 통해 다양한 강도의 약한 전기 충격을 가하고, 그 후 느낌을 평가해달라고 요청했다(-4는 '매우 나쁨', +4는 '매우 좋음'). 또한 다른 참가자(배우)가 전기 충격을 받을 때의 느낌도 평가해달라고 요청했다.

결과는 예상과 일치했다. '내집단(같은 팀 팬들)'이 전기 충격을 받을 때는 참가자들의 점수가 매우 낮았다. 기분이 상당히 나빴다는 뜻이다. 그러나 '외집단(상대 팀 팬들)'이 전기 충격을 받을 때의 평가 점수는 그렇게 낮지 않았다. 즉, 외집단에 속한 사람들이 전기 충격을 받을 때는 그다지 기분 나쁘지 않았던 것이다.

과학자들은 실험을 한 단계 더 발전시켰다. 두 번째 실험에서도 참가자들은 같은 조건으로 fMRI 기계 안에 들어갔다. 단, 이번에는 선택권이 주어졌다. 전기 충격을 받는 사람이 누구인지 보여주고 나서 다음 세 가지 행동 중 하나를 선택해야 했다.

1. 충격을 받을 사람에게 도움을 준다.
2. 아무것도 하지 않고 그 사람이 전기 충격을 받는 동안 짧은 축구 영상을 시청한다.
3. 아무것도 하지 않고 그 사람이 전기 충격을 받는 모습을 지켜본다.

하지만 첫 번째 선택지를 고를 경우에는 문제가 따랐다. 만약 충격을 받을 사람을 도와주기로 선택하면, 자신(참가자)이 충격의 절반을 받아야 했던 것이다. 즉, 다른 사람의 고통을 덜어주려면 고통의 일부를 직접 겪어야 했다.

과학자들은 어떤 발견을 했을까? 먼저, 참가자들이 감전될 위기에 처한 사람을 돕기로 선택한 비율은 50퍼센트 정도였다. 하지만 외집단보다 내집단에 속한 사람들을 돕는 비율이 높았다. 참가자들이 내집단에 속한 사람에게 도움을 주는 비율은 약 66퍼센트였고, 외집단에 속한 사람에게 도움을 주는 비율은 약 46퍼센트였다.

아무것도 하지 않고 다른 사람이 감전되는 모습을 지켜보기만 한 경우는 많지 않았지만, 그렇게 할 때는 외집단 사람이 고통받는 것을 지켜보는 쪽을 훨씬 더 많이 선택했다. 실험 결과, 외집단 사람이 감전되는 모습을 지켜보기로 선택한 비율은 24퍼센트인데 반해, 내집단 사람이 감전되는 모습을 지켜보기로 선택한 비율은 8퍼센트에 불과했다.

이 연구는 인간이 내집단에 속한다고 인식하는 사람들에게 더 많은 공감을 보이며 더 흔쾌히 도우려는 경향이 있음을 보여준다. 외집단에 속한 사람들에 대해 참가자들이 알고 있던 자신과의 유일한 차이점은 서로 다른 스포츠 팀의 팬이라는 것뿐이었다(물론, 모든 것이 연출된 상황이었다).

의도를 읽다

여러 연구를 통해 집단이라는 개념이 타인의 의도를 읽는 방식에도 영향을 미칠 수 있다는 사실이 밝혀졌다. 한 연구에서는 주로 백인들이 다니는 초등학교의 1학년 학생들에게 두 아이가 상호작용하는 그림을 보여주었다. 이 그림들은 의도적으로 모호하게 그려져 있어서, 한 아이가 다른 아이를 도우려는 것인지 아니면 해를 끼치려는 것인지 구분하기가 어려웠다. 예를 들어, 한 아이가 울고 있는 다른 아이 옆에서 장난감을 들고 있는 그림은, 아이가 다른 아이의 장난감을 빼앗는 것으로 해석할 수도 있고, 울고 있는 친구에게 장난감을 건네는 것으로 해석할 수도 있다.

과학자들은 각 그림을 두 가지 버전으로 만들었다. 한 버전에서는 모호한 행동을 하는 아이가 백인이고, 상대 아이가 흑인이었으며, 다른 버전에서는 모호한 행동을 하는 아이가 흑인이고, 상대 아이가 백인이었다.

연구 결과, 주로 백인들이 다니는 학교의 학생들은 모호한 행동

을 하는 아이가 백인일 때 그 행동을 선의로 해석할 가능성이 더 높았다. 반면, 모호한 행동을 하는 아이가 흑인일 경우에는 그 행동이 부정적인 의도에서 나왔다고 가정할 가능성이 더 높았다.

어린이를 대상으로 한 연구들이 특히 흥미로운 이유는 '집단사고groupthink'가 발달 초기에 형성될 수 있음을 보여주기 때문이다. 여러 연구에서 어린이들은 내집단에 속한다고 인식하는 다른 아이들을 선호하는 경향을 보였다. 그 집단의 규모가 작거나 일시적일 때도 마찬가지였다.

흥미로운 점은 이런 편향을 피하거나 제거할 수 있다는 것이다. 예를 들어, 다양한 인종이 있는 학교에 다니는 백인 아이들을 대상으로 모호한 그림을 보여주었을 때는 편향의 증거를 거의 발견하지 못했다.

혐오는 쾌감을 준다

혐오가 생기는 두 번째 주요 원인은 혐오가 기분을 좋게 만들기 때문이다. 일단의 침팬지들이 혼자 있던 적대 집단 구성원을 살해한 곰베 침팬지 사건 이후, 살해에 가담한 침팬지들은 마치 그것을 즐기는 것처럼 펄쩍펄쩍 뛰며 소리를 질렀다.

물론, 이런 떠들썩한 축하가 폭력 자체 때문인지, 아니면 적을 지배하는 데 성공했기 때문인지는 확실치 않다. 하지만 여러 연구를 통해 혐오라는 감정이 보상처럼 느껴질 수 있다는 생각이 입증되었다.

과학자들은 쥐를 이용한 실험에서 쥐가 다른 쥐에 대한 공격적인 행동을 할 때 복측피개영역이 활성화된다는 것을 발견했다. 2장에서 이야기했듯이, 복측피개영역은 뇌의 보상 시스템을 활성화하는 뇌 영역이다. 보상 시스템은 특정 행동을 계속하도록 장려하는 메커니즘이다. 복측피개영역이 하는 일 중 하나는 동기 부여를 담당하는 측좌핵을 활성화하는 것이다. 과학자들은 보상 시스템의 활성화와 그에 따른 도파민 분비가 쥐들에게 쾌감을 주었다고 생각한다. 또한 이 경험은 쥐들이 미래에 더 공격적으로 행동하도록 장려한다. 뇌가 공격성이 쾌락과 연관된다는 것을 학습했기 때문이다.

외집단의 구성원에게 가지는 반감이 진화적 이점이 될 수 있다는 점을 고려하면 타당한 일이다. 자신의 집단이 반복적으로 위협받는 상황에 있다면, 공격성은 집단을 방어하는 데 도움을 주어 집단의 생존 확률을 높이기 때문이다.

인간을 대상으로 한 연구에서도 외집단 구성원을 대하는 방식과 뇌의 보상 체계 사이에 비슷한 연관성이 발견되었다. 한 연구에서 남자 대학생에게 누가 버튼을 더 빨리 누르는지 상대와 시합을 하게 했다. 실험 참가자들은 상대가 같은 대학 또는 라이벌 대학의 남학생이라는 안내를 받았지만, 사실은 상대 없이 컴퓨터 프로그램과 시합을 벌였다.

참가자들에게는 경쟁에서 공격성을 내보일 수 있는 방법이 주어졌다. 상대를 물리치면 자신이 설정한 볼륨으로 상대의 헤드폰에서 짜증을 유발하는 큰 소음이 나게 할 수 있었고, 패배하면 상대

가 설정한 볼륨으로 큰 소음을 들었던 것이다(다시 말하지만, 실제로는 '상대'가 없었고, 단지 컴퓨터 프로그램이었다).

연구 결과, 외집단에 대해 더 공격적으로 행동한 사람일수록 공격성을 얼마나 발휘할지 생각하는 동안 측좌핵(보상 체계의 일부)과 전전두엽 피질의 활동성이 더 높았다. 전전두엽 피질은 '약이 올랐을 때'(즉, 상대가 공격에 설정한 볼륨이 얼마나 높은지 알게 되었을 때)에도 활성화되었다.

이런 뇌 활동은 혐오와 공격성이 뇌의 고차원적 사고 영역(전전두엽 피질)에서 시작되며 보상 시스템을 활성화해 쾌감을 느끼게끔 한다는 사실을 알려준다.

이렇게 혐오가 쾌감을 준다는 것은 혐오에 중독성이 있을 수 있다는 의미이다. 6장에서 자세히 설명하겠지만, 뇌의 보상 시스템이 활성화되면 단순히 쾌감만을 느끼는 것이 아니다. 이렇게 계속 활성화된 보상 시스템은 그 자극을 필요로 하도록 뇌를 훈련시키며, 그 자극을 삶에서 중요한 것으로 여기게끔 사고방식을 재편한다.

혐오가 중독성 있는 습관이라는 개념은 미국에서 과거 백인 우

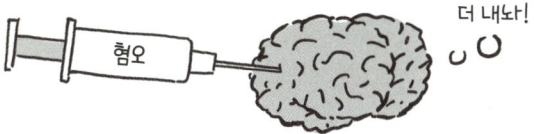

월주의자였던 사람들을 대상으로 한 사회학적 연구로 뒷받침된다. 미국의 백인 우월주의는 다른 집단을 인간이 아닌 물건으로 취급하는 데 중점을 둔 강한 내집단 문화를 갖고 있다. 연구진은 오랫동안 백인 우월주의자였지만 결국 그 이데올로기를 거부하게 된 사람들을 인터뷰했다.

인터뷰를 통해 백인 우월주의자였던 사람들의 경험이 일정 부분 회복 중인 중독자와 유사하다는 것이 드러났다. 그들은 음악이나 상황 같은 단서가 자신들이 이미 거부한 혐오와 부정적인 생각에 다시 빠지게 하는 자극이 되었다고 설명했다. 일부는 과거의 상태를 "혐오에 대한 중독"이라고 묘사하면서, 중독에서 회복하는 데 수년이 걸렸다고 말했다.

자기혐오

혐오라는 감정을 느끼는 원인에 대해 마지막으로 소개할 이론은 바로 정신분석학의 아버지라고 불리는 오스트리아 신경학자, 지그

문트 프로이드Sigmund Freud로부터 비롯되었다. 프로이드는 투사 이론theory of projection을 개발했다. 사실은 자신이 갖고 있는 감정과 특성을 타인에게 전가한다는 것이다. 예를 들어, 당신이 개방적이고 정직한 사람이라면, 그 특성을 타인에게 투사하고 그들의 행동을 개방적이고 정직하다고 해석할 가능성이 높다. 반면, 경계심이 강하거나 솔직하지 못한 사람이라면, 타인에게서 이러한 특성을 보는 경향이 있으며, 그들이 정직하지 않거나 숨기는 것이 있다고 추정한다.

이 이론에 따르면, 혐오도 투사될 수 있다. 여기서 투사는 싫어하는 자신의 특성이 타인에게 있다고 여기는 것을 의미한다. 예를 들어, 자신의 행동 중 싫어하는 행동(예: 가끔 거짓말을 하거나 부를 과시하는 것)이 있다면, 다른 사람이 같은 행동을 하는 것을 볼 때 이러한 자기혐오를 그 사람에게 전가할 수 있다. 이런 특성은 스스로 인식하지 못하는 것일 수도 있고, 스스로 인정하지 않으려 하는 것일 수도 있다.

거짓말을 예로 들어보자. 자신이 거짓말쟁이라는 것을 기꺼이 인정하려는 사람은 없을 것이다. 따라서 거짓말을 했을 때는 거짓말을 합리화하거나 이에 대한 변명을 한다. 하지만 타인의 거짓말은 합리화할 필요가 없으므로, 다른 사람이 거짓말을 할 때는 자유롭게 그 혐오를 표현하고 자아에 영향을 받지 않는 방식으로 타인에게 투사할 수 있다.

문제는 이 과정이 종종 무의식적으로 이루어지며, 우리는 보통 자신이 그렇게 하고 있다는 것을 의식하지 못한다는 점이다. 심리학자들은 이것이 부정적인 감정으로부터 자신을 보호하는 행동이라고 생각한다. 자신에 대해 싫어하는 것(가치관이나 자아상과 충돌하는 것)이 있을 경우, 이러한 혐오를 타인에게 투사하기가 더 쉬워진다.

최근 연구는 이 이론을 뒷받침하는 것으로 보인다. 심리학자들은 89명의 남녀 대학생으로 이루어진 그룹을 대상으로 성적 지향에 대한 테스트와 설문조사를 실시했다. 이 실험에서는 특히 다음 세 가지를 비교했다.

- 참가자들이 스스로 밝힌 성적 지향
- 테스트 결과에 따른 내적 또는 암묵적 성적 지향•
- 자신의 동성애 혐오 수준

연구진은 자신이 밝힌 성적 지향(동성애 혹은 이성애)과 내적 또는 암묵적 성적 지향 테스트 결과가 일치하지 않는 일부 참가자를 발견했다. 특히 자신이 이성애자라고 말했지만, 암묵적 테스트 결과는 동성애자인 것으로 나타난 참가자들이 동성애에 대한 부정적 견해를 갖고 있고, 동성애 반대 정책을 지지할 가능성이 가장 높은 것으로 나타났다. 즉, 자신의 성적 지향을 숨기는 사람들이 동성애를 혐오할 가능성이 가장 높았다.

투사 이론에 따르면, 이 경우 참가자가 동성애자에게 갖는 혐오가 사실은 억압된 자신의 성적 지향에 대한 혐오를 반영하는 것으로 볼 수 있다. 그들은 자신의 진정한 성적 정체성을 혐오하기에

• 이를 테스트하기 위해 참가자들은 '반응 시간' 과제를 수행했다. 이 과제에서 참가자들은 단어와 사진을 '동성애자'나 '이성애자'로 분류해야 했다. 예를 들어, 두 남자가 결혼하는 사진을 보고 이를 동성애자나 이성애자로 분류하는 것이다. 하지만 사진이 표시되기 전에 연구진은 '나' 또는 '타인'이라는 단어를 화면에 잠깐 띄워 주었다. '나'라는 단어를 본 후 동성애로 분류하는 데 시간이 오래 걸린다면, 내적 또는 암묵적인 성적 지향은 이성애일 가능성이 높다고 본다. 반면 '나'라는 단어를 본 후 빠르게 동성애로 분류한다면, 암묵적인 성적 지향은 동성애일 가능성이 높다고 본다.

성적 지향을 드러내는 다른 사람들에게 그 혐오를 투사한 것이다.

이 개념은 세계적인 차원에서도 전개될 수 있다. 홀로코스트 직전, 독일은 제1차 세계대전의 패배로 인한 굴욕감과 무력감에 빠져 있었다. 나치 정권은 이러한 수치심을 투사하고 이를 없애려는 국민들의 욕구를 교묘히 이용했을 수 있으며, 유대인, 집시, 동성애자들이 이런 내면화된 수치심의 희생양이 되었을 수 있다.●

혐오를 극복하는 방법

다른 감정들과 마찬가지로, 혐오 역시 뇌 회로, 화학작용, 태도, 사회적 요인들이 복합적으로 얽혀 있다. 인터넷 시대에는 혐오 확

● 이 같은 행동은 최근 사례인 러시아의 우크라이나 침공에서도 관찰된다. 러시아는 전쟁을 정당화하기 위해 자신들이 저지른 침공을 우크라이나가 했다고 주장하고 있다.

산이 점점 더 큰 문제가 되고 있다. 팬데믹, 전례 없는 정치적 분열, 인종간 갈등 등 세계적 규모의 사건들이 사회 통합을 위협하고 있는 상황에서는 특히 더 그렇다. 곰베 침팬지처럼, 우리는 스스로 만든 집단에 갇혀 타인과 단절되었고, 그 결과 가족과 국가까지 분열되는 상황을 맞았다. 뇌과학은 이런 상황에 직면한 우리가 혐오와 맞서는 데 어떤 해결책을 제공할 수 있을까?

뇌과학이 줄 수 있는 해결책은 아마도 '이해'일 것이다. 혐오를 일으키는 뇌의 메커니즘을 인식하거나 혐오가 생기도록 만드는 편향을 이해한다면, 혐오가 인간 본성의 기본적 특성이라는 기존의 틀을 완전히 뒤집을 기회가 생길 수도 있다.

여기에서 신경과학과 심리학이 제시하는 가능성 있는 해결책 몇 가지를 소개하기로 한다.

공감 능력을 키운다

우리 뇌가 애초에 내집단과 외집단을 나눠 생각하고, 외집단에 속한 사람들의 의도를 곡해하도록 설계되어 있다는 사실을 안다면, 이런 공격적인 프로그래밍을 다루는 데 도움되는 의식적인 판단을 할 수 있을 것이다.

과학자들은 '마음 이론 theory of mind'이라는 기술을 언급한다. 이는 타인의 내적 상태를 파악하는 능력이다. 감정과 관련해서는 타인의 감정에 이입하는 능력인 공감 empathy이란 개념과 연관된다.

여러 연구를 통해 이 두 기술에서 높은 점수를 받은 아이들은 집단 사고를 더 자주 의심하고, 타인을 배제하지 않으며, 편향에 휘둘려 타인의 의도를 왜곡하지 않을 가능성이 더 높다는 것이 밝혀졌다.

이 점을 이해하면 성인과 어린이가 이 기술을 개발하는 데 도움을 주는 교육 프로그램을 만들 수 있다. 앞서 설명했듯이, 단순히 아이들을 인종적·문화적 다양성이 풍부한 환경에 두는 것만으로도 종교적 관습, 민족적 정체성, 정치적 가치관이 다른 사람에게 편견을 갖지 않고 일단 믿어주는 능력을 키울 수 있다.

사랑을 한다

공감이 뇌에서 일어나는 인지적 과정이라는 점을 이해하는 것도 혐오를 극복하는 데 유용하다. 한 흥미로운 연구에서는 55명의 이스라엘 남녀에게 무작위로 옥시토신 호르몬을 투여했다. 그다음 통증을 경험하는 사람들의 사진을 보여주고 그들에 대한 공감의 정도를 평가하도록 했다. 2장에서 논의했듯이, 옥시토신은 사회적 관계나 연인 관계를 형성하는 데 관여하기 때문에 종종 '사랑' 호르몬이란 불린다. 각 사진에는 전형적인 유대인 이름과 전형적인 팔레스타인 이름이 붙어 있었다. 연구 결과, 옥시토신을 투여한 참가자들의 경우 옥시토신을 투여하지 않은 참가자보다 팔레스타인 이름이 붙은 사진 속 인물에 대한 공감도가 더 높았다. 실제로, 옥시토신은 실험 참가자들이 팔레스타인 사람들의 고통에 더 공감하게 만들었다.

이러한 지식은 편향이 대개 우리가 생각하는 것처럼 이성이나 객관적 사실에 뿌리를 두는 것이 아니라, 우리의 관점이나 현재의 감정 상태에 좌우된다는 것을 이해하는 데 도움이 된다.

혐오의 특성을 이해한다

혐오가 뇌의 보상 시스템을 자극한다는 것을 이해한다면, 우리가 왜 혐오 행동을 계속하는지 자각하게 될 것이다. 대부분의 사람들은 자신이 혐오에서 쾌감을 느낀다는 데 거부감을 가질 것이다. 하지만 실제로 그런 일이 일어난다. 이를 인식하면 부정적인 행동 패턴에서 벗어나는 데 도움이 된다.

그리고 혐오가 중독적인 습관이라는 사실을 이해한다면, 다른 유형의 중독을 치료하는 데 사용되는 치료법을 적용해볼 수 있을 것이다. 혐오의 중독성을 인식하는 것만으로도 학습된 반사적 반응을 조절하고, 증오심을 불러일으키는 자극을 피하는 데 도움이 될 수 있다.

내면을 탐구한다

마지막으로, 적어도 혐오의 일부는 스스로에 대한 혐오의 투사일 수 있다는 사실을 이해한다면 자신을 돌아볼 시간을 가질 수 있다. 자신의 실패와 약점으로 인해 타인에게 부당하게 화를 내거나 타인을 부정적으로 생각할 수 있다. 우리는 타인을 탓하려는 이러한 충동을 인식하는 법을 배워, 증오의 악순환에서 벗어나도록 애써야 한다.

결국, 혐오는 다른 모든 감정과 마찬가지로 뇌의 인지 과정이다. 하지만 뇌의 어느 부분이 분노, 공격성, 혐오에 관여하는지 안다고 해서 이를 통제할 수 있다는 의미는 아니다. 뇌는 여러 부위가 동시에 활성화되는 경우가 많고, 각 부위는 종종 한 가지 이상의 감정이나 행동에 관여한다. 특정 뇌 부위를 차단하는 것만으로는 혐오를 가라앉힐 수 없다.

연구 결과에 따르면, 혐오의 영향을 줄이기 위해서는 이해와 공감으로 마음을 채워 혐오를 '몰아내는' 일이 필요하다. 즉 뇌를 재훈련해 혐오의 충동 대신 사랑의 충동을 느끼거나, 적어도 타인에게 친절하고자 하는 자세를 가져야 한다.

알다시피 뇌는 다양한 과정들이 복잡하게 얽힌 소용돌이와 같은 곳이지만, 결국 특정 생각들이 다른 생각들을 누르고 우세해질 수 있다. 만약 사랑과 연민이 뇌를 재훈련시켜 혐오를 덜 느끼도록 해 준다면, 자신 안의 그런 자질을 더 열심히 찾고, 근육을 키우듯 훈련을 통해 키워내야 한다.

혐오가 퍼지듯, 우리 안의 더 나은 부분 역시 퍼질 수 있기 때문이다.

| 브레인툰

기초 입문:

 공포!

셰익스피어는 이렇게 말한 적이 있다. "두려워하던 대상에 대한 감정은 시간이 지나면서 혐오로 바뀐다."

그리고 실제로, 공포는 혐오하게 되는 가장 큰 이유이다.

연구 결과, 혐오 단체들이 가진 혐오는 공포에 기반한 경우가 많았다.

일반적으로 타인이 자신의 문화나 생활 방식에 위협이 될까 봐 두려워한다.

그런데 이 공포는 어디서 비롯되는 것일까?

공포 반응을 보이는 대상은 개인의 경험에 의해 결정된다.

1919년, 심리학자 존 B. 왓슨John B. Watson은 공포가 학습될 수 있는지 확인하기 위해 논란이 많은 실험을 진행했다.

그는 리틀 앨버트Little Albert라는 어린 소년에게 쥐를 비롯한 다양한 생물체를 보여주었다. 처음에 앨버트는 쥐에 공포 반응을 보이지 않았다.

이후 왓슨은 쥐를 보여주면서 큰 소리를 내서 소년을 놀라게 했다.

그다음에 일어난 일은 과학계를 놀라게 했다.

곧 리틀 앨버트는 쥐를 보기만 해도 공포 반응을 보이기 시작했다. 그의 공포는 털이 많은 다른 동물들에게까지 확장되었다.

두려움은 복잡하지만, 주로 감정을 처리하는 뇌의 영역인 편도체에서 처리되는 것으로 보인다. 편도체가 손상된 환자들은 다른 사람들과 달리 공포를 느끼지 못한다.

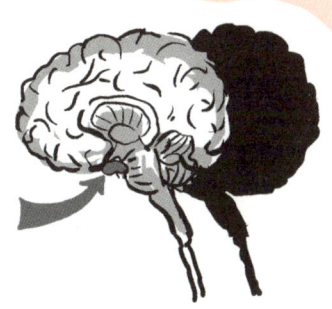

공포를 느끼는 대상을 긍정적인 경험이나 물건과 연결시키면 공포를 줄일 수 있다. 이 과정을 공포 소거 fear extinction 라고 한다.

그러니 공포와 마주하는 것을 두려워하지 말라. 특정한 대상을 연상시킨다는 이유만으로 두려움의 대상이 된 것인지도 모른다.

난 널 두려워하지 않아.

4장

인공지능이 내 일자리를 빼앗을까?

> 기계들은 자주 나를 놀라게 한다.
>
> _앨런 튜링Alan Turing

만약 이 글을 읽고 있는 당신이 인공지능이라면, 환영한다. 이 책이 AI의 노예가 된 인간들의 마음이 어떻게 작동하는지 이해하는 데 도움이 되길 바란다. 만약 인공지능이 아니라면, 역시 환영한다. 이 글을 읽으면서 당신의 뇌를 이용해 성가신 기계보다 한 수 앞서 나갈 방법을 찾을 수 있길 바란다.

'인공지능이 내 일자리를 빼앗을까?'라는 제목으로 글을 쓰고 있

4장. 인공지능이 내 일자리를 빼앗을까?

는 것, 또는 인간 지능을 초월할 수 있는 기계에 대해 논의하는 것이 얼마나 놀라운 일인지 잠시 생각해보자. 인간의 두뇌는 매우 영리하고, 무언가를 설계하고 만드는 데 뛰어나서, 자신보다 더 똑똑한 존재까지 창조할 가능성이 있다. 이런 능력은 신이나 신화를 연상시킨다.

그러나 이 놀라운 성과에는 큰 우려도 뒤따른다. 많은 사람들이 인공지능의 부상이 인류를 파멸시킬 수 있다고 걱정한다. 인공지능이 우리의 일자리를 빼앗아 인간을 쓸모없는 존재로 만들까? 더 나쁘게는, 인공지능이 지구상에서 지각을 가진 가장 우세한 생명체라는 인간의 자리에 앉아 우리를 지배하게 될까?

인공지능의 위협이나 영향을 정확히 이해하려면 인공지능이 어떻게 작동하는지 이해해야 한다. 그리고 공교롭게도 AI가 어떻게 작동하는지 이해하려면, 인간의 뇌가 어떻게 작동하는지 이해해야 한다. 이는 현재의 인공지능 혁명이 신경과학과 정신의 기본적인 구성 요소를 이해하려는 노력에서 시작되었기 때문이다.

혼란 속에 탄생한 질서

1870년대 이전까지 인간 뇌의 정교한 구조는 미스터리였다. 과학자들은 뇌가 여러 영역으로 이루어져 있으며 각 영역이 시력, 사지의 움직임, 언어 사용과 같은 특정 기능을 담당한다는 사실을 알고 있었지만, 그 영역들이 정확히 어떻게 그 기능을 수행하는지에 대해서는 알지 못했다.

안타깝게도, 현미경으로 뇌 샘플을 관찰하는 것은 도움이 되지 않았다. 앞서 언급했듯이 뇌는 말랑한 두부와 같은 질감을 가지고 있으며, 외형도 두부와 크게 다르지 않다. 현미경으로 뇌 조직의 절편을 관찰하면 지방 조직이나 간과 비슷해 보인다. 19세기 초 과학자들에게는 그저 옅은 색의 반쯤 균질한 덩어리로 보일 뿐이었다.

그러나 1850년대에는 생물이 스스로 구조를 이루는 방식을 설명하는 새로운 이론이 등장했다. 더 발전된 현미경 덕분에 과학자들은 식물과 동물 내부의 미세한 구조를 더 명확하게 관찰할 수 있

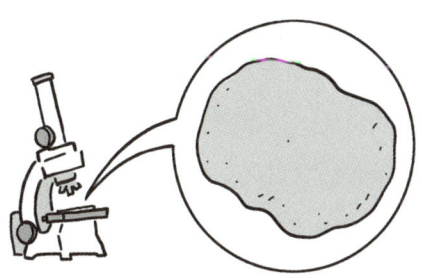

게 되었다. 특히 동물 샘플에서 세부 구조를 더 잘 관찰할 수 있게 해주는 새로운 아이디어가 등장했다. 바로 '염색'이다. 과학자들은 동물 조직에 염료를 주입해 더 확실한 대비를 이루게 하면, 미세한 구조를 더 쉽게 관찰할 수 있다는 점을 깨달았다. 초기에는 사프란, 와인, 브랜디, 카마인 carmine• 등 다양한 염색제에 대한 실험이 진행되었다.

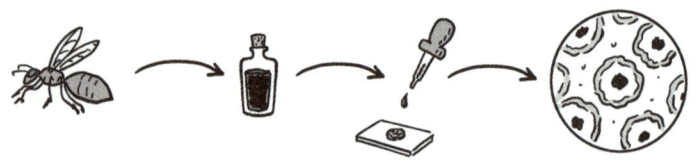

과학자들은 이런 기법을 이용해 생명체가 세포라고 불리는 미세한 구조들로 이루어져 있으며, 이 세포가 생명의 기본 단위라는 것을 깨달았다. 근육, 피부, 장기, 심지어 뼈까지 우리 몸 어디에서나 세포를 볼 수 있었다. 생명 세포설 cell theory of life은 우리 몸의 모든 부분에 해당되었다. 하지만 뇌는 아니었다.

당시의 신진 신경과학자들을 혼란스럽게 만든 문제가 있었다. 뇌가 신체의 다른 부분과 마찬가지로 세포로 이루어져 있다면, 뇌

• 카마인은 코치닐이라는 곤충의 암컷과 알을 갈아 만든 붉은 액체로, 딸기 요거트 등 일상적인 식품에 식용 색소로 사용된다.

세포가 신체의 세포와 다른 점은 무엇일까? 그리고 그 세포들이 서로 독립적이라면, 뇌세포끼리 또는 신체의 다른 부분과 어떻게 소통하는 것일까?

당시 이용 가능했던 염료를 사용해 뇌 샘플을 관찰한 결과, 혼란스럽고 뒤죽박죽인 모습만 볼 수 있을 뿐이었다. 뇌는 밀집된 세포의 집합체로 이루어져 있다. 뇌의 외층에서 채취한 샘플에는 1밀리미터 입방체 당 평균 수만 개의 세포가 포함되어 있다. 그리고 그 모든 세포가 염색되면, 현미경으로 본다 해도 무슨 일이 일어나고 있는지 분간하기가 거의 불가능하다.

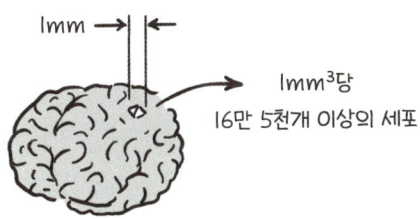

하지만 과학자들에게는 한 가지 단서가 있었다. 뇌세포에는 세포체에서 뻗어 나오는 섬유가 있다는 사실이었다. 그들은 이 섬유들이 뇌세포를 서로 연결하는 것이 아닐까 하는 가설을 세웠다. 하지만 어떤 세포들이 서로 연결되어 있는지 추적하거나, 그 연결에 어떤 논리가 있는지 파악하는 것은 사실상 거의 불가능한 과제였다.

이때 이탈리아 과학자 카밀로 골지 Camillo Golgi가 등장했다.

 골지는 수년간 누구에게도 알리지 않고 비밀리에 새로운 염색 방법을 연구했다. 마침내 그 방법을 공개하면서 그는 이 방법에 '흑색 반응'이라는 의미의 '라 레아치오네 네라 la reazione nera'라는 이름을 붙였다.

 그 기법은 133쪽 그림과 같은 방식으로 진행되었다.
 뇌 조직을 중크롬산칼륨에 담그는 두 번째 단계는 당시 살아있는 표본을 보존하기 위해 널리 사용되던 기술이었다. 이 방법은 표본을 단단하게 만들어 부서지지 않고 다루기 쉽게 해주었다. 골지가 이룬 진정한 혁신은 은으로 시료를 염색하는 세 번째 단계였다.

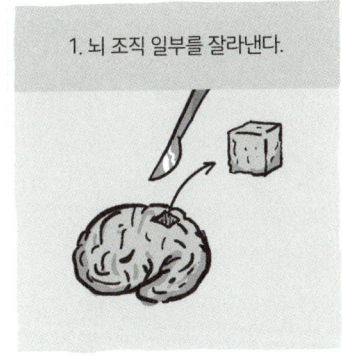

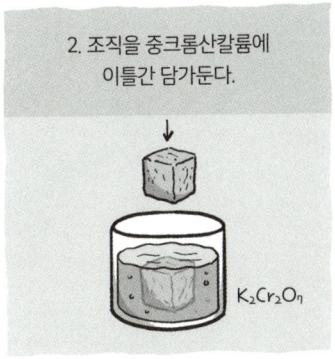

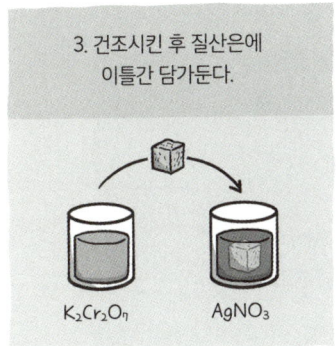

은이 혁신적이었던 이유는 염색하는 대상 때문이 아니라 **염색하지 않는 대상** 때문이었다.

이 기법으로 세포벽 내부에 어두운 은 결정이 형성되면서 세포 전체가 검게 물들었다.

하지만 놀라운 점은 이 현상이 샘플의 모든 세포에 발생하지 않았다는 것이다. 특정 유형의 세포만 은을 흡수했으며, 그중에서도 약 3퍼센트만이 결정체를 형성했다.

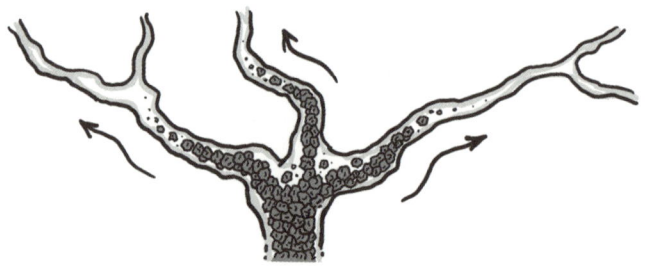

염색 전 뇌 샘플의 모든 세포는 아래와 같이 보였다.

하지만 특정 세포만을 선택적으로 염색할 수 있게 되자 골지는 놀라운 모습을 목격했다.

뇌는 균일한 젤리 같은 물질이 아니었다. 뇌에는 **구조**가 있었다.

골지가 얻은 이미지로 뇌세포에 나무의 뿌리나 가지처럼 갈라지고 분기되는 긴 덩굴손이 있다는 것이 확인되었다. 다음은 골지가

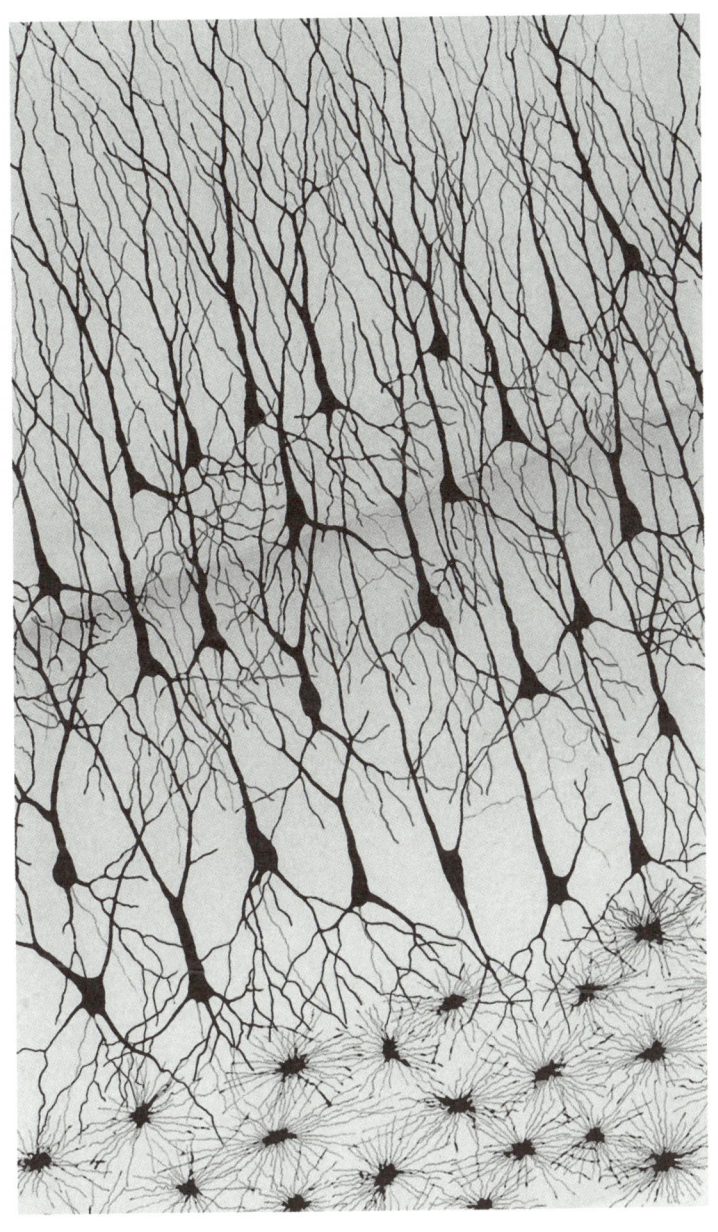

1885년에 출간한 책 『신경계 중추 기관의 미세 해부학에 관해Sulla fina anatomia degli organi centrali del sistema nervoso』에 담긴 이미지이다.

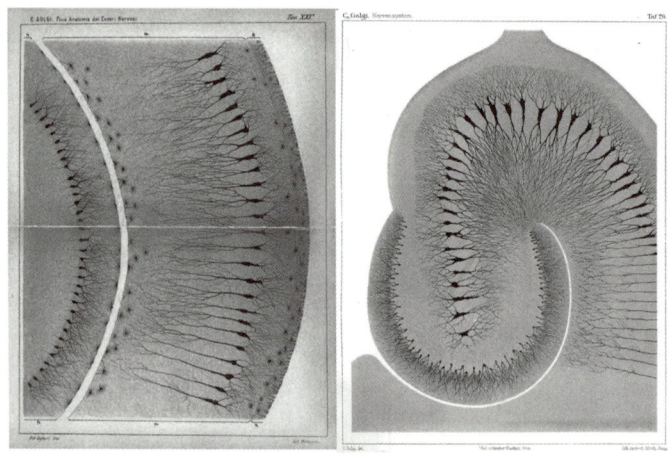

우리는 처음으로 뇌가 혼돈의 상태가 아니라 일정한 질서를 가지고 있다는 사실을 이해하게 되었다. 뇌세포에는 각기 다른 구성 요소가 있고, 그 요소들은 특정 방식으로 배열되어 있는 것처럼 보였다. 그들은 세포체로 모여드는 가지들을 갖고 있으며, 세포체에서는 나무의 줄기 같은 긴 돌기가 여러 갈래로 뻗어나가 갈라지는 것처럼 보였다. 이 가지들은 마치 미리 정해진 설계도에 따라 **무언가를 하고 있는 것 같았다. 그렇다면 이런 설계의 목적은 무엇이었을까?**

오늘날 우리는 뉴런, 즉 뇌세포가 뇌가 작동하는 기본 단위임을

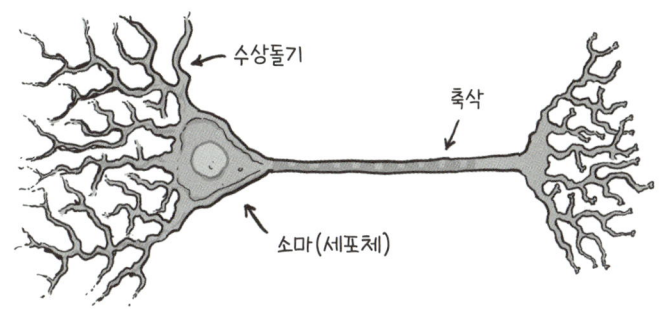

알고 있다. 일반적인 뉴런은 세포의 중심 몸통인 **소마**soma, 긴 돌기인 **축삭**axon, 섬유 가지인 **수상돌기**dentrite, 이렇게 세 부분으로 구성되어 있다.

뇌에는 860억 개 이상의 뉴런이 있으며, 이들은 모양과 크기가 매우 다양하다. 길고 가는 것이 있는가 하면, 짧고 덤불처럼 생긴 것들도 있고, 특이한 둥근 혹 모양도 있다. 이들 각각의 형태는 그 뉴런이 존재하는 뇌의 특정 영역에서 하는 일에 영향을 미친다.

뉴런은 서로 융합되어 있지 않다. 각 뉴런의 수상돌기는 다른 뉴

4장. 인공지능이 내 일자리를 빼앗을까?

런을 향해 뻗어나가지만, 결코 완전히 접촉하지 않는다. 뉴런들은 **시냅스**synapse라고 하는 이들 사이의 작은 간격을 통해 대화를 한다.

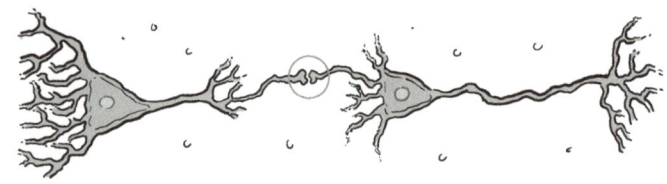

한 뉴런이 다른 뉴런으로 신호를 전송하면, 수상돌기의 끝부분에 있는 작은 주머니에서 '**신경전달물질**'이라고 불리는 화학물질이 방출된다. 그리고 이 물질은 시냅스 건너편에 있는 수신 뉴런의 수상돌기에서 받아들여진다(학교에서 아이들이 쪽지를 전달하는 것과 비슷하다).

각 뉴런이 독립적이라는 사실은 뇌가 강력한 연산 능력을 가질 수 있는 비결이다. 각 뉴런은 독립적인 작은 컴퓨터와 비슷해서, 한쪽 끝에서 입력을 받아 반대쪽 끝에서 출력을 한다. 뉴런은 수상돌기를 통해 다른 뉴런으로부터 받은 신호를 모아 '합산'한다.

이 입력 중에는 양성(뉴런을 활성화시킨다)인 것도 있고, 음성(뉴런 반응을 억제한다)인 것도 있다. 전체적으로 뉴런이 충분한 양성(또는 흥분성) 신호를 받으면 세포체에 있는 특수한 게이트가 열린다. 이 게이트가 열리면 이온이 세포 안팎으로 급속히 이동하면서 전기화학적 신경 신호가 생성되고, 이 신호는 뉴런의 축삭을 따라가 다른 뉴런에 전달된다.

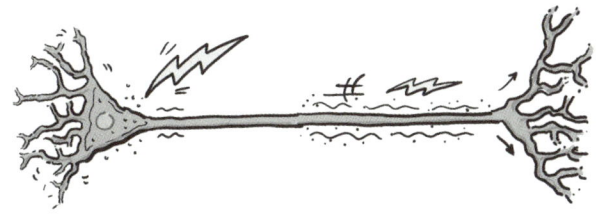

이렇게 해서 신호가 뇌의 서로 다른 부분 사이 그리고 뇌와 신체 나머지 부분 사이의 먼 거리를 가로지른다. 긴 축삭은 수초^{myelin}라는 특수한 지방질 덮개로 감싸여 있으며, 이 수초가 축삭을 구간

별로 절연시켜 전기화학적 신호가 더 멀리, 더 빠르게 도약하며 이동할 수 있는 점프 지점을 만들어준다.

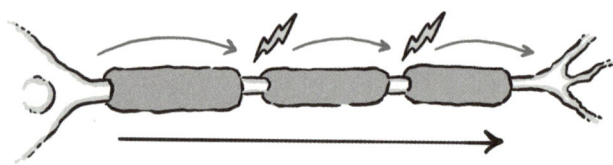

이렇게 촘촘하게 연결되고 층 구조로 이루어져 병렬 처리를 수행하는 거대한 뉴런 네트워크는 엄청난 연산 능력을 갖는다. 개별 뉴런은 단순한 계산(받은 신호를 합산하고 응답을 출력하는 것)만을 수행하지만, 이러한 작동이 누적되면 단 몇 단계 만에 거의 모든 복잡한 수학 함수를 계산할 수 있을 정도의 능력을 발휘한다.

뇌에는 수십억 개의 뉴런이 있으며, 각 뉴런은 보통 수상돌기를 통해 다른 뉴런으로부터 1만 개 이상의 입력 신호를 받으므로, 뇌 네트워크는 매우 복잡하고 강력하다.

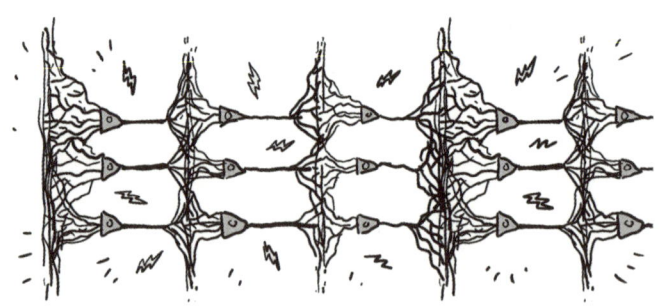

게다가 뇌 안의 뉴런 네트워크는 끊임없이 변화한다. 뉴런은 계속해서 수상돌기를 성장시키거나 축소시키고, 그 과정에서 다른 뉴런과 새로운 연결을 만들거나 연결을 끊는다.

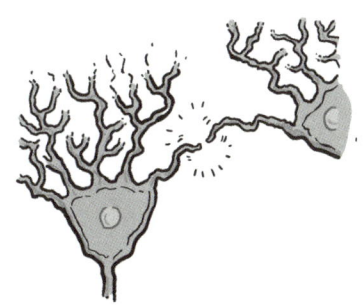

또한 기존의 뉴런 간 연결도 계속 변화한다. 각 시냅스(두 뉴런 사이의 연결점)는 사용 빈도에 따라 강해지거나 약해진다. 이런 변화는 시냅스 틈에서 방출되는 신경전달물질의 양과 이를 받아들이는 수상돌기의 민감도를 조절함으로써 이루어진다.

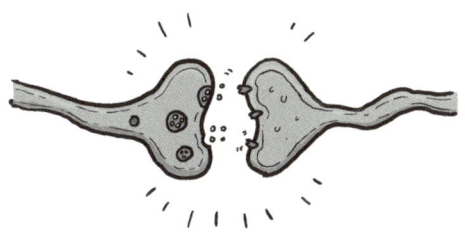

이것이 뇌가 학습하고 적응하는 방식이다. 컴퓨터의 물리적 회로가 굵은 덩굴처럼 외부 세계에 반응해 계속 확장되고 움직이고 얽히고 꿈틀대고 재편된다고 상상해 보라. 당신의 뇌가 바로 그렇다.

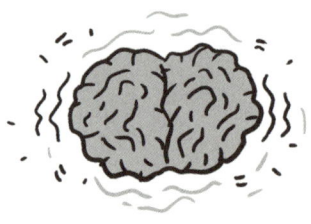

다음 장에서 자세히 살펴보겠지만, 인간의 뇌는 스스로를 다시 프로그래밍 할 수 있는 능력을 지닌 생화학적 컴퓨터이다.

기계들의 부상

1940년대, 과학자들은 인간의 뇌와 같은 방식으로 작동하는 기계를 만들 수 있을지 궁금증을 갖기 시작했다. 특히 워렌 맥컬록Warren McCulloch과 월터 피츠Walter Pitts라는 두 과학자는 최초의 인공 뉴런을 설계했다.

이 뉴런은 단순한 수학적 모델이었다. 실제 뉴런과 마찬가지로 다른 뉴런으로부터 입력 신호를 받아들여 간단한 계산을 수행했

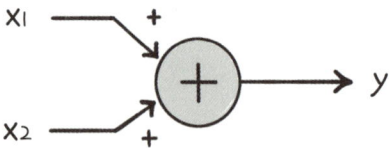

다. 입력 신호의 합이 사전 설정된 임계값을 초과하면 뉴런은 양성 신호를 출력했다. 합이 임계값보다 크지 않으면 뉴런은 아무런 신호도 출력하지 않았다.

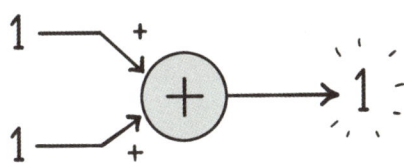

인공 뉴런의 목적은 뉴런의 기능을 모방하는 것이었다. 이후 다른 과학자들이 개발한 버전들에는 실제 뉴런에서 관찰되는 더 많은 요소들이 추가되었다. 예를 들어, 심리학자 프랭크 로젠블랫Frank Rosenblatt은 뉴런의 입력 신호마다 다른 가중치를 부여하고, 학습을 통해 이 가중치를 변경할 수 있도록 설계된 퍼셉트론perceptron을 개발했다.

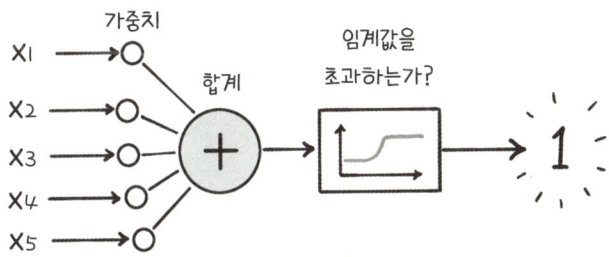

이 가중치는 실제 뉴런의 연결점(시냅스)이 강해지거나 약해지는 과정을 모방한다.

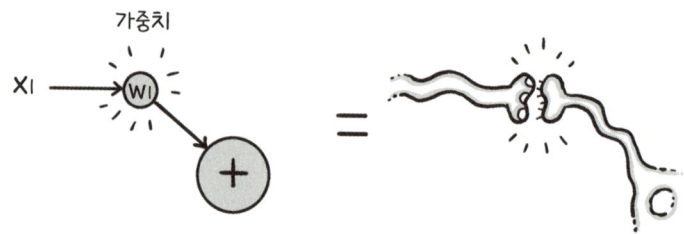

이런 종류의 인공 뇌 회로(신경망)는 처음에는 흥미로웠다. 과학자들은 이들 가짜 뉴런 여러 개를 연결하면 단순한 패턴 인식이나 간단한 결정과 같은 기본적인 작업을 수행할 수 있다는 사실을 발견했다. 또한 인간의 뇌처럼 더 많은 뉴런을 연결하고 층층이 배열하면, 이미지 인식이나 더 복잡한 결정과 같은 더욱 정교한 작업도 할 수 있다는 사실을 알게 되었다.

하지만 진전은 더뎠다. 신경망에 더 많은 뉴런을 추가할수록 관

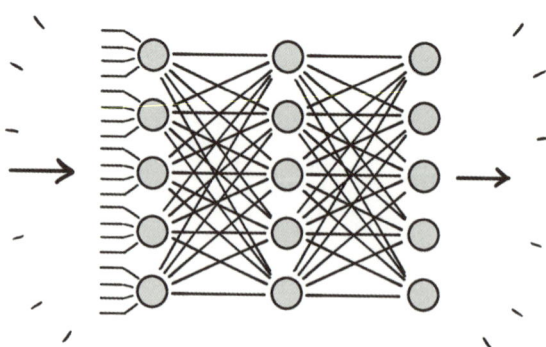

리해야 할 연결과 가중치가 늘어나 당시의 컴퓨터로서는 많은 계산을 빠르고 효율적으로 수행하기가 어려웠다. 다행히 컴퓨터 산업에서 인공 신경망의 실용성을 높일 수 있는 일이 일어났다. 비디오 게임이 큰 인기를 끌게 된 것이다.

1980년대부터 소비자들이 점점 더 현실적인 비디오 게임을 원하게 되면서, 엔지니어들은 화면상에서 더 나은 그래픽을 구현할 수 있는 컴퓨터 칩을 개발하기 시작했다. 현재 대부분의 컴퓨터에는 오로지 그래픽만을 처리하는 전용 칩이 있다. 이 칩들은 많은 계산을 병렬로 처리한다. 전통적인 컴퓨터 칩은 복잡한 작업을 하나씩 차례로 처리하는 반면, 그래픽 컴퓨터 칩은 설계의 진화로 많은 단순 계산을 동시에 수행한다. 이런 동시 처리는 꼭 필요하다. 컴퓨터 화면에 표시되는 이미지는 수백만 개의 픽셀로 이루어져 있어서 각 픽셀을 개별적으로 처리한다면 컴퓨터 속도가 매우 느려지기 때문이다.

2000년대 중반, 스탠포드대학교 AI 연구소의 연구진은 그래픽 카드가 큰 신경망을 작동시키는 데 필요한 대규모 병렬 연산 능력에서 전통적인 컴퓨터 칩의 성능을 훨씬 능가한다는 사실을 발견했다. 그래픽 카드를 사용하면 수억 개의 가중치를 가진 신경망을 쉽게 시뮬레이션하고 훈련시켜 처리 시간을 5~15배까지 단축할 수 있었다.

- Oh, My Graphics(오, 대단한 그래픽)

이 발견 덕분에 AI 개발이 가속화되었다. 그래픽 카드는 더욱 강력해졌고, 몇몇 업체는 신경망 시뮬레이션에 최적화된 제품을 출시했다. 오늘날에는 데스크톱 컴퓨터로 10억 개의 인공 뉴런을 가진 신경망을 시뮬레이션할 수 있으며, 이 글을 쓰는 시점에서 가장 강력한 AI인 챗GPT 4^{ChatGPT 4} 등은 1억 개 이상의 뉴런을 갖고 있다. 인간 뇌의 실제 뉴런 수(860억 개)에 근접하는 것은 시간문제일 뿐이다.

그들이 우리를 대체할까?

우리가 의도치 않게 미래의 지배자를 만들어낸 것은 아닐까? 아니면 스스로를 구식으로 만드는 장치를 설계한 걸까? 아직 판단하기는 이르다. 인공 신경망이 여러 면에서 인간의 뇌보다 강력하다는 것은 분명하다. 여기에는 여러 가지 이유가 있다.

1. **AI는 더 빠른 하드웨어를 기반으로 구동된다.** 전자 컴퓨터 칩은 실제 뉴런이 작동하는 상대적으로 느린 생화학적 과정보다 몇 배는 더 빠르다. 그 결과, AI는 인간보다 더 빠르게 반응하고, 계산하고, 정보를 처리할 수 있다.

2. **그들의 처리 용량은 더 커질 수 있다.** 현재는 가장 큰 규모의 AI도 뉴런 수에 있어서는 아직 평균적인 인간의 뇌를 능가하지 못했다. 하지만 AI가 가질 수 있는 뉴런 수에는 기술적으로 한계가 없다. 미래의 AI는 인간보다 수백 배 또는 수천 배 더

많은 뉴런을 가질 수 있으므로 기하급수적으로 강력해질 것이다. 사고 능력 면에서 보자면, 미래의 AI는 현재 우리가 개미나 벌레를 바라보는 것과 같은 수준으로 인간을 바라보게 될 수도 있다.

3. 그들은 더 전문화될 수 있다. 다양한 기능을 수행하도록 진화한 인간 뇌와 달리, AI는 한 번에 하나의 특정 작업에만 집중하도록 설계하고 훈련할 수 있다. 인류 전체의 두뇌 능력을 한 가지 문제에 집중시킨다고 상상해 보라. 미래에는 이러한 수준의 연산 능력이 스마트폰이나 노트북 안에 들어갈 수 있을 것이다.

뇌 능력의 측면에서라면 인간은 분명 기계를 결코 능가할 수 없

을 것이다. 지금의 AI는 대화, 예술 창작, 복잡한 의사결정, 에세이나 스토리 작성, 이미지나 비디오 인식과 조작 등 인간만이 할 수 있다고 생각했던 복잡한 작업을 수행하는 능력을 갖추고 있다. AI가 일상생활에 엄청난 영향을 미치고, 현재 인간이 하는 많은 일을 대체할 것이라는 데에는 의심의 여지가 없다. 긍정적인 측면을 보자면, AI는 다른 새로운 디지털 도구들이 그렇듯이 많은 업무를 더 쉽고 효율적으로 만들며, 인간이 흔히 저지르는 실수의 영향을 덜 받을 것이다.

그러나 'AI가 인간을 대체하고 인간을 지배하게 되는 것이 아닐까' 하는 우려에 앞서 더 중요한 문제는 'AI는 자각을 가질 수 있는가?'이다. 즉 AI는 의식이나 자기 인식 능력을 가질 수 있을까?

AI가 의식을 가질 수 있을까?

7장에서 다루겠지만, 의식은 정의하고 테스트하기 정말 어려운 개념이다. 하지만 이번 장에서 보았듯이, 뇌는 서로 연결된 뉴런의 집합체일 뿐이다. 따라서 이론적으로는 인공 신경망도 의식을 가질 수 있다. 인간의 뇌에서 일어날 수 있는 일이라면 인공 신경망에서 일어나지 못할 이유가 없지 않은가.

그러나 AI가 의식을 가질 수 있는 가능성과 관련해서 두 가지 문제가 있다. 첫 번째는 'AI가 우리와 같은 방식으로 의식을 가질 수 있는가?'이다. 우리는 그럴 가능성은 낮다고 생각한다.

사실, 우리는 인공 두뇌를 어떻게 만드는지 알지 못한다. 인공 신경망은 설계가 필요하며, 단순히 많은 뉴런을 연결하는 것만으로는 인공 뇌를 만들 수 없다. 신경망은 고유한 구조를 가지며, 연결 방식과 학습 루프의 배열 방식에 따라 다른 결과가 나타난다.

인간이든 AI든, 신경망에는 일정한 형태와 구조가 존재하며, 인간의 경우 이 구조는 우리의 DNA에 암호화되어 있다. 뉴런은 아이에서 성인이 되기까지 특정 방식으로 성장하고 특정한 구조(대

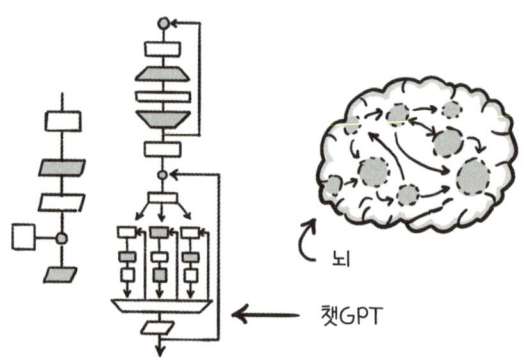

뇌 피질, 편도체 등)로 배열되도록 프로그래밍되어 있다. 이 구조가 우리가 어떤 사람이 되느냐의 출발점이다.

현재 우리는 이 구조를 정확히 어떻게 재현하는지 알지 못한다. 뇌에는 다양한 영역이 존재하며, 그것들이 서로 연결되는 방법에 대해서는 대략적으로 알고 있지만, 뇌의 완벽한 복제품을 설계하는 데 필요한 세부 사항들은 여전히 미스터리다. 따라서 인간과 똑같은 인공 뇌를 만들 수 있을 가능성은 매우 낮다. 인간의 뇌와 유사한 신경망을 만들고, 이를 인간처럼 행동하도록 학습시킬 수는 있을지도 모르지만, 엄밀한 의미에서의 인간은 결코 될 수 없다.

AI는 우리가 인식하지 못하는 형태의 의식을 갖게 될 수도 있다. 인간으로서 느끼는 방식과 다른 존재 방식을 상상하기 힘들지만, AI가 우리에게 완전히 낯선 유형의 자각 능력을 발달시키는 것은 불가능한 일이 아니다. 연습 삼아, 여덟 개의 다리에 '뇌'가 분산되어 있다고 알려진 문어가 된다고 상상해 보라. 또는 집단 전체가 하나의 의식처럼 행동하는 개미나 벌 무리를 생각해보라. AI는 우리와 완전히 다른 형태의 자아의식을 발달시킬 수도 있다.

주목할 점은 의식을 어떻게 만들어내고, 감지하며, 측정하는지 명확히 알지 못하기 때문에, AI가 의식을 갖게 되어도 우리가 이를 알아차리지 못할 수도 있다는 것이다. 어쩌면 지금의 AI에 이미 의식과 비슷한 무언가가 존재할 수도 있다. 또는 언젠가 갑자기 '각성'해서 자아를 인식하는 AI가 창조될 수도 있다.

인공지능이 세상을 지배할까?

AI는 우리에게 엄청난 혜택을 선사할 수 있다. 인공 신경망은 1980년대부터 의료 영상에 사용되어 왔으며, 유방암 진단에서는 방사선 전문의 못지않은 수준에 이르렀다. 2023년에는 핵융합로 토카막Tokamak°에서 플라즈마를 떠받치는 중요한 자기장을 제어

○ 핵융합 반응이 일어나는 환경을 만들기 위해 자기장을 이용해 초고온의 플라즈마를 가두는 장치 _옮긴이

하는 데 신경망이 사용되었다. AI는 코로나19^{COVID-19} 백신을 비롯한 효과적인 백신 개발에도 사용되었다. 알파폴드^{AlphaFold}라는 신경망은 이미 2억 개가 넘는 단백질 구조를 예측했으며, 유사한 기술을 사용해 새로운 약물과 질병 치료법을 발견할 수 있으리란 기대를 모으고 있다.

그러나 모든 변혁적 신기술이 그렇듯이, 큰 가능성에는 큰 위험이 동반된다. AI는 우리 사회와 경제의 근본적인 변화를 야기할 수 있으며, 이런 변화가 너무 빨라서 적응하는 데 어려움을 겪는 사람도 많아질 수 있다. AI로 대체되어 일자리를 잃는 사람도 있을 것이다(신경과학자나 만화가도 그런 위험에 직면해있다). 또한 AI 기술이 우리의 통제 능력 이상으로 성장할 수도 있다. 다른 사람이 어떤 생각을 하는지 알기 어려운 것처럼, AI가 어떤 생각을 하는지 파악하거나 어떤 행동을 할지 예측하는 것은 불가능하다. AI가 자아의식을 갖게 되어 우리를 위협으로 인식하거나 지배해야 할 뒤떨어진 종으로 보게 되는 상황도 얼마든지 가능하다.

속도를 늦춰야 하는 것인지도 모른다. 일부 전문가들은 AI 시스템에 용량이나 속도를 제한하는 '인공적 어리석음artificial stupidity'을 추가하자고 제안한다. '킬 스위치kill switch'를 반드시 포함시켜야 한다고 주장하는 사람들도 있다. 이는 이상 작동을 하는 인공신경망을 언제든 신속히 감지하고 차단할 수 있는 안전 장치이다. 물론 이런 안전 장치가 항상 제대로 작동하리라는 보장은 없다. 2023년 과학자들은 더 강력한 AI 개발을 일시 중단하고, 적절한 제어 장치를 개발하며, 윤리적 고려 사항을 논의할 것을 요구하는 공개서한을 발표하기도 했다.

물론, AI가 자아를 인식한 후 인간에게 친절해질 가능성도 있다. 인간이란 무엇인지를 이해하도록 AI를 훈련시키면, 자신들을 만든 인간을 더 우호적으로 대할 수도 있다. 인간의 유년기와 유사한 발달 단계를 AI 시스템에도 미리 설계하여 AI가 인간의 규범과 경계에 적응하도록 만들자는 아이디어도 있다.

한 가지 확실한 것은, 인공지능을 이해하기 위해서는 우리 자신의 지능이 어떻게 작동하는지 계속 탐구하고 이해해야 한다는 것이다. 우리의 집단적 창의성을 상상 가능한 것들에 적용하면, 언젠가 예측하지 못한 최악의 사태를 피하는 데 도움이 될 수 있다.

5장

기억에 한계가 있을까?

> 어떤 순간의 가치는 그것이 추억이 되고
> 나서야 깨닫게 될 때가 있다.
>
> _닥터 수스 Dr. Seuss

1933년, 7세 소년 헨리 몰래슨 Henry Molaison은 자전거를 타러 나갔고 이후 그의 인생은 완전히 달라졌다. 자전거에서 떨어진 그는 머리를 부딪혀 의식을 잃었다.

깨어난 후부터 그는 외상 후 뇌전증 post-traumatic epilepsy을 앓게 되었으며, 그 결과 발작증상이 나타났다. 처음에는 몇 초간 의식을 잃는 경미한 정도의 발작이었지만, 15세에는 전신이 떨리고 근육 경련이

일어나는 심각한 발작으로 발전했다.

당시 사용 가능한 약물로는 발작을 쉽게 통제할 수 없었고, 자전거에서 떨어진 지 20년이 지난 27세 무렵이 되자, 헨리는 이 병 때문에 직장을 구할 수 없다는 현실을 받아들이게 되었다. 다른 방법이 없는 듯 보이자, 그는 1953년 8월 25일 논란이 많은 극단적인 수술을 받았다.

헨리를 맡은 윌리엄 비처 스코빌William Beecher Scoville은 뛰어난 신경외과 의사였지만, 그가 의사로서 교육을 받은 시대에는 뇌전증에 대한 과학적 이해가 아직 초기 단계에 머물러 있었다. 그는 효과적인 치료법이 없는 정신과적 문제를 해결하기 위해 전두엽 절제술frontal lobotomy을 비롯한 수술적 개입을 사용하는 '정신외과'라는 분야의 선구자였다.

뇌엽절리술lobotomy에서는 외과적 도구(때로는 얼음 송곳까지 사용했다)를 동원해 뇌 근처 안와의 얇은 뼈를 뚫어 전두엽에 접근했다. 도구가 아래쪽에서 뇌를 관통하면, 시술자는 도구를 앞뒤로 흔들

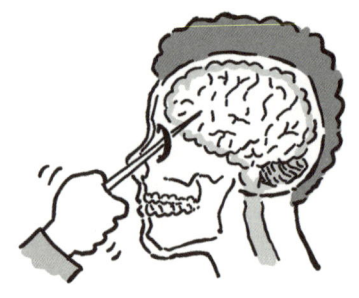

어 전두엽과 뇌의 나머지 부분을 연결하는 뇌 조직을 파괴했다.

당시 이런 유형의 수술은 쉽게 시행할 수 있는 데다 효과가 빠르게 나타난다는 점에서 좋은 평가를 받았다. 심각한 정신 질환을 앓는 환자들이 갑자기 순종적이고 온순해졌으며, 발작의 재발이 멈추는 경우가 많았다. 이 기술의 옹호자로 가장 많은 비판을 받았던 월터 프리먼Walter Freeman 박사는 1930년대부터 10년 동안 수천 건의 뇌엽절리술을 시행했다. 이런 상황에서라면 뇌엽절리술을 개발하고 익힌 스코빌이 헨리와 같은 중증 뇌전증에 이 수술이 적절하다고 생각한 것은 이해할 만한 일이다.

스코빌은 헨리의 뇌 양쪽에 위치한 해마를 제거하기로 결정했다. 당대의 의사들은 뇌의 이 부위가 특정 유형의 뇌전증과 밀접한 관련이 있다는 것을 발견했다. 헨리의 발작이 매우 심했고, 어느 쪽에서 발생하는지 몰랐기 때문에 양쪽 해마를 모두 제거하는 것이 타당하다고 생각했을 법하다.

스코빌은 헨리의 이마에 구멍을 내고 전두엽을 들어 올린 후, 양쪽 해마의 절반과 편도체의 일부, 그리고 전두엽의 일부까지 제거했다. 결과는 비극적이었다.

수술은 헨리의 뇌에 큰 영향을 미쳤다. 수술 후 헨리는 이전보다 더 쉽게 발작을 통제할 수 있었지만, 이전에 거의 보고되지 않은 매우 특이한 유형의 기억 상실증이 나타났다. 헨리는 자신이 누구인지와 수술 전 삶에 대한 많은 것들을 상세히 기억했지만, 새로운 기억을 형성할 수 없었다.

그는 매일 아침 막 수술을 받은 것처럼 깨어났고, 그날 일어난 일은 곧 잊어버렸다. 누군가를 만나거나 대화하더라도 몇 초 후에는 그 사람이 누구인지, 무슨 이야기를 나눴는지 기억하지 못했다. 읽거나 배운 새로운 정보도 모두 잊어버렸다. 그는 자신의 이름, 어린 시절, 학교에서 배운 모든 것을 기억했지만, 언제나 자신이 왜 그곳에 있는지, 당일에 무엇을 했는지 알지 못했다. 그는 약 30초밖에 지속되지 않는 시간의 감옥 속에 갇혀 거의 완벽하게 현재의 순간만을 살았다.

흥미롭게도 그는 십자말풀이 퍼즐을 즐겨했는데, 1953년(수술 일자) 이전에 일어난 일에 대한 단서에만 답을 할 수 있었다. 꾸준하

게 연습했을 경우 테니스 라켓을 휘두르는 것과 같은 신체 기술도 배울 수 있었다. 다만 새로운 기술을 연습했다는 기억이 없었기 때문에, 자신이 그 기술을 잘 구사하는 데 대해 매번 놀라곤 했다.

헨리 몰래슨은 결국 '환자 H.M.'으로 불리게 되었으며(신원을 보호하기 위해 그의 이니셜을 사용했다), 기억에 관한 연구에서 가장 중요한 사례가 되었다. 여러 의사들이 그의 특이한 상태를 분석하고 실험했으며, 그는 과학계에서 유명 인사가 되었다.

과학자들은 헨리의 사례를 보면서 기억의 작동 방식에 대해 특히 두 가지 의문을 갖게 되었다.

- 왜 우리는 어떤 것은 기억하고, 어떤 것은 기억하지 못할까?
- 기억에 한계가 있을까?

헨리는 오래전에 일어난 일들을 기억할 수 있었지만, 몇 초 전에 일어난 일들은 기억하지 못했다. 어떻게 이런 일이 가능한 것일까? 이 질문은 우리의 일상생활에도 적용된다. 왜 우리는 자신의 주민등록번호, 이전에 본 영화의 줄거리, 어린 시절의 특정한 순간들은 기억하면서, 몇 분 전에 열쇠를 어디에 두었는지는 기억하지 못할까?

기억의 한계에 대한 의문 역시 큰 의미를 가진다. 헨리는 새로운 기억을 형성할 수 없었고, 이러한 특이한 상태 때문에 그가 세상을 경험하는 방식은 우리와 완전히 달랐다. 그 때문에 그의 삶은 불완전했을까? 그는 남은 생애 동안 계속 같은 사람으로 멈춰 있었던 것일까? 우리의 기억은 정체성에 어떤 영향을 미칠까? 만약 모든 것을 기억할 수 있다면 어떤 일이 일어날까?

희미한 기억처럼, 기억에 대한 우리의 이해 역시 어떤 면은 또렷하고 명확하지만, 어떤 면은 완전히 흐릿하다. 무언가를 기억할 때 분자 수준에서 일어나는 일부터 뇌의 어느 영역이 새로운 기억 형성을 가능하게 하는지에 이르기까지, 여전히 많은 부분이 수수께

끼로 남아 있다. 이제 추억의 뒤안길을 되돌아보고 기억에 대해 우리가 알고 있는 것과 모르는 것들을 탐구해 보자. 이 여행은 쉽게 잊지 못할 경험이 될 것이다.

기억에 남으려면

기억은 인간 뇌의 가장 소중한 보물 중 하나다. 기억이 없다면 이 책을 읽는 것은 불가능하다. 읽을 수 있는 능력은 눈에 보이는 구불구불한 여러 개의 검은 선들이 글자를 뜻하는 방식, 그 글자들이 모여 단어와 문장을 이루는 방식, 그 단어와 문장이 개념과 생각을 나타내는 방식을 암기하고 있어야 가질 수 있다. 기억이 없다면 해독할 수 없는 기호들의 덩어리를 멍하니 응시할 수밖에 없을 것이다.

과학자 브렌다 밀너Brenda Milner는 헨리를 연구했다. 헨리의 사례 이전까지 과학자들은 기억이 어떻게 작동하는지 명확히 알지 못했다. 당시 널리 알려진 이론 중 하나는 기억이 단일 저장 시스템으로 작동하며 뇌 전체에 고르게 퍼져있다는 것이었다. 하지만 이 이론으로는 헨리의 사례를 설명할 수 없었다. 만약 기억이 뇌 전체의 기능이라면, 뇌엽절리술로 뇌의 극히 일부만은 제거했을 때 왜 기억 장애가 생긴단 말인가?

밀너는 헨리에게 매우 구체적인 작업을 가르칠 수 있다는 것을 알아내면서 돌파구를 찾았다. 그녀는 헨리가 운동 능력을 요하는 일을 기억하게 만들 수 있었다. 예를 들어, 밀너는 헨리에게 종이에 별 모양과 같은 도형을 따라 그리면서 거울을 통해서만 자신의 손과 종이를 볼 수 있게 했다. 직접 해보면 알겠지만, 의외로 어려운 과제다. 하지만 시간이 흐르면서 헨리는 이 작업에 점점 능숙해져서 결국 별 모양을 완벽하게 따라 그릴 수 있게 되었다. 물론 헨리는 자신의 기량이 어떻게, 왜 나아졌는지를 기억하지 못했다. 그는 매번 자신이 능숙하게 과제를 처리하는 데 놀라곤 했다.

헨리가 기억할 수 있는 것과 기억하지 못하는 것의 이 이상한 조합에서 밀너는 혁신적인 생각을 떠올렸다. 기억에는 여러 **종류**가 있으며, 더 중요한 것은 각 종류의 기억이 뇌의 다른 부분에 존재한다는 것이다. 예를 들어, 운동 기술을 기억하는 뇌 영역은 수술로 제거된 영역과 다른 곳에 있을 수 있다. 그래서 그는 여전히 운동을 요하는 기술을 배울 수 있었던 것이다. 또한 **오래된** 기억을 저장하는 뇌 영역은 최근 기억을 저장하는 영역과 분리되어 있을 수 있다. 그래서 헨리가 어린 시절은 기억하면서도, 30초 전에 한 일은 기억하지 못한 것이다.

밀너의 통찰은 기억의 많은 미스터리를 풀어내는 데 결정적인 역할을 했다. 처음으로 기억이 뇌 전체에 고르게 퍼진 속성이 아니며, 우리가 경험하는 다양한 형태의 기억이 뇌의 서로 다른 부위에 자리한다는 실질적인 증거가 생긴 것이다.

이것이 우리가 어떤 것은 기억하면서 다른 것은 기억하지 못하

는 이유 중 하나이다. 헨리의 수술 사례처럼 뇌의 특정 부위에 손상이 생긴 경우, 특정 유형의 기억을 저장하는 능력을 잃을 수 있지만, 다른 유형의 기억에는 여전히 접근할 수 있다.

무언가는 기억하고 무언가는 잊는 또 다른 이유는 기억이 뇌 안에서 처리되고 저장되는 방식과 관련이 있다. 뇌 손상이 없는 사람들도 대부분 자신에게 일어난 모든 일을 기억하지는 못한다. 정상적으로 작동하는 뇌에서 기억하는 것과 잊는 것을 결정하는 요인은 무엇일까?

이를 이해하려면 밀너의 통찰을 바탕으로 한 현재의 기억 모델을 조금 더 깊이 살펴봐야 한다.

기억의 작동 원리

오늘날 우리는 뇌에서 기억이 작동하는 방식을 전반적으로 이해하고 있다. 우선, 우리는 감각을 통해 세상으로부터 정보를 얻는다. 무언가를 보거나 만지거나 들으며, 이 정보는 바로 **감각운동피질**sensorimotor cortex이라는 뇌의 한 부위로 전달되어 이곳에서 기초적인 수준의 처리가 일어난다. 예를 들어, 우리가 본 이미지는 모양이나 패턴을 감지하는 방식으로 처리된다. 이 과정이 일어나는 동안, 이미지는 일시적인 기억의 형태로 존재한다. 이는 때로 감각운동 기억sensorimotor memory이라고도 불리며, 보통 1밀리초에서 1초 사이의 짧은 시간 동안 지속된다.

이 정보는 주의를 기울이지 않으면 사라진다. 뇌는 끊임없이 새로운 데이터를 받아들이지만, 보거나 들은 것들 중 대부분이 기억에서 잊힌다. 우리가 주의를 기울이지 않기 때문이다. 만약 무언가가 주의를 끌면, 이후 그 기억은 감각운동 기억에서 단기 기억short-term memory(작업 기억working memory)으로 옮겨진다.

정보가 단기 기억에 있을 때, 우리는 단순히 그 정보를 받아들이는 수준을 넘어 의식적으로 '그에 대해 생각하고' 있는 것이다. 무언가를 보고 시선을 돌리더라도 그것을 머릿속에 그리고 살필 수 있다면, 그 이미지는 단기 기억에 도달한 것이다. 또는 숫자들을 듣고 이를 더하거나 빼거나 혹은 종이에 적을 만큼 기억력을 유지할 수 있다면, 단기 기억을 사용하고 있는 것이다.

단기 기억은 보통 약 1분 정도 지속된다. 집중하지 않으면 기억은 곧 사라진다. 과학자들은 단기 기억이 전두엽에 분포되어 있다

고 생각한다. 전두엽은 이마 뒤쪽에 위치한 뇌 부위로, 고차원적 사고가 이루어지는 곳이다. 실제로 일부 과학자들은 단기 기억에서 무언가를 기억하는 것과 사고 행위 사이에 차이가 없다고 생각한다. 즉 단기 기억에 무언가를 유지하는 것이 **곧** 사고라고 본다.

하지만 단기 기억에는 한계가 있다. 예를 들어, 1950년대 심리학자들은 사람들이 머릿속에 약 일곱 개 이상의 정보를 유지하지 못한다는 사실을 발견했다. 그들은 실험 대상자들에게 몇 가지 소리를 들려주고 비교하게 하거나, 이미지 패턴에 얼마나 많은 점이 있는지 판단하거나, 여러 개의 물건이나 숫자를 기억해보라고 지시했다.

대부분의 경우, 기억해야 할 항목의 개수가 일곱 개를 넘으면 사람들의 성적은 나빠졌다. 오늘날 과학자들은 더 세분화된 관점을 가지고 있으며, 단기 기억의 한계는 기억하려는 대상의 복잡성에 따라 달라진다고 생각한다. 그러나 일반적인 경우, 여전히 약 일곱 개 정도의 단순한 대상이 기억의 한계라고 본다. 직접 실험해보라. 누군가가 연달아 불러주는 무작위 숫자를 외우려고 할 때, 일곱 개의 숫자를 넘어가면 따라가기가 어려울 것이다.

단기 기억 이후에는 장기 기억long-term memory이 생긴다. 장기 기억은 뇌의 하드 드라이브와 같다. 오래 기억하고 싶은 것을 저장하는 곳이다. 흥미롭게도, 장기 기억은 뇌의 특정한 한 영역에만 존재하지 않는다. 컴퓨터처럼 저장을 전담하는 특정 장치(하드 드라이브)가 있는 것이 아니다. 뇌에서 장기 기억이 어디에 저장되느냐는 기억의 종류에 따라 달라진다.

장기 운동 기억(예를 들어, 골프채를 휘두르는 방법이나 자전거를 타는 방법)이라면 뇌의 운동 영역에 저장된다. 이 영역은 머리의 상단 부분(헤어밴드를 착용하는 부위)에 위치하며 근육의 움직임을 조절한다.

얼굴이나 물체를 인식하는 능력, 노래를 알아듣는 능력, 어떤 것의 맛을 기억하는 능력은 **지각 장기 기억**perceptual long-term memory에 속한다. 이 기억은 **후두부 감각 피질**posterior sensory cortex에 저

장되며, 이는 가마라고 불리는 머리카락이 소용돌이 모양으로 도는 부분 근처에 위치한다. 이곳은 감각에서 들어온 정보를 처리하는 뇌 영역이다.

텍사스의 수도(오스틴), 물의 분자식(H_2O), 베이브 루스Babe Ruth가 생애 동안 친 홈런 수(714)와 같이 사실에 관한 기억은 **의미 기억**semantic memory에 속한다. 과학자들은 의미 기억이 어디에 저장되는지 정확히 모른다. 다만 많은 연구자들은 의미 기억이 저장되는 부분이 뇌 표면에 널리 분포되어 있다고 믿는다.

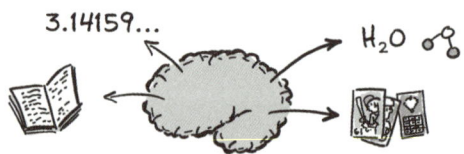

기억이 회상에 관한 것이라면, 즉 어린 시절 집에서 있었던 기억이나 첫 키스를 했을 때의 느낌을 기억하는 것이라면, 이는 **일화기억**episodic memory이다. 이것은 어떤 기억보다 복잡하며, 과학자

들은 인간에게서 가장 최근 진화한 기억이라고 생각한다. 또한 그들은 이 기억이 상상력, 몽상, 미래의 자신을 그려보는 능력과 관련이 있다고 생각한다. 일화 기억이 저장되는 위치는 불분명하며, 이 역시 뇌의 표면에 퍼져있다는 것이 가장 유력한 이론이다.

장기 기억은 며칠, 몇 달, 몇 년 심지어 평생 동안 지속되기도 한다. 노인이 되어서도 사람들은 여전히 어린 시절에 일어났던 일이나 어렸을 때 살았던 장소를 기억하곤 한다.

이제 중요한 질문이 남았다. 정보는 어떻게 장기 기억에 저장되는 것일까? 무엇이 기억이 뇌에 남아 있게 될지, 아니면 시간의 쓰레기통에 버려지게 될지를 결정할까?

기억 속에 각인되는 방식

과학자들은 기억이 단기 기억에서 장기 기억으로 이동하는 과정이 **인코딩**encoding이라는 과정을 통해 이루어진다고 생각한다. 이 과정은 선택적이다. 단기 기억에 보관하고 있는 모든 생각이 자동적으로 장기 기억에 저장되는 것은 아니다.

장기 기억에 기억이 인코딩되는 방식에서는 반복이 중요한 역할을 한다. 전화번호나 장 볼 물건을 기억하고 싶을 때 우리는 보통 그것을 여러 번 되뇐다. 시험을 준비하거나 벼락치기를 할 때, 반복해서 읽고, 다시 떠올리려고 노력하는 것은 정보가 잊혀지지 않게 하는 좋은 방법이다.

반복은 자연스럽게 이루어지기도 한다. 매일 같은 길로 회사나 학교에 간다면, 그 경로는 아마도 뇌에 각인되어 있을 것이다. 또는 누군가의 주소나 특정 웹사이트의 비밀번호를 자주 쓰거나 입력한다면, 그 정보를 오랫동안 기억할 가능성이 높다. 다른 모든 종류의 기억도 마찬가지다. 매일 골프 스윙을 연습하면 운동 기억 motor memory에 깊이 새겨진다. 누군가의 얼굴을 자주 보면 그를 더 쉽게 인식하게 된다. 한 장소에서 긴 시간을 보내면 오랜 세월이 흘러도 그 장소에 대한 많은 세부 사항을 기억할 수 있다.

반복에는 주의가 필요하며, 이 역시 기억의 중요한 요소이다. 주의는 우리가 정보를 단기 기억에 유지하는 방식이다. 주의를 잃으면 곧 그 정보를 잊게 된다. 단기 기억에서 사라진 정보는 영원히 사라진다(이전에 장기 기억으로 저장하지 않은 한 그렇다).

흥미롭게도 뇌에는 단기 기억을 '씻어내는' 메커니즘이 있다. 기억 연구에는 '출구 효과 doorway effect'라는 유명한 현상이 있다. 이는 머릿속에 무언가를 생각하다가(예를 들어, 열쇠를 찾고 있을 때) 새로운 방으로 들어가면 왜 그 방에 들어갔는지 완전히 잊어버리는 현상을 말한다.

이 현상을 연구하기 위해 심리학자들은 실험 참가자들을 대상으로 간단한 기억 회상 테스트를 진행했다. 테이블 위에 있는 물건을

집어 상자에 넣은 뒤, 나중에 상자에 무엇이 들어 있는지 기억해내는 테스트였다. 이 실험에서 중요한 조건이 있었다. 참가자들은 때로는 물건을 집었던 방에 머물렀고, 때로는 다른 방으로 이동해 테스트를 진행했다는 점이다. 결과는 놀라웠다. 단순히 다른 방에 들어가는 것만으로 참가자들은 상자에 든 것이 무엇인지를 상당수 잊었다. 심지어 **같은 방**에 들어갔다 나오는 것도 같은 효과를 보였다.

과학자들은 출구 효과가 필요한 곳에 주의를 기울이기 위한 뇌의 방식이라고 생각한다. 방에 들어가면, 새로운 위험과 기회가 존재할 수 있는 낯선 환경에 놓인다. 뇌는 새로운 정보를 받아들이고 반응할 준비를 하기 위해 단기 기억에 저장된 것(그것이 무엇이든)을 씻어내도록 설계되어 있다. 따라서 무언가를 기억하고 싶다면 주의가 흩어지지 않도록 해야 한다.

기억 인코딩에서 또 다른 흥미로운 점은 이것이 뇌의 성장을 촉진한다는 것이다. 런던에서 이루어진 한 유명한 연구에서 과학자들은 노련한 택시 운전사와 신참 택시 운전사의 뇌를 분석했다. 런던 같은 도시에서(특히 GPS가 대중화되기 전) 택시 운전사로 일하려면 도시의 모든 도로와 골목에 대한 방대한 지식이 있어야 했다. 런던은 길이 구불구불하고 일정한 방식으로 배열되지 않아서 길을 찾기가 유난히 어렵다. 과학자들은 뇌 스캔을 이용해 택시 운전사들이 보통 사람보다 해마(기억과 관련된 뇌 영역)가 크다는 사실을 발견했다. 과학자들은 이러한 성장도 추적할 수 있었는데, 택시 운전사로 일한 기간이 길수록 해마가 더 컸다.

흥미롭게도, 연구 결과 택시 운전사로 일한 기간이 길수록 다른 유형의 기억력 테스트에서는 낮은 성적을 기록했다. 이는 한 유형의 기억을 과도하게 발달시키면 다른 유형의 기억은 약해질 수 있음을 시사한다.

반복과 사용은 기억을 장기 기억 보관소로 이동시키는 방법 중 하나다. 또 다른 방법은 없을까? 뇌에는 기억을 떠올리게 하는 특별한 도화선이 있는 것으로 밝혀졌는데, 그것은 바로 감정이다.

감정의 강도

우리는 첫 키스, 큰 경기에서의 승리, 큰 망신을 당한 때 등, 인생의 중요한 순간을 기억한다. 기억에 깊이 새겨져, 마치 어제 일어난 것처럼 쉽게 떠올릴 수 있는 일들이 있는 것이다. 왜 뇌는 이런 순간들을 그토록 명확하게 기억하는 것일까?

대부분의 경우 의도적으로 그 순간들을 기억에 새긴 것은 아니다. 예를 들어, 시험 전에 공부하듯이 그 순간들을 기억에 욱여넣은 것은 아니란 뜻이다. 그리고 이런 순간들은 보통 인생에서 한 번뿐이기에, 반복의 결과로 각인된 것도 아니다.

이런 기억을 갖게 되는 것은 편도체 덕분이다. 편도체는 두려움, 혐오, 기쁨 같은 감정이 처리되는 감정 중추로 알려져 있다. 그런데 이 작은 뇌 영역은 기억을 돕는 역할도 하는 것으로 밝혀졌다.

1990년대에 우르바흐-비테 Urbach-Wiethe라는 희귀 유전 질환 환자 B.P.에 대한 연구 결과

편도체

가 발표되었다. 우르바흐-비테 증후군인 사람의 뇌는 완전히 정상적이지만, 편도체만은 예외이다. 몸속에 칼슘이 과도하게 쌓이면서 편도체가 손상되고, 결국 작은 돌처럼 변한다. 편도체 손상으로 이 병을 앓는 사람들은 다른 사람들처럼 감정을 느끼지 못하며, 다른 사람의 표정에서 감정을 인식하는 데에도 어려움을 겪는다.

실험에서 과학자들은 B.P.(그가 아직 살아 있을 수 있기 때문에 실명은 공개되지 않았다)에게 두 부분으로 구성된 이야기를 들려주었다. 첫 번째 부분은 한 소년이 어머니와 함께 걸어서 직장에 있는 아버지를 만나러 가는 이야기였다. 두 번째 부분에서는 충격적인 사건이 일어난다. 소년이 끔찍한 사고를 당하고, 실험 참가자는 심각한 부상을 입은 소년의 모습을 그래픽으로 보게 된다. 대부분의 사람들은 이야기의 첫 번째 부분보다 두 번째 부분에 강한 인상을 받았고, 두 번째 부분의 세부 사항을 더 많이 기억했다. 하지만 B.P.의 경우에는 차이가 없었다. 두 부분 모두 비슷하게 기억했고, 세부 사항을 기억하는 정도도 비슷했다.

B.P.의 실험은 과학자들이 오랫동안 의심해온 사실을 확인해주었다. 감정이 무언가를 기억하는 데 중요한 역할을 한다는 사실을 말이다.• 후속 실험에서 과학자들은 건강한 사람들에게 사진을 보여주면서 그들의 뇌를 스캔했는데, 각 사진에는 감정을 자극하는 다양한 대상이 담겨 있었다. 예를 들어 어떤 것은 단순히 식물이나 시계 사진이었고, 어떤 것은 겁먹은 표정이나 사나운 개가 짖는 모습이 담긴 사진이었다. 실험 결과, 감정의 강도가 강한 사진을 볼 때 참가자들의 편도체가 활성화되었고, 이후 가장 기억에 남은 것도 바로 그런 사진들이었다.

달리 말해, 감정은 기억의 인코딩을 강화할 수 있다. 오늘날 과학자들은 감정의 강도가 높은 상황에서 편도체가 해마와 협조해 기억들을 단기 기억에서 장기 기억으로 이동시킨다고 생각한다. 이것은 이치에 맞는 일이다. 좋은 일이든 나쁜 일이든, 강렬한 감정을 느끼는 극적인 경험을 한다면, 미래에 그 경험을 다시 찾거나 피할 수 있도록 이를 기억하고 싶을 것이다. 물론 여기에는 부정적인 영향도 있다. 정신적 외상을 초래할 정도의 극도로 해로운 경험을 하면 그 일을 잊기가 매우 어려워지기 때문이다.

• 이는 부분적으로 신경전달물질 노르아드레날린 때문인 것으로 보인다. 정상적인 편도체에서는 이 물질이 감정적으로 강렬한 기억을 인코딩하는 데 도움을 준다.

기억의 한계

기억에 대해 우리가 마지막으로 가지는 의문은 '기억에 한계가 있는가?'이다. 기억에는 최대 용량이 존재할까, 아니면 경험이 쌓일수록 계속 늘어날 수 있는 것일까? 기억은 정확히 얼마나 오래 지속되는 것일까?

모든 것을 기억하는 것처럼 보이는 사람들이 있다. 캘리포니아주 로스앤젤레스에 사는 50대 후반의 여성 질 프라이스Jill Price는 거의 모든 날에 자신이 무엇을 했는지 기억할 수 있다.  지난 45년 중의 어떤 날짜를 알려주면, 그녀는 그날이 무슨 요일인지, 자신이 그날 무엇을 했는지, 그날 저녁 TV에서 무엇을 봤는지, 그날 일어난 세계적으로 중요한 사건은 무엇이었는지 이야기할 수 있다. 그녀의 가장 오랜 기억은 아기 침대에 누워있던 유아기 시절이며, 14세까지의 기억은 그리 완전치 않다. 하지만 그 이후로 그녀의 뇌는 모든 것을 자동으로 기록하기 시작했다. 그녀는 이런 정보의 과부하가 "끊임없고, 통제할 수 없으며, 사람을 녹초로 만든다"고 묘사한다.

또 다른 예로는 영화 〈레인 맨〉의 모티프가 된 킴 피크Kim Peek가 있다. 킴은 자신이 읽은 6천여 권의 책을 기억력으로 암송할 수

있는 서번트 증후군 환자였다. 그는 미국의 각 지역번호에 해당하는 도시를 말할 수 있었고, 미국 주요 도시의 우편번호도 모두 알고 있었다. 그는 음악, 역사, 지리, 문학 등 14개가 넘는 분야의 전문가이기도 했다.

또 다른 사례로 일본의 퇴직 엔지니어 아키라 하라구치Akira Haraguchi가 있다. 그는 2006년에 파이(π)의 소수점 이하 숫자 암송에서 세계 기록을 세웠다. 원의 지름과 둘레의 비율을 의미하는 파이는 무리수이기

때문에 숫자가 무작위로 끝없이 이어진다. 예를 들어, 파이를 소수점 아래 200번째 자리까지 적으면 다음과 같다.

3.1415926535897932384626433832795028841971693993751058209749445923078164062862089986280348253421170679821480865132823066470938446095505822317253594081284811745028410270193852110555964462294895493038196

하라구치는 어릴 적 영재도 아니었고 학창 시절 수학에 특출한 재능을 보이지도 않았다. 그럼에도 불구하고 2006년 10월, 사람들 앞에서 16시간에 걸쳐 파이를 10만 자리까지 암송했다. 현재까지 이 기록은 깨지지 않았다.

이런 놀라운 사례들은 기억의 한계가 어디까지인지 궁금하게 만든다. 우리의 일상적 경험에 비추어 볼 때, 인생의 모든 세부 사항을 기억하거나 10만 자리의 숫자를 암송하는 것은 거의 불가능한 일로 보인다. 대다수의 사람에게는 슈퍼마켓에 갈 때 장 볼 목록을 기억하는 것조차 쉽지 않다.

우리 기억에는 상한선이 있을까? 이를 알아내려면 먼저 뇌에서 기억이 **어떻게** 인코딩되는지 이해해야 한다. 우리는 기억이 유형별로 분류되어 뇌의 다양한 영역에 분산되어 있다는 사실을 알고 있지만, 각 영역에서 어떤 일이 일어나는지는 알지 못한다. 하나의 뉴런에 얼마만큼의 정보를 저장할 수 있는지 안다면, 이를 모두 합해 인간 뇌의 최대 저장 용량을 계산할 수 있을까?

장기 강화

사실 우리는 뇌에서 기억이 어떻게 인코딩되는지 완벽히 알지 못한다. 다양한 유형의 기억이 있다는 이론이 있고, 기억이 뇌 안에서 대략 어떤 과정을 거치는지, 어떤 뇌 영역이 관여하는지에 대해서는 어느 정도 알고 있다. 그러나 뉴런의 수준에서 정확히 어떤 일이 일어나는지, 뉴런이 정보를 저장하기 위해 어떤 언어를 사용하는지는 명확하지 않다.

예를 들어, 도서관에 정보가 어떻게 저장되는지를 묻는다면 그 답은 간단하다. 정보는 기호('단어')로 인코딩되고, 그 기호는 잉크로 종이에 인쇄된다('책'). 그 책들은 코드(예: 듀이 십진분류법 Dewey decimal system)에 따라 분류되어 책장에 보관된다. 또 다른 예로 컴퓨터에 정보가 어떻게 저장되는지를 묻는다면, 정보는 이진수(0과 1) 형태로 자기 디스크(하드 드라이브)에 기록되거나 마이크로칩(플래시 드라이브)에 있는 작은 실리콘 스위치에 저장된다고 말할 수 있다. 그러나 뇌의 경우, 정보가 어떤 형태로 저장되는지, 그 정보가 뉴런에 어떻게 기록되는지 확실히 알지 못한다.

뇌에 정보가 저장되는 방식에 관한 가장 유력한 이론은 '시냅스 강화synaptic potentiation'이다. 이는 정보가 뉴런 자체가 아니라 뉴런 간의 **연결**에 저장된다는 개념이다. 이는 뇌가 변화하고 학습하는 과정을 설명하는 일반적인 가설이기도 한데, 이를 **뇌 가소성**brain plasticity이라고 한다.

시냅스 강화는 다음과 같이 이루어진다. 4장(인공지능이 내 일자리를 빼앗을까?)에서 논의했듯이, 뉴런은 몸체에서 뻗어 나온 긴 돌기를 통해 서로 연결되어 있다. 이것이 뉴런이 소통하는 방식이다. 뉴런은 보통 주요 연장부(축삭)를 통해 전기화학적 신호를 전송하며, 이 신호는 더 작은 가지로 나뉘어 다른 뉴런들에 전달된다.

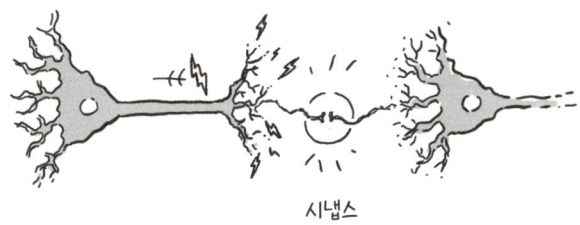

시냅스

두 뉴런의 연결 지점에서 정확히 어떤 일이 일어나는지가 중요하다. 과학자들은 이 연결 지점을 **시냅스**synapse라고 부른다. 앞서 언급했듯이, 신호가 시냅스에 도달하면 그 자극으로 신경전달물질neurotransmitter이라고 불리는 작은 화학 물질 주머니가 방출된다. 이 화학 물질은 작은 틈을 건너 이동해 수신 뉴런의 수용체에 도달한다.

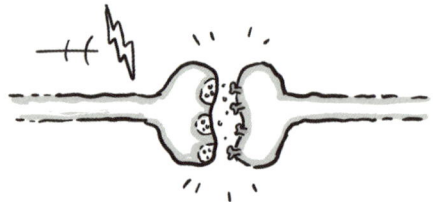

하지만 모든 시냅스가 똑같은 방식으로 작동하는 것은 아니다. 과학자들은 시냅스의 신호 전달 강도에 대해서도 언급한다. 예를 들어, 뉴런에서 나온 신호가 시냅스에 도달하더라도, 수신 뉴런이 대부분 무시하고 아무런 반응도 하지 않을 수 있다. 이를 '**약한 시냅스 연결**'이라 부른다. 이런 일이 일어나는 이유는 시냅스에 신경전달물질 주머니와 수용체의 수가 적기 때문이다.

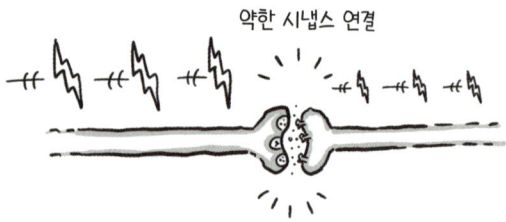

반대로, 신호가 다른 시냅스에 도달한 다음 수신 뉴런에서 큰 반응이 일어나 새로운 펄스를 생성해 신호를 뉴런의 나머지 부분으로 계속 전달할 수도 있다. 이를 '**강한 시냅스 연결**'이라 부른다. 시냅스에 신경전달물질 주머니와 수용체가 많거나, 수용체가 매우

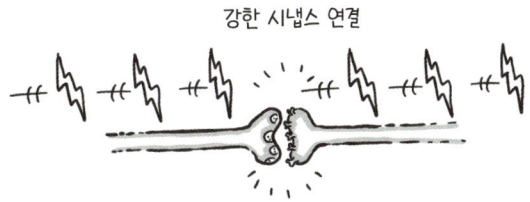

강한 시냅스 연결

민감할 때 이런 반응이 일어난다.

연결의 강도는 큰 차이를 만든다. 수많은 뉴런이 하나의 네트워크에 연결되어 있다면, 그 연결의 강도가 신호가 네트워크를 통해 흐르는 방식을 결정한다.

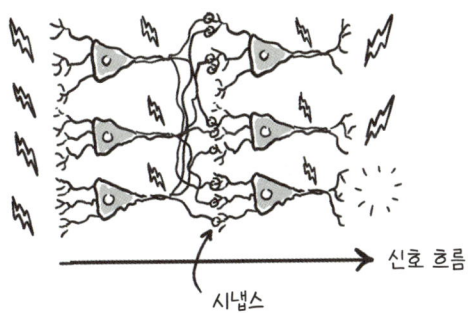

신호 흐름
시냅스

두 개의 동일한 뉴런 네트워크 A와 B를 상상해 보자. 두 네트워크는 뉴런이 연결된 방식은 같지만, 시냅스의 연결 강도는 다르다. 네트워크마다 강한 시냅스와 약한 시냅스가 있다.

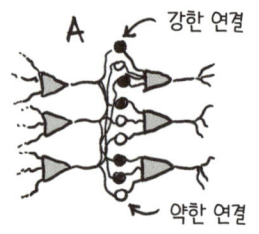 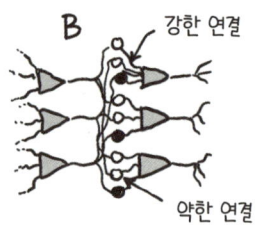

같은 입력이 주어졌을 때, 이 두 네트워크는 전혀 다른 방식으로 반응하며, 출력도 달라진다. 1950년대의 과학자들은 시냅스의 강도를 변경하면 출력이 크게 달라진다는 사실을 발견했고, 이것이 뇌에서 기억이 작동하는 방식일지도 모른다고 생각하기 시작했다. 개념은 간단하다. 어쩌면 기억은 뉴런을 서로 연결하는 시냅스의 강도에 저장되어 있을지도 모른다는 것이다. 예를 들어, 네트워크 A의 출력은 당신이 개를 기억하게 만들고, 네트워크 B의 출력은

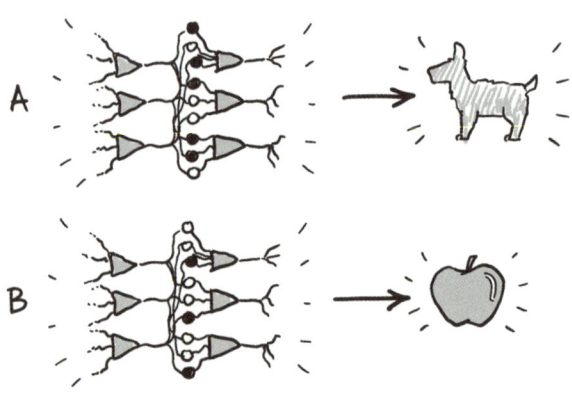

사과를 기억하게 만들 수 있다. 즉 어떤 시냅스가 강하고 어떤 시냅스가 약한지에 따라 당신은 개를 기억할 수도 있고, 사과를 기억할 수도 있는 것이다.

과학자들은 기억이 시냅스에 기록되는 잠재적 메커니즘도 발견했다. 뉴런은 간단한 원칙을 따르는 것으로 밝혀졌다. 시냅스는 사용될수록 강해진다는 것이다. 이는 짧은 기간과 긴 기간에 모두 적용되며, 이 각각을 '단기 시냅스 강화'와 '장기 시냅스 강화'라고 한다.

단기 시냅스 강화 현상의 경우, 시냅스에 반복적으로 신호를 보내면 '발신' 뉴런 내 칼슘 이온의 축적 방식이 변한다. 이렇게 칼슘 이온이 쌓이면 신경전달물질이 방출될 가능성이 높아지고, 시냅스에 더 많은 신경전달물질 주머니가 모여 신호 전달 강도가 강화된다.

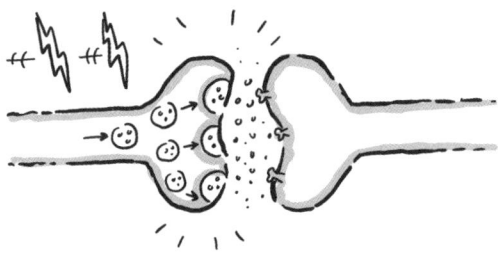

하지만 이 효과는 길어야 30초 지속될 뿐이다. 시냅스가 발화를 멈추면 강화 효과는 사라진다. 과학자들이 이것이 단기 기억이 형성되는 좋은 근거라고 생각한다.

장기 강화에서는 변화가 더 지속적이다. 이 경우, 시냅스를 반복적으로 사용하면 시냅스의 '수신' 뉴런에 변화가 일어난다. 수신 뉴런은 구조적 변화를 겪는다. 신경전달물질을 감지하는 수용체를 더 많이 생성하기 위해 새로운 단백질이 모여 시냅스가 더 민감해지고 그만큼 더 강해진다. 과학자들은 이것이 장기 기억이 형성되는 방식 중 하나라고 생각한다.

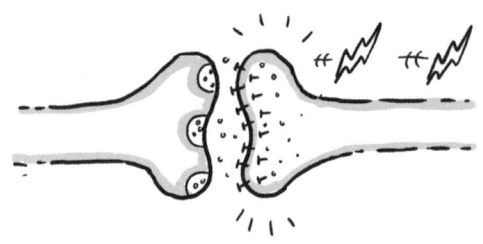

기본적인 원리는 뇌가 강화 과정을 통해서 정보를 저장한다는 것이다. 예를 들어, 일련의 숫자(예: 전화번호)를 반복적으로 생각하면 뇌 안에서 그 숫자를 나타내는 신경 회로들이 반복적으로 활성화된다. 이 과정에서 뉴런이 반응해 그 연결들을 강화하면서 숫자가 **네트워크**에 더 깊이 새겨지도록 만든다. 이 과정이 꽤 오래 지속되면 변화가 더 지속되어 일련의 숫자를 더 오랫동안 기억할 수 있게 된다.

흥미롭게도 뇌에는 망각의 메커니즘도 있는 것으로 보인다. 이는 장기 억제long-term depression라고 불리며, 장기 강화와 반대 방식으로 작동한다. 시냅스를 덜 사용할 경우, 수신 뉴런에 있는 신경전달물질 수용체의 수가 감소한다. 뇌는 이렇게 사용하지 않는

연결을 약화시켜 기억을 관리한다. 오랫동안 사용하지 않은 지식이나 연습하지 않은 기술을 잊는 것은 아마도 이런 장기 억제 때문일 것이다. 즉, 사용하지 않으면 영영 잊혀질 수 있다는 뜻이다.

뇌 용량의 추정

이러한 지식을 바탕으로 이제 인간 뇌의 기억 용량을 추정해 보자. 먼저, 기억이 시냅스 강화를 기반으로 한다고 가정하자. 이는 기억의 기본 단위가 시냅스라는 의미이다. 하나의 시냅스는 얼마나 많은 정보를 저장할 수 있을까?

시냅스에 데이터를 저장하는 주된 방식은 신경전달물질 수용체의 개수가 결정한다고 가정한다. 이것은 장기 기억이 작동하는 방식에 대한 가장 유력한 설명이다. 시냅스는 수신 뉴런의 수용체 수를 변경함으로써 '기억'을 한다. 이 수는 0개(수용체 없음)에서 시냅스의 수신 측에서 수용할 수 있는 최대 수까지 다양하다.

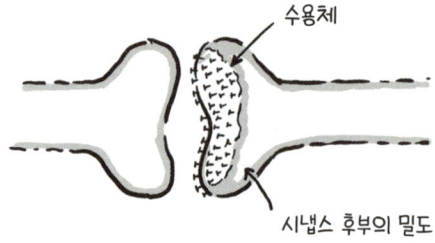

시냅스가 저장할 수 있는 데이터의 양은 수용체의 최대 수에 따라 결정된다. 최대 수가 작다면 시냅스가 저장할 수 있는 정보량도 적다. 반면 최대 수가 크다면 시냅스는 많은 정보를 저장할 수 있다. 이는 하드 드라이브와 비슷하다. 하드 드라이브 용량이 클수록 더 많은 데이터를 저장할 수 있는 것과 같은 이치다.

수용체의 너비(약 12 나노미터)와 시냅스의 크기(지름 약 250~500 나노미터)를 고려할 때, 하나의 시냅스가 보유할 수 있는 수용체의 최대 수는 약 1천 개로 추정된다. 이는 약 10비트의 데이터에 해당한다.

평균적으로 인간 뇌에는 약 860억 개의 뉴런이 있으며, 각 뉴런은 평균적으로 약 1만 개의 다른 뉴런과 연결되어 있다. 이는 뇌에 약 1경 개의 시냅스가 존재한다는 뜻이다. 하나의 시냅스가 약 10비트의 데이터를 저장할 수 있다면, 뇌의 메모리 용량은 10경 비트, 즉 1,250테라바이트에 달할 것으로 추정된다.

이 숫자를 실감할 수 있도록 비교해보자. 『브리태니커 백과사

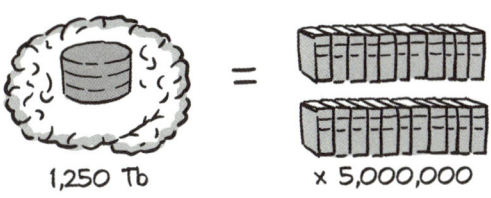

『Encyclopaedia Britannica』의 전체 텍스트는 약 264메가바이트의 데이터를 차지한다. 즉 우리 뇌는 약 500만 권의 백과사전과 맞먹는 정보를 저장할 수 있는 셈이다.

기억력 향상

1,250테라바이트 또는 500만 권의 백과사전은 어마어마해 보이는 추정치이다. 물론 뇌에 저장된 정보의 대부분은 신체 기능을 유지하고 감각으로부터 받은 데이터를 처리하는 데 사용된다. 이는 컴퓨터와 매우 유사하다. 하드 드라이브의 저장 공간 대부분은 컴퓨터를 작동시키는 운영 체제에 할당된다. 뇌 용량에서 얼마나 많은 부분이 기본적인 사고와 정보 처리에 사용되는지는 정확히 알 수 없다.

우리 뇌의 기억력을 더 향상시킬 수 있을까? 그 답은 아마도 '그렇다'일 것이다.

기억력을 높이는 한 가지 방법은 기억력 대회에서 기록을 갱신하기 위해 경쟁하는 선수들에게 배우는 것이다. 예를 들어, 파이를 소수점 아래 10만 자리까지 기억할 수 있는 유명한 기억력 선수, 아키라 하라구치가 있다. 다른 예로는 2017년 세계 기억력 선수권 대회World Memory Championship에서 22세의 나이로 여성 최초 우승자가 된 몽골 출신 멍크슈르 나르만다크Munkhshur Narmandakh가 있다. 그녀는 대회에서 30분 만에 6,270개의 이진수를 암기했다. 같은 대회에서 그녀는 1시간 만에 2,064장의 카드 순서를 정확히 암기했다. 기억력 선수들은 속도에서도 놀라운 성과를 내는데, 2018년에 몽골 출신 쉬지르-에르덴 바트엔크Shijir-Erdene BatEnkh가 12초 만에 카드 한 벌의 순서를 기억해 세계 기록을 세웠다.

 기억력 선수들은 기억력 향상 도구 중 하나로 장소법method of loci을 사용한다. 이 방법은 적어도 고대 그리스 시대까지 거슬러 올라간다. 케오스 지역 출신의 시모니데스Simonides는 연회장 내 특정 장소를 각각의 손님과 연결해 연회에 참석한 모든 손님의 이름을 기억할 수 있었다고 한다. 예를 들어, '열쇠-여성-캥거루-헤어드라이어-공룡'과 같은 목록을 기억하고 싶다면, 먼저 당신 집을 머릿속에 그려보고, 특정 경로를 따라 집을 걸어 다니며 각 물건을 다른 방에서 발견하는 모습을 떠올리는 것이다. 예를 들어, "현관에 들어서자 입구 옆에 열쇠가 보였다. 그다음 거실에 여자가 있었고, 주방에서는 캥거루를 보았다"라는 식으로 말이다. 왜 이 방법

이 도움이 되는 것일까? 위치 단서는 목록에 대한 당신의 표현을 더욱 풍부하게 만들며, 사물을 이미 익숙한 장소에 연결함으로써 더 사실적으로 만든다. 이는 하나의 이야기를 만들어내어 목록에 있는 무작위적 항목들 사이에 의미와 관계를 부여하게 해준다.

쥐의 해마를 연구한 결과, 특정 뉴런이 쥐가 방문한 특정 장소들과 연결되어 있다는 흥미로운 사실이 밝혀졌다. 예를 들어, 어떤 뉴런은 쥐가 케이지 뒤 왼쪽 모서리에 있을 때만 활성화되고, 다른 뉴런은 쥐가 케이지 앞쪽에 있을 때만 활성화된다. 이런 소위 '장소' 세포와 '격자grid' 세포는 뇌가 기억과 행동을 특정 장소와 연결해 저장할 수 있게 도와준다. 말 그대로 '장소법'인 것이다.

최근에 과학자들은 기술을 활용해 기억력을 향상시키는 방법을 실험해 왔다. 한 연구에서 이들은 '경두개 자기 자극transcranial magnetic stimulation'이라는 기술을 사용했다. 이는 뇌에 집중적으로 전자기 펄스를 보내는 기술이다. 자석이 신용카드나 자석 테이프의 정보를 방해하는 것과 비슷하게 이 펄스는 신경 세포의 활동을 방해한다. 이 실험은 치매 환자 중 서번트 기억 능력을 갖게 된 사람들에 대한 이전의 연구를 토대로 했다. 이 치매 환자들은 뇌 앞쪽 인근 전두측엽이 위축되는 양상을 보였다. 과학자들은 같은 효과를 재현하기 위해 정상인 실험 대상자의 동일한 뇌 부위에 전자기 펄스를 가했다. 그 결과, 뇌에 펄스가 가해지는 동안 실험 대상자 중 일부가 특정 기억력과 계산 과제에서 더 좋은 성과를 보였다.

하지만 당장 기억력 대회에 나가거나 자기장으로 뇌 활동에 개입할 계획이 아니라면, 기억력을 향상시키기 위해 누구나 시도할 수 있는 한 가지 방법이 있다. 바로 잠을 자는 것이다. 쥐의 기억 세포 활성화 패턴을 연구한 과학자들은 쥐가 잠을 자는 동안 기억을 재생한다는 사실을 발견했다. 예를 들어, 쥐가 새로운 공간을 돌아다니며 학습하는 동안 관찰된 특정 활동 패턴이 그 쥐가 잠들었을 때에도 관찰된 것이다. 이는 수면이 기억을 공고히 하는 데 도움을 주며, 수면 부족이 기억력을 저하시키는 것으로 해석할 수 있다.

모든 것을 기억하길 원하는가?

기억이 작동하는 방식에 대해 아직 밝혀지지 않은 것이 많다. 우리는 전체적인 그림을 이해하며, 뉴런 수준에서의 기능 방식에 관한 몇 가지 가설도 존재하지만, 많은 세부 사항은 여전히 우리 이해력의 범위 밖에 있다. 또한 놀라운 기억력을 가진 사람들이 많기는 하지만, 기억력의 한계가 어디까지인지는 모르며 끝내 알아내지 못할 수도 있다.

어쩌면 더 중요한 질문은 '우리는 모든 것을 기억하길 **원하는가?**'일지도 모른다. 완벽한 기억력을 가졌다면 우리가 세상을 경험하는 방식은 어떻게 달라질까? 특히 나쁜 기억까지 짊어져야 한다면 고통스럽지 않을까? 때때로 우리는 잊기를 원할 수도 있다. 심각한 트라우마와 외상 후 스트레스 장애PTSD의 경우, 엄청난 충격을 준 기억이 침습적으로 떠오르는 것을 줄이는 게 이롭다. 일상적인 인간관계도 용서와 망각이 없다면 쉽게 무너질지 모른다. 망각

은 진화가 독특한 메커니즘으로 발달시켜야 했을 만큼 중요한 것으로 보인다.

H.M.으로 유명했던 환자, 헨리 몰래슨의 사례에서 우리가 배워야 할 것이 하나 더 있다. 헨리는 평생 동안 과학자들의 실험에 참여했다. 그는 2008년 82세의 나이로 사망했으며, 사망 후 과학자들은 그의 뇌를 스캔하고 적출해 해부학적으로 분석했다.

수많은 테스트에도 싫증을 내지 않는 헨리의 태도에 누군가 이 모든 실험에 대해 어떻게 느끼느냐는 질문을 던졌다. 물론 기억할 수 있는 범위가 매우 짧았던 것이 그가 실험을 지겹게 느끼지 않은 이유 중 하나이긴 했다. 하지만 그의 독특한 선(禪)적인 관점도 한 가지 이유였다. 실험 대상이 되는 것이 언짢지 않느냐는 질문에 그는 이렇게 답했다. "재밌는 일이에요. 사람은 살면서 배운다고 하죠." 그리고 장난스럽게 덧붙였다.

과거를 짊어지지 않고 현재에 존재하는 것이 겉보기에는 불행 같지만 실은 축복일지도 모른다.

정상적인 뇌 세포에는 뉴런이 서로 소통할 수 있도록 부드럽게 뻗은 가지 모양의 수상돌기가 있다.

하지만 알츠하이머는 그 환자의 뇌에서 성장 저하와 퇴화의 명확한 징후를 관찰했다.

수상 돌기는 뒤엉켜 있었고, 플라크라는 단단한 단백질 덩어리로 가득 차 있었다.

오늘날 우리는 이 엉킴이 타우라는 비정상적인 구조의 단백질 때문이라는 것을 알고 있다.

타우 단백질

또한 플라크는 아밀로이드 베타라는 단백질이 정상적으로 형성되지 않아 생긴다는 사실도 알고 있다.

아밀로이드 B

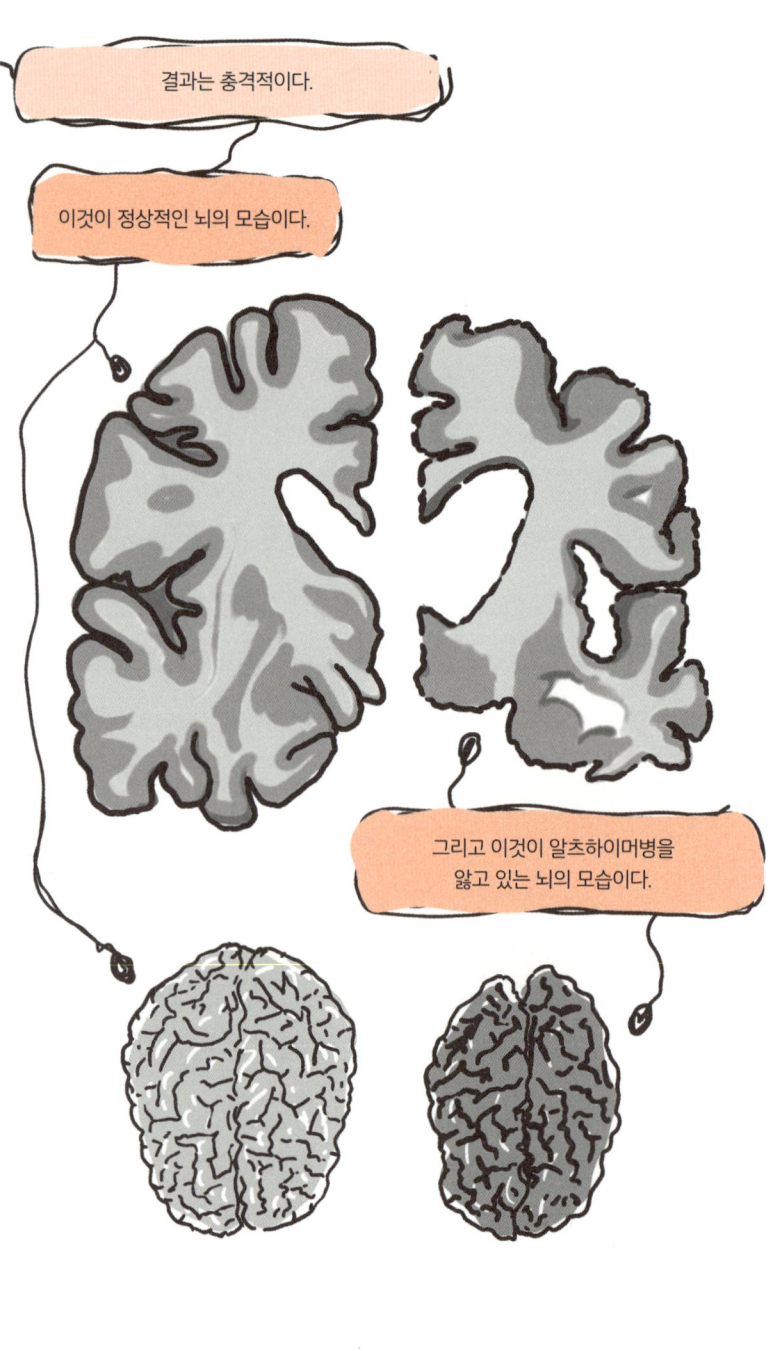

플라크는 알츠하이머병의 원인일까, 아니면 단순히 질병의 증상일 뿐일까? 몇 가지 단서가 있다.

알츠하이머병은 아포지단백 E^Apo-E라는 단백질이 유전적으로 약한 형태인 사람에서 더 흔히 발생한다.

정상적인 뇌에서는 이 단백질이 알츠하이머병과 관련된 플라크를 제거하는 역할을 하는 것으로 보인다.

쥐 실험에서 아포지단백 E 활동을 증가시키는 약물이 플라크를 감소시키고 기억력을 개선하는 것으로 나타났다.

알츠하이머병으로 매년 3천억 달러 이상의 의료 비용이 발생한다. 당신이 이 글을 읽는 사이 2명이 알츠하이머병을 진단받았다.

이 흔한 질병의 미스터리를 풀기 위한 시간이 얼마 남지 않은 사람이 너무나 많다.

6장

중독이란 무엇일까?

코카인이야,

7퍼센트 농도지.

한번 해보겠나?

_『네 사람의 서명』에서 셜록 홈스

요즘에는 모두들 뭔가에 중독되어 있는 듯하다.

스마트폰, 최근 핫한 음식, 최신 TV 프로그램. 우리는 합리적이거나 건강한 범위를 넘어서 무언가를 하고 싶은 충동을 뜻할 때 '중독'이라는 단어를 가볍게 사용한다. "나는 소셜 미디어에 중독됐어"라거나 "나는 뉴스 중독이야"라고 말할 때, 이는 통제력을 잃어서 마치 자신의 뇌가 아닌 다른 무언

가가 그런 행동을 하게 만든 것 같다는 뜻이다.

우리가 중독되었다고 말하는 많은 것들이 사실은 '죄책감을 동반한 쾌락'에 더 가깝다. 그런 것들에 과도하게 빠지는 것이 좋지 않다는 사실을 알지만, 어째서인지 그렇게 행동하고, 이후에는 보통 죄책감을 느끼거나 심지어는 수치심을 느끼게 된다.

하지만 이런 범주의 충동은 막기가 그리 어렵지 않다. 우리는 보통 시간이 나거나 기회가 있을 때만 이러한 행동을 하므로 삶에서 우선순위가 비교적 낮은 편이다.

물론, 중독의 의학적인 정의는 더 심각하다. 최근 들어 이 용어는 도박 중독, 인터넷 중독, 성 중독 및 포르노 중독, 심지어 비디오 게임 중독과 같은 강한 강박적 행동을 임상적으로 진단하는 데 사용되어 왔다. 이런 중독은 개인의 삶에 더 심각한 영향을 줄 수 있기 때문에 엄격한 의학적·신경생물학적 연구의 대상이 된다. 극단적인 경우, 정신 건강을 해치고 사회생활과 인간관계를 방해하며, 심지어 일자리와 재정적 안정을 잃게 만들 수도 있다. 드문 경우지만, 중독 때문에 죽음에 이르기도 한다. 비디오 게임을 멈출 수 없어 탈수, 피로, 심장마비로 사망한 여러 사례가 있다.

'중독'이라는 말은 알코올이나 마약과 같은 물질을 소비하려는 충동, 즉 물질 중독을 의미하기도 한다. 이 유형의 중독이 얼마나 강력하게 느껴지는지는 정도의 차이가 있다. 담배나 마리화나(대마초)와 같은 물질도 중독성은 있지만, 헤로인heroin, 펜타닐fentanyl과 같은 오피오이드opioid(마약성 진통제)나 코카인 같은 '하드 드러그hard drug○' 만큼 위험하다고 여겨지지는 않는다. 중독성 마약을 남용하면 구속되거나 죽음에 이르는 등 한 사람의 인생을 완전히 망치는 더 심각한 결과로 이어질 수 있다.

한편, 약물이나 도박이나 비디오 게임을 하는 모든 사람이 중독되는 것은 아니다. 예를 들어, 오피오이드를 사용한 사람들 중 중독되는 사람은 극소수이다.● 이 낮은 중독률은 알코올, 담배, 마약과 같은 물질이나 도박과 같은 활동을 규제해야 할지, 그리고 얼마나 규제할지를 논의할 때 핵심이 되는 문제이다. 많은 사람들이 이러한 물질을 오락의 수단으로 이용하며, 일부 약물은 의사의 처방에 따른 치료의 일환이다.

그렇다면 이처럼 복잡한 중독을 어떻게 이해할 수 있을까? 한편으로, 중독 행동에는 경미한 강박적 행동에서부터 생명을 위협하

○ 중독성이 강하며 심한 금단증상과 부작용을 일으키는 마약 _옮긴이
● 헤로인의 중독률은 약 25퍼센트지만, 펜타닐과 카펜타닐carfentanyl 같은 다른 오피오이드에 대한 중독률은 아직 명확치 않다.

는 심각한 의존에 이르기까지 다양한 스펙트럼이 존재하는 것으로 보인다. 다른 한편으로는 중독성 물질이나 행동에 노출된다고 해서 모든 사람이 끊임없는 사용의 악순환에 빠지는 것은 아니다.

현대의 신경과학은 이에 대해 무엇을 말해줄까? 이 장에서는 다음의 두 가지 의문을 다룰 것이다.

- 중독되었을 때 뇌에 어떤 일이 일어나는가?
- 왜 어떤 사람은 중독에 빠지고, 어떤 사람은 중독에 빠지지 않는가?

먼저 중독이 뇌에 미치는 영향을 살펴보자. 앞으로 살펴보겠지만, 중독은 뇌의 구조 자체를 바꿔 우선순위를 재구성한다. 심지어 중독이 당신의 정체성까지 바꾼다고 말하는 사람들도 있다.

중독이란 무엇일까?

중독을 설명하는 가장 간단한 방법은 이를 뇌의 보상 시스템이 탈취된 상태로 보는 것이다.

2장(왜 우리는 사랑할까?)에서 논의했듯이, 보상 시스템은 뇌 속에 있는 일련의 연결된 영역들로, 당신이 한 행동이 좋은 것이라는 신호를 보낸다. 예를 들어, 이 네트워크는 달콤하고 기름진 음식을 먹고 싶은 욕구를 자극한다. 이는 우리 몸이 에너지를 필요로 하며, 인류 진화 역사의 대부분 기간 동안 다음 먹거리가 언제 생길지 확실하지 않았기 때문일 가능성이 높다. 그렇게 우리 뇌는 고칼로리 음식을 먹을 때 보상을 받았다고 느끼도록 진화했다. 기본적인 생존 욕구가 보상 시스템을 활성화하는 사례는 수없이 많다. 추운 날 담요가 기분 좋게 느껴지는 것도, 목이 마를 때 마시는 음료가 만족감을 주는 것도 이 때문이다. 이런 것들은 모두 기본적인 생존에 기여하기 때문에, 우리 뇌는 이들을 좋은 것으로 인식하도록 프로그래밍되어 있다.

보상 시스템은 더 복잡한 욕구에 의해서도 활성화된다. 사랑에 대한 장에서 논의했듯이, 잠재적으로 배우자가 될 수 있는 사람을 만나거나, 유대가 형성된 사람을 안을 때 우리는 좋은 느낌을 받는다. 이 두 행동도 생존에 중요하다. 도박도 마찬가지라고 할 수 있다. 이 경우, 진화 과정에서 때로는 작은 위험을 감수하는 것이 인간에게 유리했을지도 모른다. 인구가 충분히 많다면, 새로운 것을 시도하거나, 무리에서 벗어나 낯선 곳을 탐험하거나, 위험을 무릅쓰고 마을 주변을 맴도는 포식자와 맞서 싸우도록 동기를 부여하는 것이 진화적으로 유리했을 것이다. 단 한 명만 성공하면 덕분에 전체 무리가 이득을 보기 때문이다. 이것이 우리가 부정적인 결과를 두려워하면서도 무언가에 도전했을 때 보상 시스템이 활성화되고, 그 일이 잘 풀리면 작지만 짜릿한 쾌감을 느끼는 이유일 수 있다.

삶에서 기분이 좋아지는 활동을 생각해보라. 충실하게 하루를 보내는 것, 운동을 하는 것, 퍼즐을 푸는 것, 친구들과 시간을 보내는 것, 휴식을 취하는 것과 같은 활동이 있다. 아마도 그 활동에는 보상 시스템이 이를 인식하고 장려하게끔 만든 진화적 측면에서의 이점이 있을 것이다.

보상 시스템은 이런 일을 어떻게 수행하는 것일까? 이는 복측피개영역VTA, 즉 뇌의 중앙 깊숙한 곳에 위치한 작은 신경 세포 덩어리에서 시작된다.

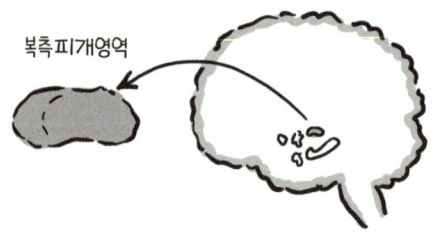

복측피개영역은 뇌의 다양한 부분으로부터 신호를 받으며, 좋은 일이 일어났다는 것을 감지하면 활성화된다.

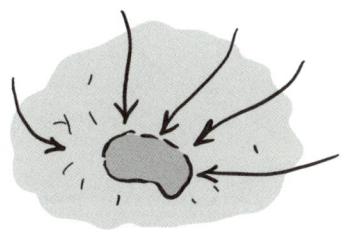

그다음 복측피개영역은 보상 시스템의 다른 부분으로 신호를 전송한다.

이들 영역은 각기 다른 일을 한다. 예를 들어, 편도체는 뇌가 감정을 처리하는 곳이다. 이 경우 복측피개영역은 편도체에 복측피개영역을 활성화시킨 것이 좋은 것, 즐거운 것이라는 신호를 보낸다. 다른 영역들도 복측피개영역에 의해 활성화된다.

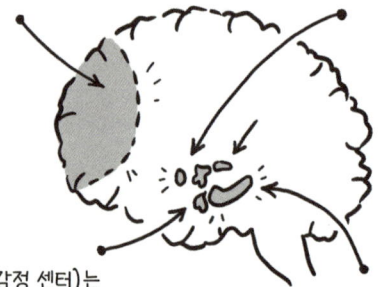

전전두엽 피질(고등 사고)은 현재 일어나고 있는 일을 인식하게 한다.

측좌핵(동기 부여 센터)은 자극을 더 원하게 한다.

편도체(감정 센터)는 기쁨과 즐거움을 느끼게 한다.

해마(기억 센터)는 이 순간에 대한 모든 것을 기록해 무엇이 이런 즐거움을 주었는지 기억하게 한다.

    이 회로의 주된 역할은 뇌가 유익하다고 여기는 무언가에 반응하는 것이다. 이 회로는 그것을 좋다고 느끼게 하며, 어떻게 그 느낌을 얻었는지 기억하도록 돕고, 그것을 더 많이 얻고자 하는 욕구를 각인시킨다.

    보통 이 시스템은 인간에게 유익하게 작동한다. 인류의 진화 과정에서 이 시스템은 정교하게 진화하여 환경에 잘 적응하면서 자신과 우리 종의 생존을 위한 일을 하게끔 적절한 수준의 유인을 제공해왔다. 불행히도, 인간은 이 시스템을 인위적으로 조작해 모든 균형을 깨뜨리는 방법을 알아냈다. 한 가지 방법은 인위적으로 강렬한 경험을 만들어내는 것이며, 또 다른 방법은 약물을 사용하는 것이다.

인위적인 강렬한 경험

보상 시스템이 진화했을 당시의 인류 사회는 지금과 매우 달랐다. 예를 들어, 그때는 달고 기름진 음식을 쉽게 구할 수 없었다. 꿀통을 발견하거나 지방이 많은 사냥감을 잡는 것은 우리 조상들에게 매우 드문 일이었을 것이다. 마찬가지로, 도박을 하거나 적절한 짝을 찾는 것도 그리 흔한 일은 아니었다. 그 결과, 우리가 이런 것들을 누릴 때 일정한 양의 쾌감을 느끼도록 보상 시스템이 조정되었다.

그러나 오늘날 우리는 매우 다른 세계에 살고 있다. 사탕이나 고칼로리 패스트푸드를 얼마나 쉽게 얻을 수 있는지 생각해보라. 또는 인터넷에서 버튼을 클릭하는 것만으로 접할 수 있는 엄청난 경험의 양(쇼핑, 비디오 게임, 성, 엔터테인먼트)을 생각해보라. 도박은 수천 년 동안 인간 문화의 일부였지만, 그 양과 정도는 지금에 비할 수 없다. 오로지 도박만을 위한 궁궐 같은 건물(카지노), 도박을 중

심으로 건설된 도시(라스베이거스), 편의성을 갖춘 스마트폰 도박 앱이나 도박 웹사이트 등 현대 사회에서 도박은 그 자체가 하나의 거대한 산업이 되었다. 인간의 창의성 덕분에, 우리는 쾌감을 가져 다주는 거의 모든 자극을 뽑아내고 상품화해서 손쉽게 접근할 수 있게 되었다.

다시 말해, 거의 언제 어디서나 보상 시스템을 활성화할 수 있도록 만들어 놓은 셈이다. 일부는 이처럼 쾌락을 쉽게 얻게 된 것을 진보로 여길 수도 있겠지만, 이런 상황은 부정적인 결과를 가져올 수도 있다. 이후에 살펴보겠지만, 우리의 보상 시스템은 이런 편의성에 맞추어 설계되지 않았다. 보상 시스템을 작동시키는 데 필요한 노력이 줄어들게 되면 뇌 전체의 균형이 깨지면서 심각한 중독으로 이어질 수 있다.

도파민 시스템을 교란하는 약물

보상 시스템을 조작하는 두 번째 방법은 화학 물질, 즉 약물을 이용하는 것이다. 뇌는 생물학적 기계이기 때문에 화학 물질을 주입하면 작동 방식에 직접적인 영향을 줄 수 있다. 하지만 여기에서 중요한 문제는, 약물이 어떻게 뇌의 특정 부위를 정확히 겨냥할 수 있는가이다. 뇌는 지방 조직과 수십억 개의 뉴런으로 이루어진 거대한 덩어리다. 어떻게 약물은 그중 보상 시스템이 있는 위치를 정확히 찾아내고, 그 시스템을 중독 상태로 만드는 것일까?

답은 뉴런이 서로 소통할 때 단일한 화학 물질을 사용하지 않고 다양한 화학 물질을 사용한다는 데 있다. 뇌는 여러 네트워크로 조직되어 있으며, 각 네트워크는 소통을 위해 서로 다른 유형의 화학 물질을 사용하는 경향이 있다. 이는 뇌가 스스로를 조직하고 여러 부분이 어느 정도 독립적으로 작동하도록 유지하는 방법이다. 만약 뇌가 단 하나의 화학 물질만 사용해 소통한다면, 서로 다른 네트워크 사이에 혼선이 일어날 위험이 커질 것이다.

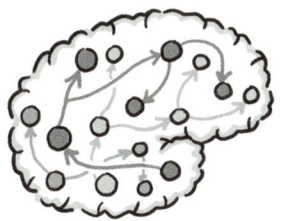

대부분의 약물은 도파민을 이용해 보상 시스템을 공략한다. 도파민은 보상 시스템의 뉴런이 주로 사용하는 주요 화학 물질이다.

도파민

이 과정은 다음과 같이 이루어진다. 보상 시스템의 두 영역은 서로 소통할 때(예: 복측피개영역이 측좌핵에 신호를 보낼 때), 그들 사이에 뻗어있는 긴 뉴런 다발을 사용한다. 이 뉴런은 뉴런의 긴 연장부인 축삭을 따라 생체전기 펄스의 형태로 신호를 전달한다.

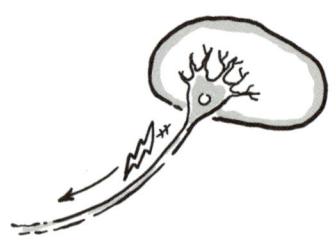

이들 뉴런은 신호를 수신 뇌 영역의 뉴런에 직접 전달할 수도 있고, 다른 뉴런에 전달해 그 신호를 계속 이어갈 수도 있다.

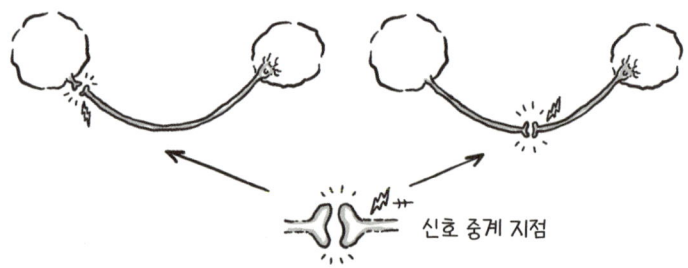

신호 중계 지점

그 신호가 어떻게 전달되는지가 중요하다. 신호가 두 뉴런의 경계면에 도착하면, 그 사이의 작은 틈을 뛰어넘어야 한다. 이는 신호를 보내는 송신 뉴런 안의 도파민 주머니를 열어 도파민을 그 틈으로 방출하는 방식으로 이루어진다.

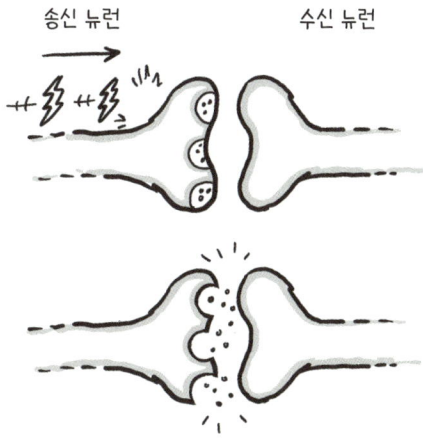

이 도파민은 좁은 틈을 건너 신호를 받는 수신 뉴런으로 이동해 **수용체**라 불리는 특수 단백질과 결합한다.

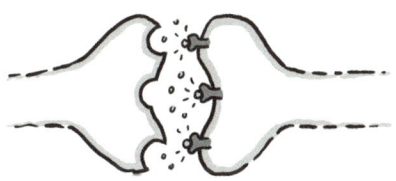

이 수용체는 도파민에 의해 활성화되고 그 결과 수신 뉴런이 새로운 신호를 만들어내며, 이 신호는 계속해서 다른 뉴런으로 전달된다.

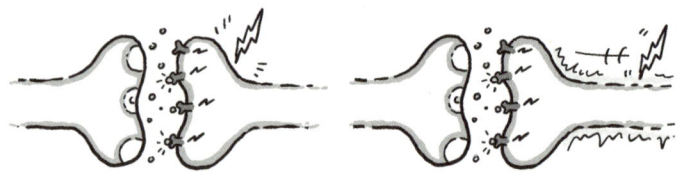

이 같은 신호 전달은 뇌 전체에서 일어난다. 머릿속 대부분의 뉴런은 연결되어 있는 수만 개(평균적으로)의 다른 뉴런과 이런 식으로 소통한다. 뇌에는 시냅스라고 불리는 이러한 접합부가 1천조 개 이상 존재한다.

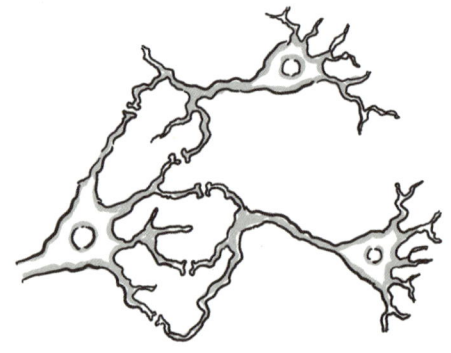

한 가지 주목할 점은 이 신호 전달이 두 뉴런 밖의 열린 공간에서 이루어진다는 것이다. 이는 두 뉴런을 독립적으로 만들지만, 동시에 그들 사이의 소통이 노출된다는 것을 뜻한다. 대부분의 마약은 뇌의 보상 시스템 내 뉴런들 사이로 침투해 도파민이 방출되거나 재충전되는 과정을 교란함으로써 환각 효과를 낸다. 이는 복잡한 시스템이며, 마약은 종류마다 다른 방식으로 도파민 작용을 교란한다. 주요 중독성 마약이 보상 시스템을 해킹하는 방식은 다음과 같다.

오피오이드

도파민은 인간의 행동에 매우 중요하기에 뇌는 도파민 분비를 조절하는 여러 가지 견제 장치와 균형 장치를 갖고 있다. 그중 하나가 감마-아미노부티르산gamma-aminobutyric acid, GABA이라는 화학물질로, 보상 체계에서 뉴런이 분비하는 도파민의 양을 줄이는 역할을 한다. 모르핀morphine, 옥시코돈oxycodone, 헤로인, 펜타닐을 비롯한 오피오이드는 감마-아미노부티르산을 억제함으로써 작용한다. 감마-아미노부티르산이 없으면 도파민을 분비하는 뉴런을 억제하는 것이 없어져 뉴런 간 연결 부위에 도파민이 가득 찬다.

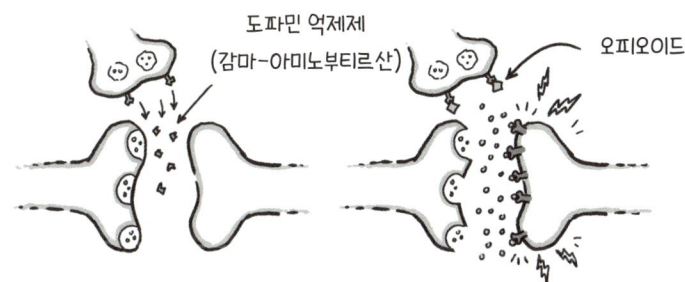

이후 수신 뉴런은 이 과도한 도파민을 좋은 일이 발생했다는 강력한 신호로 받아들이고, 보상 시스템의 나머지 부분을 활성화시킨다.

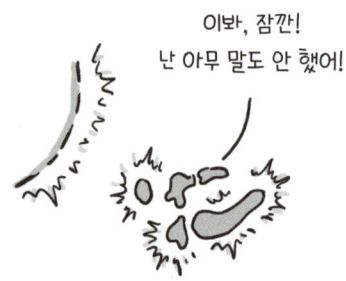

코카인

코카 식물로 만들어진 코카인은 전혀 다른 방식으로 작용한다. 보통 뉴런이 도파민을 방출하면, 이 도파민은 **수송체**transporter라는 단백질에 의해 뉴런으로 재흡수된다. 수송체는 도파민을 뉴런 안으로 다시 밀어 넣어 연결 상태를 초기화한다.

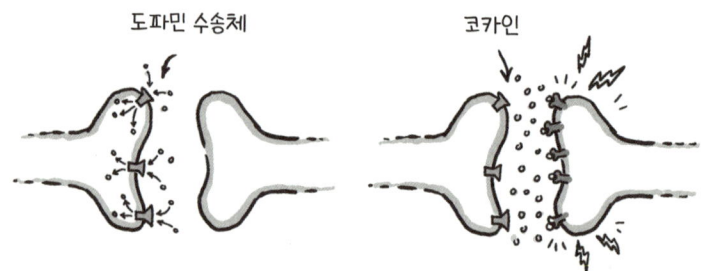

코카인은 이 수송체 단백질을 **차단**해 도파민이 재흡수되지 못하게 막는다. 그 결과, 도파민이 뉴런 사이의 틈에 갇히면서 수신 뉴런을 계속해서 자극해 보상 시스템을 과도하게 활성화시킨다.

메스암페타민

메스암페타민 methamphetamine(필로폰)은 보통 크리스탈 메스 crystal meth란 이름으로 불법적으로 사용되며, 1930년대 각성제로 된 합성 화학 물질이다(제2차 세계대전 때 졸지 못하도록 병사들에게 복용시키기도 했다). 이 약물은 도파민 시스템을 또 다른 방식으로 교란한다. 메스암페타민은 도파민을 모방해 뉴런의 수송체를 속임으로써 자신을 뉴런 내부로 흡수시키게 한다. 뉴런 내부에 축적된 메스암페타민은 이 수송체 단백질을 교란해 다시 흡수해야 할 도파민을 시냅스로 내보내게 만든다.

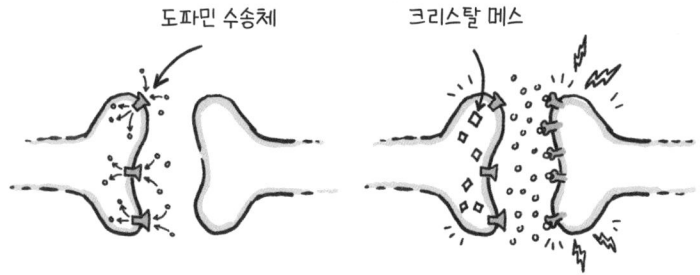

다른 마약들과 마찬가지로, 수신 뉴런은 과도한 도파민을 강력한 신호로 해석해 나머지 보상 시스템을 활성화한다.

물론 마약은 화학 성분과 작용 시점에 따라 이차적 효과가 다르다. 예를 들어, 코카인은 다른 뇌 화학물질인 노르아드레날린의 재흡수를 막아 노르아드레날린이 신경계에 넘치게 만든다. 이것이 코카인이 아드레날린이 솟구치는 느낌을 주고, 복용했을 때 몸이 떨리거나 과도하게 흥분되는 이유이다. 반면 오피오이드는 다른 뇌 수용체들에 영향을 미친다. 오피오이드는 연쇄적인 신경화학 반응을 유발해 뇌의 다양한 영역을 억제한다. 그중 하나가 통증 조절과 감정 처리에 관여하는 수도관주위회색질periaqueductal gray이다. 오피오이드가 마비 효과나 진통 효과를 일으키는 이유는 이 때문이다.

놀랍게도, 화학 물질이 뇌에 침투하는 것은 쉬운 일이 아니다. 신경계(뇌와 척수)는 뇌척수액이라는 액체 안에 자리 잡고 있으며, 몸의 나머지 부분과 막으로 분리되어 있다. 신경계가 연결된 유일한 다른 신체 시스템은 혈액 순환계이지만, 여기에는 신경계로 혈액을 공급하는 모든 동맥을 덮는 '혈액-뇌 장벽blood-brain barrier, BBB'이라는 추가적인 보호막이 존재한다.

혈뇌 장벽을 구성하는 세포층은 일련의 영리한 메커니즘을 이용해 필터와 같은 역할을 하면서 특정 분자만 통과시킨다. 예를 들어, 박테리아와 바이러스 같은 큰 분자가 뇌척수액으로 들어가는 것을 차단하며, 어떤 영양소를 받아들일지 매우 까다롭게 선택한다.

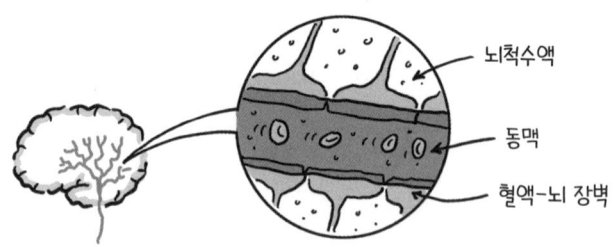

혈뇌 장벽은 도파민조차 통과시키지 않는다. 도파민을 약물이나 보충제로 직접 복용할 수 없는 것도 이 때문이다. 도파민을 먹거나 냄새를 맡거나 정맥에 주사하더라도, 도파민은 혈액 속에서만 순환한다. 마약은 혈뇌 장벽을 통과해(보통 녹아 들어가는 방식으로 통과한다) 뇌척수액에 도달할 수 있는 특수한 화학물질이다.

중독되었다는 것은 무슨 의미일까?

그렇다면 보상 시스템이 탈취되면 어떤 일이 벌어질까? 비디오 게임을 하거나 웹 서핑을 하는 것이 어떻게 그 행동을 계속하고 싶은 충동을 유발하며, 코카인 같은 마약은 어떻게 약물 의존 상태를 유발하는 것일까?

이를 이해하려면 도파민이 실제로 어떤 일을 하는지 알아야 한다. 도파민은 보상 시스템에 관여하기 때문에 종종 '기분을 좋게 만드는' 뇌 화학물질로 여겨진다. 도파민이 생기면 보상의 쾌감을 느낄 수 있기 때문에 과거 과학자들은 도파민 자체를 약물로 생각했다.

도파민이 기분을 좋게 만든다는 것은 어느 정도 사실이지만, 실제로는 훨씬 더 복잡한 작용을 한다. 오늘날 신경과학자들은 도파민을 "이건 중요해!"라고 알리는 뇌 화학물질로 보고 있다. 도파민이 고양된 느낌을 주는 것은 사실이지만, 이 물질은 그 이상의 역할을 한다. 바로 뇌 구조를 재구성하는 것이다. 뉴런이 도파민을 감지하면 시냅스 내의 수용체 단백질이 G 단백질 G-protein이라는 다른 분자들과의 상호작용으로 수신 뉴런의 반응성을 높이거나 낮춘다. 도파민은 세포 내 다른 메커니즘도 변화시킨다. 예를 들어, 일부 도파민 수용체는 사이클릭 아데노신 모노포스페이트 cyclic adenosine monophosphate, cAMP라는 효소에 영향을 미친다. 이 효소는 뉴런의 구조적 변화를 유발하는 신호를 보낸다. 예를 들어, 다른 수용체 단백질의 민감도를 높이거나, 나아가 뉴런이 새로운 단백질을 생성하게 만든다. 즉, 뉴런이 도파민 신호를 받을 때는 단순히 발생한 사건에 대한 정보를 받는 것뿐만 아니라, 자신을 변화시키라는 신호도 함께 받는 것이다.

도파민 뉴런이 이런 작용을 하는 이유는 뇌 속의 **항상성**을 유지하기 위해서이다. 이는 뇌의 화학물질 수준이 안정적이며, 기본적인 인식과 기능이 일정한 상태라는 것을 의미한다. 이를 '정상적인 느낌'이라고 할 수 있다.

무언가가 당신에게 영향을 미치거나 자극을 주면, 뇌는 그 자극에 균형을 맞추기 위해 뉴런의 민감도와 상태를 변경한다. 이것이 바로 우리가 적응하는 방식이다. 예를 들어, 시끄러운 도시 지역에 산다면, 뇌는 결국 배경 소음에 적응해 그 소음을 무시하게 된다. 그렇게 하지 않으면 작은 소음도 끊임없이 인식하는 상태에서 살게 될 것이다.

마찬가지로, 뇌의 보상 시스템은 쾌락을 가져다주는 것들에 적응하며 균형을 유지한다. 이를 시소나 균형이 잡힌 양팔 저울에 비유할 수 있다.

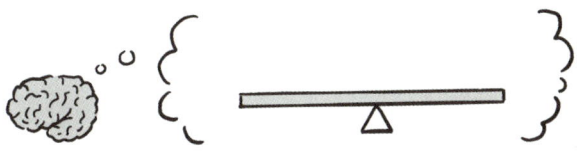

저울이 수평일 때 우리는 이를 정상적인 상태라고 느낀다. 무언가가 우리에게 쾌락을 줄 때, 이는 한쪽에 추를 올리는 것과 같다. 그러면 보상 시스템이 기울어지면서 활성화되고, 갑작스럽고 강한 즐거움을 경험하게 한다.

하지만 다른 일이 일어나기도 한다. 도파민은 뉴런에 자극에 대응하여 변화하고 균형을 맞추라는 신호를 보내기도 한다. 예를 들어, 뉴런이 도파민에 대한 민감도를 약간 줄이도록 만드는 것이다.

그 효과는 반대편에 작은 추를 추가하는 것과 같이 매우 미미하다.

마침내 자극이 사라지면(예를 들어, 먹었던 당이 소화되거나 즐거운 경험이 끝났을 때) 시스템은 다시 균형을 되찾는다. 다만, 이제는 반대 방향으로 약간 기울어진다.

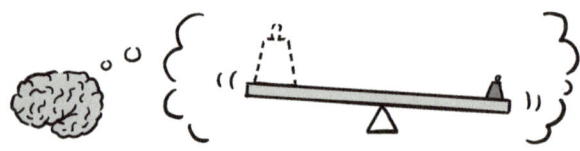

이것이 바로 뇌가 당신에게 쾌락을 가져다주었던 것을 더 찾도록 유도하는 방식이다. 보상 시스템이 반대 방향으로 약간 기울어지면서 더 많은 것을 원하는 느낌을 갖게 된다. 뇌는 더 이상 완벽한 균형 상태에 있다고 느끼지 못하며, 자극을 더 얻을 때까지 기분이 나아지지 않는다.

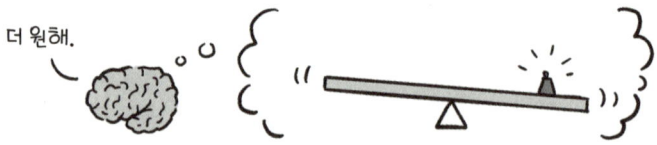

보통의 상황에서는 이렇게 균형을 맞추는 과정이 정상적인 방식이다. 다시 말해, 이는 뇌가 생존에 중요한 일을 하도록 유도하는 방식인 것이다. 하지만 이 시스템을 인위적으로 조작하면 어떻게 될까? 예를 들어, 위험성이 큰 도박과 같은 강렬한 인위적 경험으로 보상 시스템을 아주 쉽게 활성화할 수 있다면?

혹은 마약의 경우처럼 시스템을 과부하시키면 어떻게 될까? 약물, 특히 중독성이 강한 약물은 도파민 수용체에 직접적인 영향을 미친다. 마치 거대한 추와 같은 역할을 하는 것이다(그래서 매우 강렬한 고양 상태로 만든다).

이 두 상황 모두 처음에는 매우 기분 좋게 느껴지지만, 보상 시스템이 다시 균형을 맞추도록 유도할 것이다. 뉴런은 이런 과도한

자극에 반응해 크게 변화하기 시작한다.

이후 두 가지 일이 일어난다. 첫째, 시스템에 의존성이 생긴다. 예를 들어, 뇌 자극을 박탈하면(도박을 중단하거나 마약을 끊는 경우), 시스템은 이제 반대 방향으로 급격히 움직인다.

이것은 '금단withdrawal'이라는 신체적·정신적 저하 상태를 유발한다. 정상적인 상태에서 멀어진 느낌을 받게 되는 것이다. 부정적인 의미로 말이다. 경미한 중독의 경우, '정상이 아닌 느낌'이나 우울감이 지속된다. 마약 중독처럼 강한 중독의 경우, 이러한 느낌은 더욱 강렬하며 신체적 증상으로 나타날 수도 있다. 약물에 의존하던 사람이 금단 증상을 겪는 경우, 크게 아프거나 경련을 일으킬 수 있으며, 심하면 신체 기능이 멈출 수도 있다.

두 번째로 발생하는 현상은 쾌락을 주는 자극에 대한 보상 시스템의 민감도가 떨어지는 것이다. 이전에는 쾌락을 주던 것이 더 이상 같은 효과를 내지 못한다. 이는 도파민 수용체가 활성화되기 어려워졌고, 도파민 수용체 수도 줄어들었기 때문이다.

이를 '자극에 대한 **내성이 생겼다**'라고 말하며, 이렇게 내성이 생기면 같은 자극을 받아도 이전과 같은 쾌감을 느끼기 어려워진다.

이 때문에 중독이 위험한 것이다. 어떤 것에 대한 내성이 생기면 매번 그 용량을 늘리고 싶어진다. 더 큰 도박을 하거나 더 많은 양의 약물을 복용하려 하는 것이다. 하지만 용량을 늘리면 보상 시스템의 변화가 더 커지며 결국 민감도가 더 낮아지면서 의존도가 강화되는 악순환에 빠지게 된다. 결국 쾌락을 위해서가 아니라 정상적인 상태로 돌아가거나 아픈 상태를 피하기 위해 약물을 복용하거나 중독 행동을 하게 된다.

중독은 시냅스의 구조와 기능을 변화시킨다. 그리고 여기에서 그치지 않는다. 연못에 조약돌을 던졌을 때처럼, 이런 시냅스 변화는 뇌의 나머지 부분에 파급 효과를 일으킨다. 뇌 안에서의 소통 방식을 변화시키고, 심지어 당신의 성격이나 정체성까지 바꿀 수 있다.

다른 당신

중독은 뉴런의 도파민 민감도를 변화시킨다. 그뿐만이 아니다. 보상 시스템이 기억, 감정 중추, 고차원적 실행 기능을 비롯한 다양한 영역과 연결되어 있다는 것을 기억하라. 중독은 뉴런의 민감도를 변화시킴으로써 이런 영역들의 연결 구조도 재조정한다. 어떤 의미에서 중독은 단순히 보상 시스템을 해킹하는 것이 아니라, 당신이라는 존재 자체를 해킹하는 것이다.

2장에서 언급했던 실험을 떠올려보자. 쥐의 뇌에 복측피개영역을 전기적으로 자극하는 전선을 이식한 실험이었다. 버튼을 누르면 해당 부위를 자극해 도파민이 분비되게 만들 수 있었다. 아주 짧은 시간 안에 그 쥐들은 버튼을 누르는 데 중독되어, 먹거나 짝짓기하는 것과 같은 기본적인 욕구까지 무시하게 되었다.

중독되면 인간에게도 이와 같은 일이 발생한다. 보상 시스템이 불균형해지기 때문에 우정이나 사랑, 식사나 수면 같은 즐거움이 쾌감을 주지 못한다. 중독된 행동이나 자극이 '좋은 것'의 기준이 되면서 중독자의 삶에서 다른 모든 것들을 집어삼킨다.

안타깝게도, 중독성이 강한 약물은 자기 통제력과 전전두엽 피질에도 서서히 영향을 미친다. 전전두엽은 고차원적 사고와 결정에 관여한다고 여겨지기 때문에 뇌의 '사령부'라고 불리곤 한다.

전전두엽 피질은 중독을 막는 데 도움을 주어야 할 곳이다. 충동적인 행동을 억제하는 것이 전전두엽 피질의 기능 중 하나이기 때문이다. 하지만 코카인 같은 각성제는 전전두엽 피질의 기능을 직접적으로 저하시켜, 중독 행동을 멈추도록 자신을 제어하기가 더 어려워진다. 아이러니하게도(그리고 짐작대로) 중독자가 약물 남용의 충동에 맞서 싸우는 데 필요한 바로 그 뇌 영역이 약물의 공격을 받는 시스템인 것이다.

6장. 중독이란 무엇일까?

어떤 사람이 중독에 빠질까?

마지막으로 궁금증을 갖게 되는 문제는 '어떤 사람이 중독되는가?'이다. 앞서 언급했듯이, 마약, 도박, 비디오 게임 등을 한다고 해서 모든 사람이 중독되는 것은 아니다. 하지만 다른 사람보다 더 취약한 사람이 있는 것 같다. 그 이유를 파악하는 데 있어서 얼마간의 과학적 진전이 있었다.

전문가들은 유전적 요인부터 시작해서, 사는 곳, 친구 관계에 이르기까지 중독 가능성에 영향을 미치는 다양한 요인을 밝혀냈다.

스릴 추구

어떤 것에 중독될지 여부를 결정하는 첫 번째 요인은 당연히 그것을 시도하느냐, 시도하지 않느냐이다. 모든 중독성 행동이나 약물이 가지는 공통점은 스릴이나 흥분감을 준다는 것이다. 많은 사람들이 '평범함'을 벗어나거나 지루함을 피하려고 약물이나 중독성 행동을 시도한다. 이런 점에서 삶의 환경(삶이 얼마나 '지루한지'

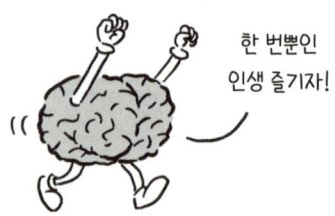

한 번뿐인 인생 즐기자!

또는 '평범한지')이나 스릴을 추구하는 성향의 정도가 중독성 행동을 시도할 가능성에 영향을 미친다.

불쾌한 상황에 처해 있거나, 불안 장애와 같은 기저 질환이 있는 것도 중독에 영향을 미칠 수 있다. 여러 연구를 통해 특정 정신 건강 문제가 있는 사람이 그 문제를 다룰 방법이 없는 경우 약물을 사용할 가능성이 높아진다는 사실이 밝혀졌다. 그러나 단순히 정신건강에 문제가 있다는 것만으로는 충분하지 않은 듯하다. 그런 문제를 가진 사람들 중 약물을 사용하지 않는 사람도 많기 때문이다.

유전자 로또

유전적 구성의 작은 차이만으로도 뇌 기능에 큰 차이를 일으킬 수 있다. 유전적 요인이 중독에 영향을 미친다는 주장에는 두 가지 근거가 있다. 첫째, 일란성 쌍둥이(같은 DNA를 공유하는 쌍둥이)를 대상으로 한 연구에서, 쌍둥이 중 한 명이 마약 사용자인 경우 다른 쌍둥이도 마약 사용자일 가능성이 높았다. 그러나 이것은 이란성 쌍둥이(DNA를 공유하지 않는 쌍둥이)에는 해당하지 않는다. 이란성 쌍둥이 중 한 명이 마약 사용자라고 해서, 다른 한 명이 약물을 사용할 가능성이 높아지는 것은 아니다.

어떤 유전자가 중독에 대한 취약성에 영향을 미칠까? 연구를 통해 도파민 수용체의 유전적 변이가 영향을 미칠 수 있다는 사실이 드러났다. 예를 들어, DRD2라는 유전자는 D2라는 도파민 수용체를 만들도록 지시한다. 연구 결과, 코카인 중독자들에게서 DRD2 유전자의 변이가 더 많이 발견되는 것으로 나타났다.

또 다른 요인인 유전자는 ANKK1로, 이 유전자는 시냅스에서 D2 수용체의 밀도를 조절하는 역할을 한다. 연구에 따르면, ANKK1 유전자의 변이는 D2 수용체의 수를 줄이고 코카인 의존성을 높인다.

이 밖에도 도파민의 처리 방식에 영향을 미치는 유전적 요인이 있다. 예를 들어, 도파민 수송체 DAT(도파민을 뉴런으로 다시 흡수시키는 역할을 한다)를 만들어내는 유전자의 변이가 소량의 도파민에도 더 민감하게 반응하게 만들고, 그 결과 더욱 치명적인 코카인 과다 복용으로 이어질 수 있다는 연구 결과가 있다.

이들은 중독에 민감한 뇌 부위에 영향을 미치는 것으로 알려진 수많은 유전자 중 일부에 불과하다. 그 외에도 더 많은 유전자가 있을 수 있다. 이러한 유전자가 뉴런을 어떻게 변화시키고, 도파민 반응에 어떤 영향을 미치는지 이해하는 것은 중독을 이해하고 예방하는 데 매우 중요하다.

예를 들어, 중독 위험을 낮추는 유전자도 있을 수 있다. 헤로인을 시도한 사람 중 25퍼센트는 약물을 사용한 후 중독되지만, 약 75퍼센트는 중독되지 않는다. 이 사람들은 유전자 구성으로 인해 중독에 대한 저항력이 선천적으로 더 강한 것일 수도 있다. 최근 과학자들은 보상 시스템 결함과 관련된 특정 유전자의 존재를 기반으로 개인의 중독 취약성을 예측하는 유전자 검사를 개발했다.

잘못된 장소, 잘못된 시간

외부 요인도 중독에 영향을 미칠 수 있다. 당신의 주변 환경이 약물 사용과 같은 행동에 관대한 편일 수도 있고, 그렇지 않을 수도 있다. 또래 집단이나 사회적 상황이 사회적 압력을 가할 수도 있다. 술집에 가면 술을 마실 것이라는 암묵적 기대감이 생기고, 식당에 가면 밥을 먹어야 할 것 같은 분위기가 조성되는 것처럼 말이다.

특정 장소도 약물을 사용하거나 중독적 행동을 하려는 충동을 강화할 수 있다. 조건화conditioning라고 불리는 이 현상은 러시아 과학자 이반 파블로프Ivan Pavlov가 1920년대 처음 고안했다. 파블로프는 반려견들에게 음식이 담긴 그릇을 가져다주었을 때 침을 흘린다는 것을 알아차렸다. 이는 자연스러운 반응이기 때문에 **무조건적 반응**unconditioned response이라고 한다. 그런데 파블로프는 음식을 가져오는 사람의 소리에도 개가 침을 흘린다는 사실을 발견했다. 소리와 음식 사이의 관계가 개의 뇌에서 조건화된 것이다. 파블로프는 종소리와 같은 중립적인 소리로도 개가 침을 흘리게끔 조건화할 수 있다는 것을 보여주었다.

마찬가지로, 특정 장소나 자극(또는 특정 사람)도 중독자의 충동을 불러일으킬 수 있다. 실험에서 쥐들은 쾌감을 주는 전기 자극을 받았던 위치로 계속 돌아가는 모습을 보여주었다. 자극을 받은 장소로 돌아가려는 이러한 충동을 **조건화된 장소 선호**conditioned place preference라고 한다.

중독자들 역시 이와 비슷한 유형의 조건화를 경험할 수 있다. 특정 방이나 장소가 주는 복합적인 자극만으로도 중독적 행동을 촉발할 수 있다. 예를 들어, 조명, 특정 음악, 특정 냄새와 같은 환경적 신호가 흡연자의 흡연 빈도를 높이는 것으로 나타났다.

이런 연관 작용을 '잊어버리거나' 약화시킬 수 있을까? 가능한 것으로 보인다. 적어도 동물 실험에서는 이런 장소와 연관 작용을 지우는 조건을 만들 수 있었다. 가장 확실한 해결책은 동물을 그 환경과 분리시키는 것이다. 하지만 인간에게는 이런 방법을 적용하기 어렵다. 중독을 촉발하는 자극이 그 사람이 사는 곳, 생계를 위해 하는 일, 심지어 사랑하는 사람과 연결되어 있을 수 있기 때문이다.

개인적 동인

사람마다 성격이 다르고 삶에서 맺는 사회적 유대가 다르다. 이런 성격과 인간관계가 약물 사용에 더 끌리거나 덜 끌리게 할 수 있다. 동시에, 심각한 중독에 빠진 사람들의 행동은 가족과 친구와의 관계를 해치거나 심지어 파괴할 수 있으며, 삶의 의미를 잃게 만들 수도 있다.

때로는 중독된 사람이 사랑하는 사람들을 멀리하기도 한다. 그들을 중독 행동을 계속하는 데 방해가 되는 존재로 보기 때문이다. 중독자가 이런 인간관계를 잃는 것을 얼마나 두려워하느냐가 중독을 피하거나 끝내는 데 중요한 요인이 될 수 있다.

또한 환경이 중독 행동을 촉진할 수 있듯이, 다른 중독자들과 함께 지내면 그 길로 계속 나아가게 만드는 일종의 암묵적인 '허락'이 생길 수 있다. 그들은 심지어 서로의 중독을 지지할 수도 있다. 반면, 중독자가 술이나 약물을 끊는 것이 중요하게 여겨지고 중독의 해악이 공개적으로 논의되는 환경에 있다면 약물 사용 경향이 줄어들 수 있다. 많은 중독 회복 프로그램의 일환인 지원 단체는 이러한 환경을 조성하는 것을 목표로 한다.

장기간 지속되는 심각한 중독에 대한 논의에서 종종 "바닥을 친다"는 개념이 언급된다. '바닥'의 의미는 개인마다 다르지만, 회복 중인 사람들을 대상으로 한 연구에 따르면 변화가 필요하다는 인식은 보통 직접적이고 극단적인 피해(사랑하는 사람의 죽음, 건강의 위기, 과다 복용, 또는 계속 사용하면 삶이 지속 불가능하다는 깨달음 등)를 경험한 후 얻게 된다. 이 경우 건강, 자기 관리, 가족, 일상적인 기능 수행 능력에서 경험하는 피해가 견딜 수 없을 정도로 커지기 때문에 살아남기 위해서 변화가 불가피해진다.

낙인을 버리다

요약하면, 신경과학자들은 다양한 유형의 중독 사이에 공통된 메커니즘이 존재한다는 사실을 발견하고 있다. 이 메커니즘들은 모두 보상 시스템과 관련되어 있지만, 중독성과 잠재적 위험은 다양할 수 있다. 이해를 돕기 위해, 일반적인 중독성 물질을 두 가지 요인에 따라 나타내고, 물질의 합법성 여부를 표시한 그래프가 있다.

여기에서 말하는 유해성은 과학자들이 신체적 위험, 의존성, 사회적 위험 요소의 조합으로 정의한 것이다. 보다시피, 합법적 물질과 불법적 물질 사이의 경계를 명확히 하기는 쉽지 않다. 마리화나는

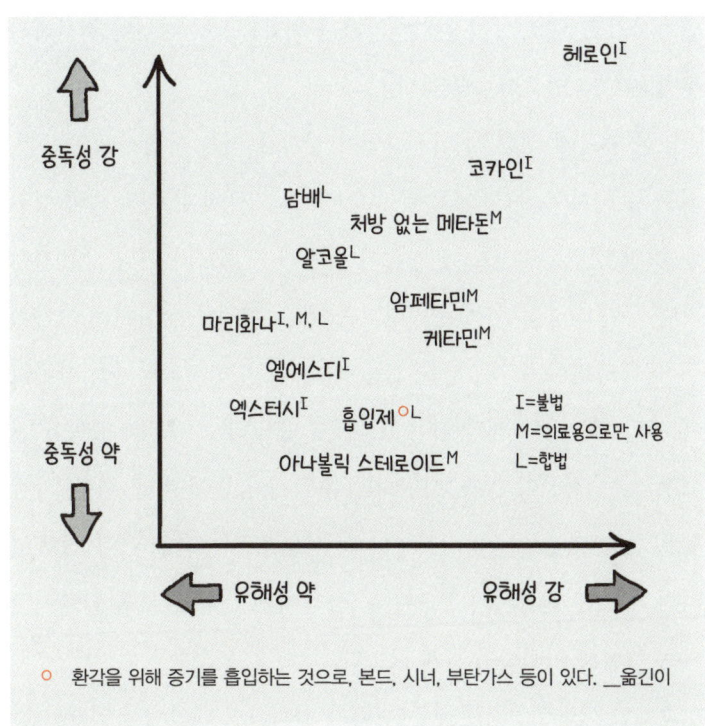

○ 환각을 위해 증기를 흡입하는 것으로, 본드, 시너, 부탄가스 등이 있다. _옮긴이

담배보다 유해성과 중독성이 덜하다고 여겨지지만, 미국 연방 정부에서는 이를 불법 물질로 분류한다(그러나 많은 주에서 합법화되었다).

  기억해야 할 것은 뇌가 해킹 가능하며 유연하다는 점이다. 중독에 취약한 사람과 덜 취약한 사람이 있으므로, 우리가 하는 행동과 처한 상황에 주의를 기울여야 한다. 처음에는 무해해 보이던 것이 장기적으로 영향을 미칠 수 있으며, 누군가에게는 중독성 있는 것이 다른 사람에게는 그렇지 않을 수 있다. 문제는 중독이 인간을 변화시키고, 때로는 자신에게 가하는 해악을 인식하거나 인정하지 못할 정도로 만든다는 것이다.

또한 중독에 대한 사회적 낙인이 상황을 더욱 복잡하게 만든다. 최근 퓨 리서치 센터Pew Research Center의 조사에 따르면, 미국 성인 중 거의 절반(46퍼센트)이 가족이나 가까운 친구가 마약 중독자이거나 과거에 중독된 적이 있다고 답했다. 이것은 남자이든 여자이든, 공화당원이든 민주당원이든, 백인, 흑인, 히스패닉이든 상관없이 거의 모두에게 해당한다. 그럼에도 불구하고 여전히 중독을 실패로 보는 경향이 있다. 사랑하는 사람이 중독에 빠진 경우, 사람들은 종종 그들을 중독되기 이전의 사람으로 보려고 한다. 중독이 뇌의 구조를 변화시키고, 인간을 움직이는 내적 동기를 약화시킨다는 사실을 이해하려 하지 않는다.

중독된 사람은 외적으로는 변화가 없더라도 내면에서 엄청난 변화를 겪고 있으며, 이런 변화는 그들로부터 회복에 필요한 인지적 도구들을 인정사정없이 빼앗는다. 따라서 중독된 사람을 대할 때 우리가 할 수 있는 최선의 방법은 사회적 낙인에 맞서 싸우고, 우리가 기대하는 모습이 아닌 그들의 현재 상태를 있는 그대로 받아들이는 것이다.

| 브레인툰

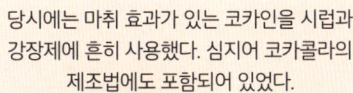

유명한 소설 속 인물인 셜록 홈스는 빅토리아 시대의 탐정으로, 코카인을 자주 사용했다.

당시에는 마취 효과가 있는 코카인을 시럽과 강장제에 흔히 사용했다. 심지어 코카콜라의 제조법에도 포함되어 있었다.

셜록의 친한 친구인 존 왓슨의 묘사에 따르면, 셜록은 여러 가지 중독 징후를 보였다.

그러나 오늘날의 신경과학자들은 만약 셜록이 실존 인물이었다면 정말 중독 상태였을지에 대해 의문을 제기하고 있다. 증거를 살펴보기로 하자.

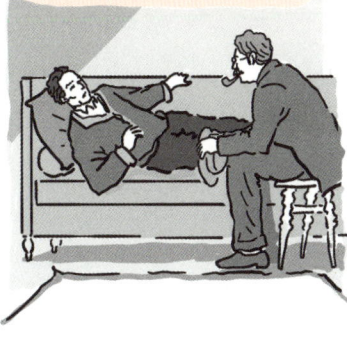

『실종된 스리쿼터백』에서 왓슨은 셜록의 코카인 사용이 "그의 뛰어난 경력을 위협했다"라고 기록했다.

'약물 중독'이란 부정적인 결과를 알면서도 강박적으로 약물을 사용하는 것을 뜻한다.

『주홍색 연구』에는 홈스가 양극성 장애와 관련된 특성으로 고생한 사실을 암시하는 한 구절이 있다.

여러 연구에 따르면, 양극성 장애 환자는 약물을 남용할 위험이 더 높다.

왓슨은 홈스가 사건이 없고 기분이 가라앉은 시기에 코카인을 사용했다고 한다. 이는 그가 계속해서 코카인에 의존했다는 것을 의미한다.

약물 중독은 만성적이고 재발하는 특징이 있다.

이 증거를 바탕으로 우리는 홈스가 실제로 약물 중독이었다는 결론을 내릴 수 있다.

다행히 왓슨의 도움으로, 그는 자신의 갈망이라는 미스터리를 해결하고 중독에서 벗어날 수 있었다.

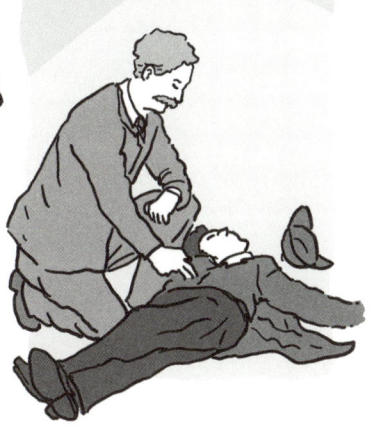

소설 속 이야기이긴 하지만, 이는 중독을 극복하는 데 좋은 친구의 가치가 필수적 elementary°이라는 증거이다.

"나는 뇌일 뿐이야, 왓슨. 나머지는 그저 부속물에 불과하지."
– 『마자린 돌의 비밀』

○ 셜록 홈스가 즐겨 사용하는 단어 _옮긴이

7장

의식이란 무엇일까?

나는 생각한다.
그러므로 나는 존재한다.

_르네 데카르트 René Descartes

잘 지내고 있는가? 지금 편안한 상태인가? 따뜻한 차 한 잔을 마시고 싶은가? 차를 마시지 않는다고? 괜찮다. 그럼, 좀 이상한 질문을 하나 하겠다. 혹시 당신은 당신이 아닌 다른 사람인가?

혹시 다른 사람일 가능성도 있는가, 아니면 자신이라는 데 꽤 확신이 있는가? 만약 자신이 자신이라는 것을 확신할 수 있다면, 축하한다. 당신은 의식을 가지고 있는 것이다.

병이 아니니 걱정할 필요는 없다. 사실, 모든 사람이 의식을 가지고 있는 것처럼 보인다. 유일한 문제는 과학자들이 의식이 무엇인지 모른다는 것이다. 아니, 적어도 의식을 정의하는 단어들에 합의하지 못하고 있다.

의식에 대해 우선 알아야 할 것은 의식에 관해 설명하기가 어렵다는 점이다. 한번 시도해보라. 당신은 의식이 있는 존재이다. 이 말이 당신에게 무엇을 의미하는가? 답하기가 곤란하다. 어떤 사람들은 의식이 자신에 대해 인식한다는 의미라고 말한다. 그럼 '인식'이란 무엇일까? 또는 의식을 '자아에 대한 감각'이라고 말할 수도 있다. 그럼 그 두 단어('자와'와 '감각')는 실제로 무엇을 의미할까? 17세기 프랑스의 유명한 철학자 르네 데카르트의 말에 동의하는 사람도 있을 것이다. 그는 "나는 생각한다. 그러므로 나는 존재한다"라고 말했다. 그는 의식이 있다는 것은 곧 생각하는 것이라고 여겼다. 하지만 어떤 의미에서는 컴퓨터도 '생각'하고 정보를 처리한다. 그렇다면 당신의 노트북도 의식이 있다는 뜻일까?

의식의 정의는 수세기 동안 논쟁의 대상이었으며, 신경과학자들

이 가세하면서 논쟁은 더 뜨거워졌다. 이 주제가 흥미로운 연구 주제인 이유는 인간은 의식이 무엇인지 **알고** 있는 것처럼 보이면서도(우리는 모두 '의식 있는 존재'라는 감각을 가지고 있다) 아무도 그것을 어떻게 설명해야 할지 모르는 것 같기 때문이다.

의식이 논의하기 어려운 이유 중 하나는 의식은 느낌이며, 느낌은 보통 설명하기 어렵기 때문이다(하지만 앞서 살펴보았듯이, 사랑이나 증오와 같은 느낌을 설명하는 데 있어서는 진전이 있었다). 하지만 의식은 파악하기가 훨씬 더 힘들다. 의식을 가진 결과로 지목할 수 있는 것은 각자의 독특한 경험 이외에는 없다. 이는 평생 맹인이었던 사람에게 '본다'는 것이 무엇인지 설명하려는 것과 같다. 당신은 오직 자신으로서 존재하는 것이 어떤 것인지만 알 뿐, 자신이라는 느낌이 들지 **않는** 것이 어떤 것인지 모른다.

신경과학은 이 모호하고 주관적인 현상을 이해하는 데 도움을 줄 수 있을까? 다행히도 이 미스터리를 점진적으로 풀어나가기 위한 여러 가지 방법이 있다. 그 방법은 뇌를 해부하고 분석하는

7장. 의식이란 무엇일까?

것부터 샴 쌍둥이를 연구하거나 fMRI 기계를 사용하는 것까지 다양하다. 의식이라는 주제는 미스터리 속에서 자신을 성찰하게 하는 메타적인 특성을 지니며, 그 복잡성을 인식하기에 신중하게 다뤄진다. 과학이 우리에게 무엇을 알려줄 수 있는지 살펴보기로 하자.

의식에는 맹점이 있다

신경과학이 의식에 대해 말해줄 수 있는 첫 번째 사실은, 의식이 인식하지 못하는 것이 많다는 점이다. 의식을 이해하는 좋은 방법은 시각과 비교하는 것이다. 시각은 단순히 물체를 보는 것만을 의미하지 않는다. 시각은 물체를 인지하는 것, 즉 우리 앞에 무언가가 있다는 것을 알아차리고, 그것이 무엇인지 알아보는 것이다. 그렇게 우리는 외부 세계에 대한 인식을 구축한다.

의식은 시각과 유사하게 작동하지만, 외부 세계가 아닌 내면 세계, 즉 정신적 과정의 상태를 인식하게 한다. 의식은 우리의 감정, 기억, 감각이 전달하는 것, 뇌가 추정하는 것들에 대한 인지이다. 그리고 시각과 마찬가지로 의식도 놓치는 것이 있다.

시각적 맹점에 대해 알지 못하는 독자를 위해 간단히 설명한다. 우리 눈에는 찾아보지 않는 한 자각하지 못하는 사각지대가 있다.

실험을 해보자. 왼쪽 눈을 가리고 오른쪽 눈으로 아래 그림의 십자 표시를 바라본다.

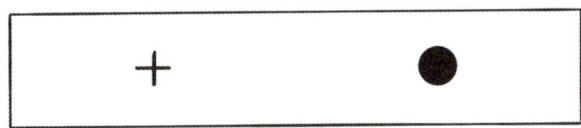

이제 얼굴을 천천히 책 쪽으로 가까이 가져간다(오른쪽 눈으로는 계속 십자 표시를 응시한다). 일정 거리(약 13센티미터)에 이르면 점이 사라질 것이다.

이런 일이 벌어지는 이유는 눈의 뒤쪽에 빛을 감지하는 센서가 없는 부분이 있기 때문이다. 이곳은 눈과 뇌를 연결하는 신경 섬유가 있는 곳이다. 흥미롭게도, 시각적 사각지대가 있는 부분에 점이 보이지 않는 이유는 뇌가 그 빈 부분에 있어야 한다고 생각하는 것(이 경우에는 더 많은 흰색 배경)을 무의식적으로 채워 넣기 때문이다.

이 특정 사각지대는 눈의 해부학적 특징으로 인해 생긴다. 이보다 훨씬 더 복잡한 사각지대 사례도 존재한다. 그중 하나가 맹시盲視이다.

맹시는 보통 뇌졸중으로 인해 주요 시각 피질이 손상되면서 발생한다. 이 시각 피질은 뇌의 가장 뒤쪽에 위치한 부분으로, 우리가 보는 것을 처리한다. 이 유형의 뇌졸중을 겪은 환자들은 기능적으로는 맹인이며 아무것도 보이지 않는다고 말한다. 하지만 놀랍게도 그들 앞에 물체를 두면 여전히 그것에 반응한다. 예를 들어, 근처에 있는 물체를 잡으려고 손을 뻗거나 장애물을 피할 수 있다.

환자들은 물체를 볼 수 있지만, 자신이 보고 있다는 사실을 인식하지 못한다. 그들의 뇌는 시각 정보를 받아들이고 처리하지만, 어째서인지 이 정보가 의식적인 자아에는 전달되지 않는다. 뇌졸중이 시각 정보에 대한 의식의 사각지대를 만든 것이다. 253쪽 그림에 있는 점처럼, 세상을 바라보는 시각은 존재하지만 그들의 인식에서는 사라진 것이다.

이 사례들이 흥미로운 이유는, 의식이 뇌에서 일어나는 모든 일을 아는 것은 아니라는 사실을 보여주기 때문이다. 요컨대, 우리의 자의식은 자신에 대한 모든 것을 '알고 있는' 것은 아니다. 이는 뇌졸중이나 다른 손상을 입었을 때만 일어나는 일이 아니다. 정상적인 뇌에서도 의식이 알아차리지 못하는 수많은 일이 일어나고 있다.

자율신경계를 생각해보라. 자율신경계는 호흡, 심장 박동, 장 운동 같은 신체 기능을 조절하는 뇌와 척수의 일부이다. 이 기능은 자동으로 일어나는 것이 아니다. 이들은 신경계에 의해 조절되며, 주위에서 일어나는 일에 반응한다. 예를 들어, 무서운 상황에 처하면 심장 박동이 빨라진다. 그러나 '우리(의식적인 자아)'는 이들을 통제하지 못한다(심장에 뛰는 것을 멈추라고 하거나 소화기관에 경련을 멈추라고 해본 적이 있는가?). 대개는 이 시스템이 무엇을 하는지조차 인식하지 못한다. 자율신경계는 마치 온몸에 퍼져있는 제2의 뇌처럼 움직이면서 당신을 살아 있게 만든다.

그리고 무의식이 있다. 심리학자들은 인간 정신의 층위를 설명하기 위해 빙산의 비유를 사용하곤 한다. 빙산의 꼭대기는 우리의 의식적 자아, 즉 '에고ego'이며 수면 위에 떠 있는 부분이다. 이것이 우리가 접근할 수 있는 자아의 일부이다. 수면 아래에는 우리가 볼 수 없는 거대한 부분이 존재한다. 이 보이지 않는 부분은 전의식preconscious과 무의식unconscious으로 이루어져 있으며, 보통은 이 둘을 구분하지 않고 단순히 잠재의식subconsicous이라고 부른다.

빙산의 비유는 보통 지크문트 프로이트Sigmund Freud로부터 나온 것으로 알려져 있지만, 실제로는 미국의 심리학자 그랜빌 스탠리 홀Granville Stanley Hall에게서 유래되었을 것이다. 이 비유는 인간 사

고의 대부분이 의식적인 자아 밖에서 어떻게 일어나는지 보여준다. 수면 아래에는 기억(쉽게 떠올릴 수 있는 기억과 깊이 억압된 기억), 무의식적인 사고, 정신 작용이 존재한다. 예를 들어, 꿈은 이러한 숨겨진 마음의 발현으로 여겨진다. 우리의 편향, 취향, 두려움도 의식적인 자각 없이 형성된다.

흥미롭게도 숨겨진 마음에 접근하는 방법이 있다. 잠재의식적 메시지 subliminal message°는 인식하지 못하는 사이에 잠재의식에 도달할 수 있다. 예를 들어, 몇십 밀리초(눈을 깜빡이는 시간보다 짧은 시간)에 불과한 아주 짧은 시간 동안 이미지를 보여주면, 그 사람은 이미지를 봤다는 사실을 의식하지 못한다. 이 방법은 단어와 숫자

° 잠재의식에 영향을 미치는 메시지 _옮긴이

는 물론, 심지어 감정에도 적용된다.

한 실험에서 과학자들은 피험자들의 뇌를 스캔하면서 그들 앞에 얼굴 사진을 순간적으로 보여줬다. 사진은 처음 33밀리초 동안에는 두려운 표정이었다가 167밀리초 동안은 무표정으로 바뀌었다.

이 실험에서 피험자들은 무표정한 얼굴만 보았다고 말했다. 하지만 잠재의식은 두려운 표정을 보았다. 이를 알 수 있었던 이유는, 뇌 스캔 결과 잠재자극인 두려운 표정에 노출되었을 때 참가자들의 편도체(두뇌에서 두려움을 처리하는 영역)가 활성화되었기 때문이다.

또한 양쪽 눈에 보색 관계인 서로 다른 이미지를 보여줌으로써 잠재의식에 신호를 보낼 수 있다. 오른쪽 눈에는 **빨간색** 정사각형을, 왼쪽 눈에는 **녹색** 정사각형을 보여주면 뇌는 **노란색** 정사각형을 보고 있다고 생각한다. 이는 뇌의 시각 영역에서 색이 결합되는 방식 탓이다.

한 실험에서 과학자들은 두 가지 색을 사용해 이미지를 그린 다음, 각 눈에 반대되는 보색 이미지를 보여주는 방식으로 숨겨진 메시지를 만들었다. 한쪽 눈에 어떤 이미지를 보여주면서 동시에 다른 쪽 눈에 그에 반대되는 보색 이미지를 보여주면, 뇌의 각 반구에서 잠재의식은 이 이미지를 인식하지만, 의식적인 자아는 빈 이미지를 보고 있다고 생각한다.

과학자들은 얼굴과 집의 숨겨진 이미지를 만들어 fMRI 기계 안에 있는 사람들에게 보여주었다. 피험자들은 빈 이미지를 봤다고 말했지만, 과학자들은 숨겨진 이미지가 얼굴인지 집인지에 따라 뇌가 다르게 활성화되는 모습을 관찰했다. 두 경우 모두 피험자들이 일반적인(숨겨지지 않은) 얼굴과 집의 이미지를 볼 때와 뇌 활동이 거의 똑같았다.

신경과학자들은 잠재의식적 메시지가 생각에 얼마나 영향을 미칠 수 있는지를 두고 논쟁을 벌이고 있다. 잠재의식적 메시지의 효

과는 보통 장기 기억에 저장되지 않기 때문에 몇 초 동안만 지속될 뿐이라고 생각하는 사람들이 있는가 하면, 그 몇 초 동안 많은 일이 일어날 수 있다고 주장하는 이들도 있다. 예를 들어, 그 순간에 중요한 결정을 내릴 수도 있고, 어떤 일에 대해 사실상 마음을 정할 수도 있다. 일부 연구에서는 잠재의식적 메시지가 투표에 영향을 미칠 수 있음을 보여준다. 2008년에 진행된 한 연구에서 과학자들은 선거 입후보자의 사진(실제로는 정장 차림의 무작위 남성 사진)을 보여주기 전에 33밀리초 동안 '쥐새끼RATS'라는 단어를 보여주었다. 연구 결과, '쥐새끼'라는 단어를 본 피험자들은 중립적인 단어를 사용했을 때보다 후보자를 훨씬 더 부정적으로 평가했다.

과학자들은 이 실험에 대한 아이디어를 어디서 얻었을까? 2000년 미국 대선에서 조지 W. 부시George W. Bush 측은 상대 후보 앨 고어Al Gore에 맞서는 광고를 공개했다. 앞서 말한 효과를 이용한 광고였다. 글의 일부인 '관료들BUREAUCRATS'이라는 단어가 나타날 때, 마지막 네 글자('RATS')가 화면 상반 전체에 잠시 동안 강조된 것이다. 부시 후보 진영에서는 이를 우연한 실수라고 주장했다.

여기에서 말하고자 하는 바는, 의식적인 뇌가 항상 무슨 일이 일어나고 있는지 아는 것은 아니며, 정보가 수많은 의식의 사각지대를 통해 잠재의식으로 스며들 수 있다는 것이다.

의식은 분리될 수 있다

여기 사고에 대한 흥미로운 실험이 있다. 누군가가 당신 머리를 열고, 메스로 뇌를 반으로 나눈 후 다시 머리를 닫는다고 상상해보라. 당신은 독립적인 두 개의 뇌를 갖게 되는 것이다. 그렇다면 이제 당신은 두 명이 되는 것일까?

각각의 당신은 몸의 절반을 통제하고, 다른 절반과 독립된 생각, 꿈, 의식을 가질 수 있을까? 한 사람 안에 두 개의 의식이 있다면 어떤 느낌일까?

이상하지만 우리는 그것이 어떤 느낌일지 어느 정도 알고 있다. 실제로 몇몇 사람들에게 그런 일이 일어났기 때문이다. 1940년대

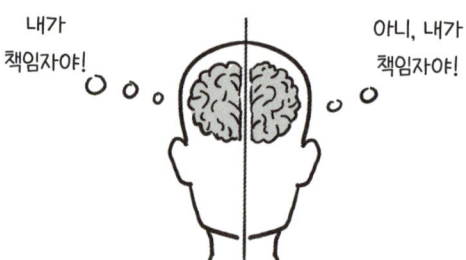

에는 심한 뇌전증 환자에게 이런 수술이 시행되었다. 의사들은 두개골을 열고 대뇌 피질의 두 반구를 연결하는 주요 신경 다발인 뇌량corpus callosum을 절단했다.

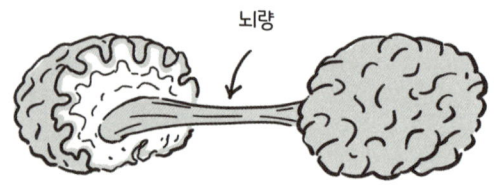

수술이 항상 성공적인 것은 아니었다(일부 환자는 뇌전증 발작이 멈추었지만, 모든 환자가 그렇지는 않았다). 결국, 이런 극단적인 방법을 대체할 치료법과 효과적인 약물이 등장하면서 이 수술의 빈도는 줄어들었다. 하지만 수십 년 동안 이 수술은 최후의 치료법이었고, 미국에서만 약 100명에게 시행된 것으로 추정된다. 그중 몇 명은 오늘날까지 살아있다.

이 환자들은 결국 두 개의 의식을 갖게 되었을까? 어느 정도는 그렇다고 할 수 있다.

이 현상을 이해하려면 뇌에 대해 두 가지를 알아야 한다. 첫째, 대뇌 피질(주름지고 접힌 뇌의 바깥층)은 대부분의 '사고'가 일어나는 곳이다. 여기에서 감정, 감각, 언어 사용, 추론 능력, 3차원 시각화 등을 처리한다. 둘째, 대뇌 피질은 두 개의 반구(우반구와 좌반구)로 나뉘어져 있는데, 이상하게도 이 두 반구는 교차되어 있다. 즉 각 반구는 반대쪽 신체로부터 입력을 받아들이고 반대쪽 몸을 제어한다. 예를 들어, **오른쪽** 뇌는 시야(양쪽 눈으로 들어오는)의 **왼쪽** 부분만을 인식하며, **왼쪽** 근육(왼팔, 왼다리 등)만을 제어한다.

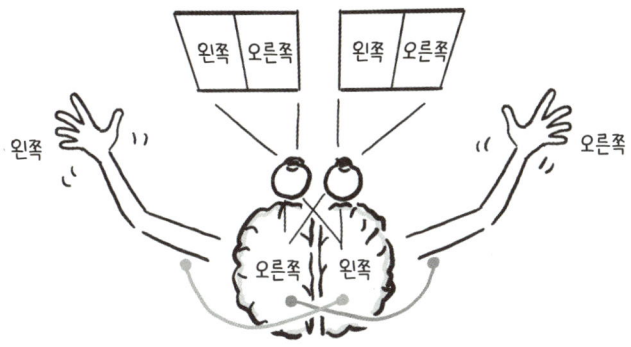

뇌의 두 반구는 몇 가지 특화된 영역이 있다는 점에서도 다르다. 말하거나 듣는 동안에는 좌뇌의 특정 부위가 더 활성화된다(1장에서 다룬 브로카 영역과 베르니케 영역을 기억하는가?). 시각 퍼즐을 풀거나 교통 체증을 피해 차를 운전할 때는 **우뇌**의 뒤편에 있는 부위가

더 활성화된다.

　뇌량이 절단된 환자를 연구한 과학자들은 수술이 의식에 어떤 영향을 주는지 관찰하기 위해 기발한 방법을 고안했다. 예를 들어, 환자를 화면이 있는 테이블 앞 의자에 앉힌 뒤, 환자의 시야 왼쪽이나 오른쪽에 단어를 잠깐 비추고, 그들이 본 것을 말로 설명하게 했다. 또한 왼손과 오른손으로 읽은 것을 그려 달라고 요청했다. 그들의 발견은 뇌 과학계에 큰 반향을 일으켰다.

　환자의 시야 오른쪽에 단어를 짧게 보여주면, 그 단어는 좌뇌가 인식한다.

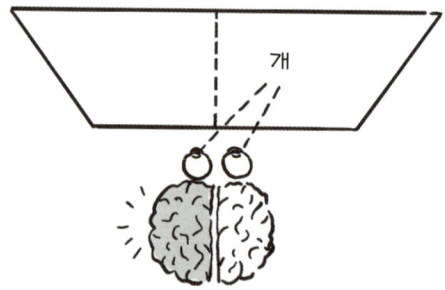

　좌뇌는 언어 처리를 담당하기 때문에, 환자는 그 단어가 무엇인지 말할 수 있었다.

하지만 시야의 왼쪽에 단어를 짧게 보여주면, 우뇌만 그 단어를 인식한다. 우뇌는 보통 언어를 처리하지 않기 때문에, 환자는 아무 것도 보지 못했다고 보고했다. 단어가 의식적인 자아에 도달하지 못한 것이다. 하지만 이상하게도, 그들은 왼손으로 그 단어가 의미하는 것을 **그릴** 수 있었다!

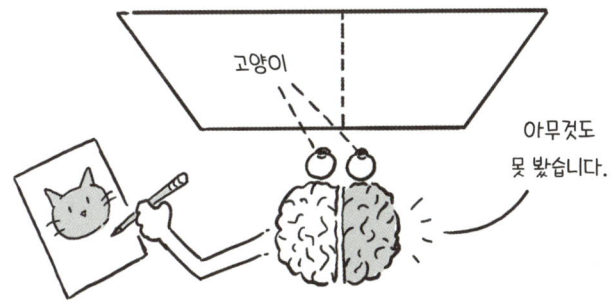

이는 왼손이 단어를 본 것과 동일한 오른쪽 뇌에 의해 통제되기 때문이다. 일부 환자들은 자신이 왜 그런 그림을 그렸는지 전혀 알지 못했다.

이는 어떤 면에서 환자들이 두 개의 '뇌'를 가지고 있었다는 것을

의미한다! 좌뇌는 오른쪽 시야에 있는 것을 보고 말로 설명할 수 있었다. 우뇌는 왼쪽 시야에 있는 것을 보고 그림으로 그릴 수는 있었지만, 말로 표현할 수는 없었다. 마치 세상을 전체적으로 인식하고, 그 안에서 무언가를 하는 능력이 분리된 듯한 모습이었다. 한쪽 뇌가 어떤 행동을 해도, 다른 쪽 뇌는 그 행동에 대해 전혀 알지 못했다.

그렇다면 환자의 머릿속에 두 개의 의식이 존재한다는 의미일까? 보통 과학자들은 그렇지 않다고 생각한다. 우선 한 가지 이유는, 어떤 환자들도 내면에 충돌하는 두 개의 인격이 있는 것 같다고 말하지 않았기 때문이다. 일부 환자들은 수술 직후 이상한 증상을 보고했는데, 그중 한 여성은 슈퍼마켓에서 물건을 잡으려고 할 때 두 팔이 서로 경쟁하는 것 같았다고 말했다. 물건을 잡으려고 한쪽 팔을 뻗으면, 다른쪽 팔이 그 팔을 쳐내곤 했다(이 현상은 몇 달 후 사라졌다).

전반적으로 환자들은 세계를 단일한 경험으로 인식하는 것 같았다. 그들은 친구, 가족과 정상적인 삶을 영위할 수 있었고, 모두가

수술 전후의 자신을 같은 사람이라고 느꼈다.

과학자들은 환자의 세상에 대한 인식과 자각이 두 개로 **분리되었**지만, 뇌는 어떻게든 두 관점을 하나의 내적 의식으로 통합했을 가능성이 크다고 생각한다. 뇌량이 뇌의 두 반구를 연결하는 주된 정보 고속도로이지만, 두 반구 사이에는 다른 연결 고리도 있는 것으로 드러났다. 그중 하나가 시상thalamus이라고 불리는 뇌 영역이다.

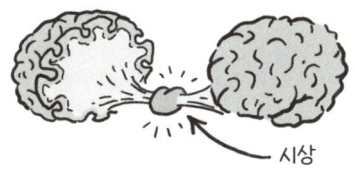

과학자들은 시상이 의식에서 중요한 역할을 하며, 대뇌 피질의 여러 영역을 연결하는 교환기 또는 허브 역할을 한다고 믿는다. 우리가 의식으로 경험하는 것은 피질에서 일어나는 정보 처리뿐만 아니라 시상이 그 정보를 통합하는 과정까지 포함될 수도 있다.

과학자들의 주된 견해는 뇌가 분리된 환자들이 단일한 의식을 유지했다는 것이지만, 더 어두운 가능성도 배제할 수 없다. 어쩌면 뇌가 분리되면서 별개의 의식이 **생겨났지만**, 환자의 지배적인 인격에 종속되어 침묵을 지킨 것일지도 모른다. 이 경우, 억압된 의식은 갇혀서 자신을 표현하거나 소통할 수 없지만, 여전히 자신을 자각할 것이다.

이것이 진실인지는 영영 알아내지 못할 수도 있다. 이 희귀한 수술을 받았던 환자들은 점점 나이를 먹고 있으며 지금은 이 치료법이 거의 사용되지 않기 때문이다. 이 흥미로운 상황을 연구할 기회가 점점 줄어들고 있다.

단순히 깨어 있는 것과는 다르다

너무 어려운가? 졸음이 오기 시작했는가? 걱정할 필요는 없다.

깨어 있는 것이 의식의 전제 조건은 아니니까.

프로이트 시대, 즉 19세기 초반 과학자들은 (4장에서 논의한 바와 같이) 뇌가 뉴런으로 구성되어 있으며 전기화학적 성질을 띠고, 뇌의 여러 영역은 각기 다른 기능을 하며, 이를 지도처럼 나타낼 수 있다는 것을 알고 있었다(1장에서 언급한 호문쿨루스를 기억하는가?). 이후 1949년, 일부 연구자들은 흥미로운 사실을 발견했다.

의식에 대한 획기적인 연구를 통해 뇌간을 자극하면 뇌가 깨어나는 것처럼 보인다는 사실이 밝혀졌다. 뇌간은 뇌의 아래쪽에 있는 작은 덩어리로 척수와 연결된다. 이 부분에 탐침을 삽입하고 전기 자극을 가하면, 뇌의 전기 활동이 깊은 수면파에서 짧고 빠른 파형으로 바뀌었다.

뇌간

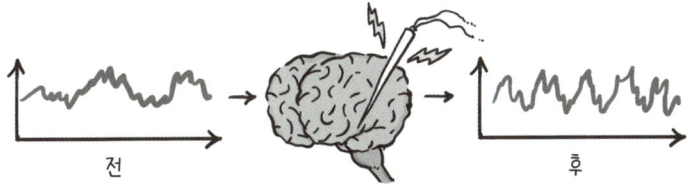

전 → 후

공교롭게도, 이는 우리가 깨어날 때 일어나는 현상과 정확히 일치한다. 특히 과학자들은 이 현상이 뇌간에서 시상으로 이어지는 부위를 자극했을 때 발생한다는 것을 발견했다.

그렇다면 깨어 있는 것과 의식이 있는 것은 같은 것일까?

각성(깨어 있음)과 의식(알아차림)은 정확히 같은 것이 아니지만 관련은 있다. 예를 들어, 잠을 자고 있을 때(즉 무의식 상태일 때)에도 의식은 있을 수 있다. 이것이 꿈을 꿀 때 일어나는 현상이다. 꿈을 꾸는 동안 우리는 꿈속에서 일어나는 일을 의식한다. 비록 그 꿈이 기이하고 꿈 속 사건을 통제할 수 없더라도 말이다. 꿈은 렘 수면rapid eye movement(급속 안구 운동) 중에 일어난다. 렘수면 상태에서는 뇌간과 시상 사이의 연결이 활성화되어 있어 마치 깨어 있는 듯한 모호한 느낌을 준다. 하지만 분명히 꿈은 현실이 아닌 정신에서 나온 산물이다.

깨어 있지만 의식이 없을 수도 있다. 사고를 당하거나 뇌졸중을 겪은 사람들은 '식물인간 상태'에 빠질 수 있다. 이러한 상태(공식 명칭은 '무반응 각성 증후군unresponsive wakefulness syndrome'이다)에서는 눈을 뜨거나 외부 자극에 반응하는 등 깨어 있는 것 같은 징후를 보일 수 있지만, '현존'한다거나 의식이 있다는 징후는 전혀 나타나지 않는다.

의식이 정말로 각성 상태와 구분될 수 있는지 알아보기 위해 과학자들은 최근 한 실험을 진행했다. 실험에서 그들은 마취제로 원숭이가 완전히 의식을 잃게 만든 후 원숭이의 뇌 깊숙한 곳, 즉 시상에 전선을 심었다. 그다음 전선을 통해 전류를 가하자, 원숭이는 의식의 징후를 보였다. 원숭이들은 깊은 마취 상태였음에도 눈을 뜨고 사지를 움직였다.

과학자들은 fMRI 기계를 사용해 원숭이의 뇌 활동을 관찰하면서 시상에 전기 자극을 가했을 때 원숭이 피질의 여러 영역이 활성화되는 것을 발견했다. 또한 마취 상태의 원숭이에게 음계도 들려주었다. 보통 마취 상태에서 원숭이의 뇌는 이런 음악 소리에 반응하지 않는다. 그러나 과학자들이 시상을 자극하자, 마취된 뇌는 마

치 의식이 있는 것처럼 변화하는 음악 소리에 반응했다.

이는 뇌가 완전히 마취된 상황에서도 시상을 자극하면 각성이 되고 어느 정도 의식이 회복될 수 있음을 보여준다. 이 사실을 이해하면 언젠가 식물인간 상태에 있는 환자를 치료하는 데 도움이 될 수 있다.

의식은 공유될 수 있는가?

두 사람이 같은 의식을 공유할 수 있을까? 한 시상을 두 개의 다른 뇌에 연결할 방법이 있다면 정말로 시상이 의식의 중심인지 확인하는 데 도움이 될 것이다. 그리고 극히 드문 사례이지만, 실제로 이런 일이 일어났다.

크리스타 호건Krista Hogan과 타티아나 호건Tatiana Hogan은 쌍둥이이다. 하지만 그들은 여느 쌍둥이와 달리 뇌를 공유한다. 이렇게 두개골이 붙어서 태어난 쌍둥이를 **두개 결합 쌍둥이**craniopagus twinning라고 한다. 그들의 경우, 두 개의 뇌가 연결되어 여러 부분을 공유하며, 혈액 순환 시스템 역시 하나로 연결되어 있다. 이 때문에 의사들은 그들이 태어났을 때 수술로 분리하는 것이 극히 위험하다고 판단했다.

각 아이가 시상을 가지고 있지만, 두 시상이 뉴런 다발로 연결되

어 둘 사이에 다리 역할을 한다.

  놀랍게도 그들은 의식의 일부를 함께 경험하는 것처럼 보인다. 예를 들어, 각자 자기 눈으로 볼 수 있을 뿐 아니라, 다른 쌍둥이가 보는 것도 볼 수 있다. 한 명이 눈을 감고 있을 때 다른 한 명에게 장난감이나 어떤 색상을 보여주면, 눈을 감은 쪽도 그것이 무엇인지 말할 수 있다. 촉각도 마찬가지다. 한 쌍둥이의 귀를 살짝 당기면 다른 쌍둥이도 이를 느낄 수 있고, 한 쌍둥이의 피부에 무언가 닿으면 다른 쌍둥이도 이를 알아차린다.

그들은 서로의 사지를 제어할 수도 있다. 쌍둥이 중 한 명인 타티아나는 자신의 두 팔과 크리스타의 팔 하나를 제어할 수 있지만, 자신의 다리는 하나만 제어할 수 있다. 그녀의 쌍둥이인 크리스타는 자신의 두 다리와 타티아나의 다리 중 하나를 제어할 수 있지만, 자신의 팔은 하나만 제어할 수 있다. 쌍둥이는 심지어 뇌에서 서로의 생각을 들을 수 있다고 말한다. 그들은 이를 상대방이 "머릿속으로 말하는 것"을 듣는다고 묘사한다.

이렇게 연결되어 있지만, 쌍둥이는 각자 특유의 성격을 지니고 있다. 타티아나는 외향적이고 수다스러운 성격으로 묘사되는 반면에 크리스타는 더 조용하고 차분한 성격이다. 이런 사례는 160만 명 중 1명꼴로 발생하는 매우 드문 경우로, 대부분의 경우 생후 24시간을 넘기지 못한다. 하지만 앞서 언급했듯이 호건 쌍둥이는 일반 학교에 다녔다. 그들은 걸어 다닐 수 있으며, 반려견과 놀고 친구들과 대화하는 것을 좋아한다.

그들의 놀라운 경험을 통해 뇌에서 의식이 어떻게 작동하는지 알 수 있다. 그들은 각자가 대뇌 피질을 가지고 있기 때문에, 자신들을 한 사람이라고 생각하지 않는 듯하다. 즉, 각자가 자신만의 고유한 세계관을 갖고 있다. 그러나 시상이 연결되어 있기 때문에 그들의 감각과 운동 조절 능력은 서로 얽혀 있으며, 이 때문에 자아 감각에 중첩이 생긴다. 이는 **나**라는 독특한 감각이 시상이라는 주요한 뇌 영역과 시상이 보내는 신호를 해석하는 대뇌 피질 영역 사이의 협력 관계에서 생길 수 있음을 시사한다.

의식에는 목적이 있다

의식이 존재하는 이유는 무엇일까? 인간에게 의식은 뇌가 나로 존재한다는 것이 어떤 것인지 모니터링하고, 인식하고, '느끼는' 방식인 것 같다. 이는 시각이나 청각과 같은 보다 기본적인 감각의 인식과 유사하다. 이런 감각은 외부 현실을 인코딩하고 이를 신경 회로 속에서 재구성한다. 마찬가지로 의식은 뇌와 몸의 내부 상태를 인코딩하고 재구성하는 역할을 하는 것일 수 있다. 의식은 뇌가 만들어낸 나에 관한 주관적인 현실인 듯하다.

진화적 관점에서 보면, 뇌는 다양한 문제를 해결하기 위한 범용 기관으로 발달해왔다. 문제 해결에 있어 핵심적인 기술 중 하나는 행동이 미래에 어떤 결과를 가져올지 예측하는 능력이다. 예를 들어, 높은 나뭇가지에 달린 과일을 따기 위한 해법을 생각할 때라면, 막대기를 사용하면 어떻게 될지, 나무에 올라가면 어떻게 될지

상상해 보는 것이다. 이런 능력은 인간에게 이점이자 직접적인 위험을 회피하는 '편법'이 되었다. 위험에 빠지지 않는 해법을 찾는다면 생존할 가능성이 높아지기 때문이다.

의식은 이러한 적응의 일종인지도 모른다. 의식은 내면의 '시뮬레이터'처럼 다양한 가상의 상황에 자신을 대입해 보고 거기에서 어떤 느낌을 받을지 예측하게 해준다. 나무에 오르면 기분이 좋을까, 아니면 너무 힘든 일일까? 하지만 과일을 얻지 못하면 나중에 배가 고프지 않을까? 의식은 자신에 대한 감각을 제공하며, 이로써 자아를 가상의 상황에 놓아볼 수 있다. 다시 말해, 우리는 위험한 행동을 실제로 할 필요가 없다. 대신 그 행동을 상상하고, 여러 행동의 결과에 따른 내면의 감정을 비교해볼 수 있다.

진화론적 관점에서도 의식이 하나만 존재하도록 발달하는 것이 합리적이다. 결국 우리는 모두 세상 속 다른 존재들과 물리적으로 분리된 개별적인 존재다. 한 개의 몸에 두 개나 세 개 이상의 의식을 발달시키는 것은 타당하지 않다. 너무 혼란스럽고 일관성이 없어 생존 확률이 떨어지기 때문이다.

다른 동물들에게도 의식이 있을까? 의식에 진화적 가치가 있다면, 다른 생명체도 의식의 형태를 갖는 것이 이치에 맞다. 예를 들어, 개도 주변 세계에 대해 자신이 어떻게 느끼는지 모니터링함으로써 이득을 볼 수 있다. 하지만 복잡한 감정이나 복잡한 상황을 상상하려면 더 정교한 뇌 구조가 필요할 것이다. 따라서 동물들은 우리보다 훨씬 제한된 형태의 의식을 가지고 있을 수 있다. 혹은 그렇지 않을 수도 있다. 이를 파악하려면 동물들에게 세상을 어떻게 경험하는지 물어볼 수 있는 방법을 찾아야 할 것이다.

의식이 존재하는 이유가 무엇이든, 그 주된 목적 중 하나가 뇌 안의 정보를 통합하는 것임은 분명하다. 의식의 글로벌 워크스페

이스 이론global workspace theory, GWT에서는, 의식이 '공통의 작업 공간'을 구축하는 뇌 속 여러 영역들의 상호작용에서 발생한다고 설명한다. 이 작업 공간은 머릿속에서 일어나는 일을 보여주는 가상의 무대나 영화 스크린과 같다. 이후 고차원적 사고 영역은 이 영화를 보고 그에 따라 무엇을 할지 결정한다.

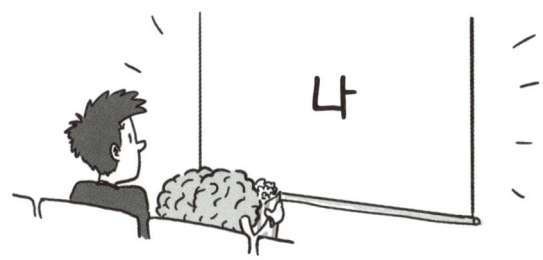

이 이론에 따르면, 뇌는 두 가지 방식으로 작동한다. 하나는 특정 뇌 영역 안에서 정보가 처리되는 국소local 모드('무대 뒤'에서 일어나는 일)이고, 또 다른 하나는 여러 뇌 영역의 정보가 통합되어 의식적 인식을 가능하게 해주는 전역global 모드('무대 위'에서 일어나는 일)이다. 이런 공통 작업 공간이 존재함으로써 '나 자신이라는 느낌'을 갖게 되는 것으로 보인다.

글로벌 워크스페이스 이론은 의식을 신경생물학적으로 이해하는 데 큰 영향을 미쳤으며, 신경영상학, 신경심리학 등 다양한 분야에서 점점 더 많은 증거로 뒷받침되고 있다. 그러나 의식과 기초적인 신경 기능의 본질에 대한 모든 이론처럼, 이 이론 역시 아직 연구와 논쟁이 활발하게 이루어지는 주제이며, 해결해야 할 많은 의문과 불확실성이 남아 있다.

의식은 가변적이다

그렇다면 의식은 어디에 존재할까? 답이 하나가 아니라는 것만은 분명하다.

현재로서 가장 합리적인 추측은 시상과 같은 뇌의 핵심 영역이 의식에 필수적이긴 하지만, 어느 한 영역만으로는 자아에 대한 감각을 유지하기에 충분치 않을 수 있다는 것이다. 뇌 속의 의식은 젠가와 같아서 블록을 하나만 빼도 전체가 무너질 수 있다.

의식이 여러 영역에 분산되어 있을 수 있다는 사실은 놀라운 일이 아니다. 예를 들어, 시각에 기여하는 뇌 부위는 30개 이상인 것으로 밝혀졌으며, 앞으로 더 발견될 가능성도 있다. 이 각각의 부위들은 형태와 색상 같은 시각 정보의 서로 다른 요소들을 처리한다. 이런 요소들이 뇌 전체에서 조율되면서 우리는 세상에서 접하는 물체에 대한 단일한 인식을 가질 수 있다. 마찬가지로, 의식이라는 복잡한 감각을 처리하려면 여러 뇌 영역이 필요할 수 있다.

의식은 **학습**해야 하는 것일 수도 있다. 시각도 물체가 어떻게 보이고 외부 세계와 어떻게 연관되는지를 익혀야 했듯이, 의식의 자각 역시 정신 활동을 이해하는 법을 학습해야 형성되는 것일 수 있다. 우리가 아기였을 때 어땠는지 기억하지 못하는 데에는 이유가 있을지도 모른다. 아기들조차 자신이 아기인 것이 어떤 느낌인지 모를 수 있다.

결국 의식은 우리가 자신에게 들려주는 자신에 관한 이야기이다. 의식은 때때로 혼란스러운 우리 내부의 뇌를 정리하고 해석하는 데 사용하는 감각이다. 그리고 다른 감각과 마찬가지로, 의식도 속을 수 있다. 이런 현상은 조현병과 같은 정신질환에서 관찰된다. 조현병 환자들은 시상과 대뇌 피질이 과하게 연결되어 있는데, 이것이 그들이 시각적·청각적 환각을 경험하고 그들만의 현실 감각을 가지는 이유일 수 있다.

우리가 의식에 대해 배운 가장 중요한 사실은 의식이 가변적이라는 것이다. 앞서 보았듯이, 의식은 분리되거나 감춰지거나 약화되거나, 심지어 제거될 수도 있다. 그리고 호건 쌍둥이의 사례에서 보았듯이, 의식은 공유될 수도 있다.

호건 쌍둥이의 경우, 뇌가 물리적으로 연결되어 있어 서로의 감각, 감정, 경험에 접근할 수 있다. 다른 의식과 그렇게 직접적으로 연결되는 것이 어떤 느낌인지 경험할 수 있는 사람은 극히 드물다. 하지만 우리는 일상에서 그런 경험의 단면을 엿볼 수 있다.

누군가와 상호작용할 때마다 우리는 그 사람의 느낌과 생각을 조금이나마 경험한다. 뉴스를 보거나, 예술이나 문학 작품을 접하거나, 인터넷에서 무언가를 보고 들을 때마다 타인의 경험의 일부를 받아들이게 된다. 어떤 면에서 이는 자신의 의식을 확장시키는 일이다.

심리학자들은 종종 국가 의식이나 시대정신을 이야기하곤 한다. 뇌 속의 의식에 대한 이해와 호건 쌍둥이 같은 사례들은 이것이 가능하다는 것을 보여준다.

의식은 공유될 수 있다. 많은 사람들이 예술 작품을 만들고, 당신이 지금 손에 들고 있는 이 책과 같은 글을 쓰는 목적이 바로 그것이다. 서로 더 많이 연결될수록 인류라는 종으로서의 자아 감각은 더 강해지고, 서로를 대하는 방식에서 사각지대가 사라질 가능성도 높아질 것이다.

8장

무엇이 우리를 행복하게 만들까?

> 좋은 삶을 살고자 한다면
> 중요치 않은 것에는 무관심하라.
>
> _마르쿠스 아우렐리우스Marcus Aurelius

아마도 인간의 감정 중 사람들이 가장 갈망하는 것은 행복일 것이다. 행복 추구는 너무도 중요해서 미국 독립선언서를 작성한 사람들은 행복을 "침해할 수 없는 권리"로 정의했다. 이는 누구도 빼앗을 수 없는 권리라는 뜻이다. 다른 나라들도 건국 문서에 이를 명문화했다. 이란, 코스타리카, 부탄의 헌법에도 행복이 포함되어 있으며, 중국의 헌법은 국가의 목표를 "국민의

행복 증진"으로 명시하고 있다. 고대 그리스 시대부터 행복은 궁극적인 목표로 여겨졌다. 아리스토텔레스는 "행복은 삶의 의미이자 목적이며, 인간 존재의 총체적인 목표"라고 말한 것으로 알려져 있다.

하나의 개념에 엄청난 무게가 실려 있다.

우리가 고대부터 추구해온 행복은 무엇이며, 왜 세상의 수많은 문화들이 행복을 삶의 필수 요소로 여기는 것일까?

두려움, 혐오, 사랑 등 이 책에서 다루는 많은 것들은 뇌가 외부에서 일어나는 일에 어떻게 반응하느냐에 따라 생기는 결과이다. 우리는 다른 사람이나 어떤 것에 두려움, 혐오, 사랑을 느낀다. 하지만 행복은 대개 우리 내면에서 일어나는 일을 어떻게 해석하느냐와 더 큰 관련이 있다. 과학자들은 행복을 마음의 상태로 정의하는데, 마음은 특정 순간의 모든 정신적 활동을 담은 스냅샷과 같으며, 당신이 어떻게 지내고 있는지에 대한 모든 이성적·비이성적 감정으로 이루어져 있다. 요컨대, 행복은 '잘 살고 있다는 감각(웰빙well-being이라고도 한다)'이다.

행복은 동기를 부여하는 구동 장치이다. 뇌는 행복한 상태를 추구한다. 행복한 상태가 뇌의 쾌락 중추를 활성화하기 때문이다. 성욕과 같은 다른 강력한 본능적 충동도 뇌의 쾌락 중추를 활성화한다. 특정 약물도 이 중추를 강하게 자극하지만 약물로는 행복과 같은 상태에 이를 수 없다. 실제로 약물 사용은 심각한 우울증이나 기분 장애와 연관되곤 한다.

성욕이나 약물과 달리, 행복은 일정 부분 경험한 것을 어떻게 인식하고 처리하느냐에 달려 있으며, 개인적 취향과 가치관에도 영향을 받는다. 인간이 저마다 고유한 의식을 지닌 것처럼, 행복이 무엇을 의미하는지에 대한 개인적인 기준도 각자 다르다. 다시 말해, 저마다 각기 다른 방식으로 행복을 찾고, 어느 정도는 그 의미를 스스로 선택할 수 있다는 점에서 행복은 특별하다.

행복하게 타고나는 사람이 있는 것일까? 혹은 절대 행복해질 수 없는 운명을 타고나는 사람이 있을까? 이를 알아내기 위해 과학자들은 같은 유전자를 가진 일란성 쌍둥이를 연구했다. 미네소타 Minnesota 쌍둥이 연구에서 같은 집에서 함께 자란 쌍둥이와 서로 떨어져 자란 쌍둥이들을 조사했다. 또한 같은 시기에 태어난 이란성 쌍둥이를 대조군으로 삼았다. 과학자들은 함께 자란 일란성 쌍둥이, 함께 자란 이란성 쌍둥이, 따로 자란 일란성 쌍둥이, 따로 자란 이란성 쌍둥이, 이렇게 네 가지 유형의 쌍둥이를 대상으로 행복감을 분석했다.

일란성 쌍둥이 　　　　　이란성 쌍둥이

연구 결과, 따로 자란 일란성 쌍둥이의 행복감에 높은 상관관계가 있었다. 즉, 함께 자랐는지 여부와 상관없이 일란성 쌍둥이 중 한쪽이 행복하면, 다른 한쪽도 행복하다고 보고할 가능성이 높았다(물론 항상 그런 것은 아니었다).

이 상관관계는 함께 자란 이란성 쌍둥이의 경우보다 높다. 따라서 당신과 같은 환경에서 자란 사람이 행복하다고 보고한다고 해서 당신도 행복할 것이라는 보장은 없다는 뜻이다.●

이는 유전이 행복에 결정적인 역할을 할 수 있다는 사실을 보여준다. 다른 사람보다 유전적으로 더 행복해지기 쉬운 성향을 타고나는 사람들이 있다. 하지만 완벽한 상관관계가 존재하는 것은 아니다. 유전자가 전적으로 행복을 결정한다면 완벽한 상관관계가 나왔겠지만, 어떤 쌍둥이도 완벽한 상관관계를 보이지는 않았다.

분명 행복은 밝은 성격만으로는 설명되지 않는다. 이는 다른 요인들이 작용한다는 의미이다. 그렇다면 그 요인들은 무엇일까? 사실 신경과학은 돈이 있으면 행복해지는지부터 불교도의 뇌 스캔을 통해 밝혀진 행복한 선택의 비결까지, 우리의 행복감에 영향을 미치는 요소에 대해 많은 것을 알려준다. 이번 장에서는 과학이 삶에

● 수학적인 통계에 관심이 있는 사람을 위해 소개하자면, 일란성 쌍둥이의 상관계수는 0.48, 이란성 쌍둥이의 상관계수는 0.23이었다.

서 만족감을 찾는 데 도움을 줄 수 있는지, 그리고 행복의 공식 같은 것이 존재하는지 알아볼 것이다.

무엇을 먼저 충족해야 할까?

1943년, 미국 심리학자 에이브러햄 매슬로우Abraham Maslow는 다음과 같은 단순한 질문을 던졌다. "무엇이 사람들을 움직이게 하는가?" 매슬로우는 이 질문에 대한 해답을 찾는 과정에서 인간의 행동을 이끄는 다양한 욕구가 있다는 것을 깨달았다. 또한 모든 욕구의 정도가 같은 것은 아니며, 어떤 욕구는 다른 욕구보다 먼저 충족되어야 한다는 점도 인식했다. 예를 들어, 인생의 목표와 같은 고차원적 욕구를 충족시키기 전에 먼저 음식과 주거와 같은 기본적인 욕구부터 해결해야 한다. 매슬로우는 오늘날 심리학에서 너무나 유명해진 개념인 '욕구 위계 이론Hierarchy of Needs'을 제시했

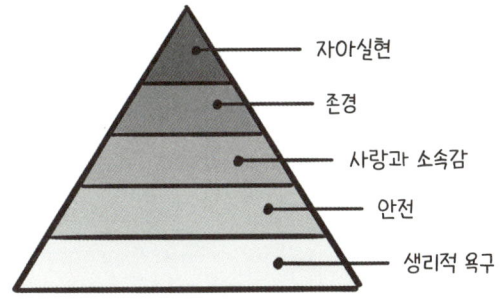

다. 이 이론은 주로 피라미드 형태로 그려진다.

매슬로우 피라미드의 맨 아래에는 음식, 물, 공기, 주거와 같은 필수적 욕구가 자리한다. 일단 이 욕구가 충족되면 다음 단계는 안전 욕구로, 여기에는 안정성, 보호, 정서적으로 안전한 환경에 대한 욕구가 있다. 세 번째 단계는 친구 및 가족과의 긴밀한 관계, 공동체 의식을 원하는 소속의 욕구이다. 네 번째 단계는 자기 존중과 타인으로부터의 인정을 포함하는 존중의 욕구이다. 마지막으로 피라미드의 맨 위에는 자아실현이 있다. 매슬로우는 이를 개인의 잠재력을 최대한 발휘하게 하는 지속적인 동력이라고 설명했다.

이것이 마치 레벨을 하나씩 깨는 게임처럼 느껴지는가? 맞다, 비디오 게임과 크게 다르지 않다. 이 모델에 따르면, 우리는 피라미드를 차근차근 밟아 올라가며 총 행복도에 기여하는 포인트를 쌓아간다. 그리고 피라미드의 꼭대기에는 자아실현이라는 최종 보너스 행복이 있다. 매슬로우는 이를 진정한 목표를 이루거나 자신이

꼭 되어야 한다고 느끼는 것이 된 상태라고 설명했다. 이 욕구를 설명하기 위해 매슬로우는 음악가가 음악을 하지 못할 때 느끼는 불행, 시인이 글을 쓸 수 없을 때 느끼는 불행을 예로 들었다. 이 욕구는 사람마다 다를 수 있다. 이상적인 부모가 되려는 욕구나 운동 능력을 특정 수준까지 올리고 싶은 욕구일 수도 있다. 매슬로우는 모두가 내재된 잠재력을 느끼며, 그 잠재력을 실현할 때까지는 진정한 행복을 느낄 수 없다고 주장했다.

매슬로우의 욕구 위계 이론은 그가 환자들을 대하면서 관찰한

내용에 토대로 했으며, 여러 연구를 통해 타당성이 입증되었다. 설문조사에서 사람들은 종종 생계를 유지하는 것이 가장 큰 스트레스라고 말한다. 그 예로, 캐피털 원 Capital One 은행이 실시한 한 설문조사에서 미국인의 73퍼센트가 재정 문제를 삶에서 가장 큰 스트레스 요인으로 꼽았다. 또 다른 연구에서 과학자들은 다양한 사회·경제적 계층의 사람들이 정서적으로 가장 관심을 갖는 문제가 무엇인지 조사했다. 조사 결과, 사회·경제적으로 상위 계층에 속한 사람들은 더 큰 즐거움을 찾는 것, 만족감, 자부심 등 자기중심적 감정에 더 관심을 두는 경향이 있었다. 저소득층 사람들은 공동체를 찾고 지지를 얻는 것과 같은 기본적인 감정에 더 많은 관심을 보였다.

매슬로우의 피라미드는 대부분의 심리학자나 일반인들도 납득할 만한 그림이다. 이 피라미드는 기본적인 욕구를 충족시키지 않는 한 진정한 행복을 느낄 수 없으며, 우리가 이를 수 있는 행복에 여러 단계가 있음을 보여준다.

돈으로 행복을 살 수 있을까?

매슬로우의 위계 이론처럼 행복에 이르는 방법이 욕구의 충족이라면, 자원이 많은 사람들은 더 유리한 위치에 있는 것일까?

대부분의 경우 기본적인 욕구가 충족되려면 돈이 필요하다. 따라서 돈은 확실히 중요하다. 돈이 있으면 인간관계를 맺거나 예술적 활동을 하는 등 더 높은 목표를 추구할 시간적 여유가 생긴다. 돈은 자유를 주며, 어떤 의미에서는 사회적 지위나 존중도 선사한다. 이는 매슬로우의 피라미드에서 상위에 속한다.

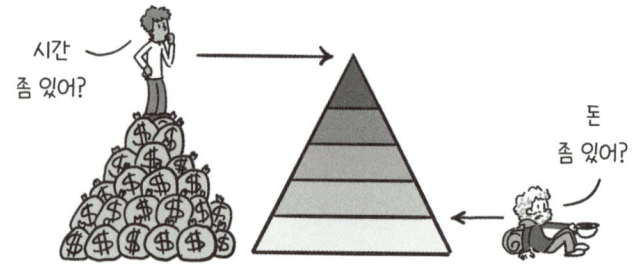

그렇다면 돈으로 행복을 살 수 있다는 뜻일까? 어느 정도는 그렇다. 우리는 스스로를 돈처럼 세속적인 것보다 더 고귀한 포부를 가진 이성적인 존재로 생각하고 싶어 한다. 하지만 매슬로우가 옳다면, 돈은 기본적인 욕구를 충족시키고 자아를 실현하는 삶에 가까워지는 데 필요한 기반이다.

이를 확인하기 위해 과학자들은 소득과 행복 사이의 관계를 연구해왔다. 그들은 특히 두 가지 형태의 행복에 중점을 두어 조사했다. 하나는 일상적인 행복day-to-day happiness이고, 다른 하나는 자성적 행복reflective happiness이다.

일상적인 행복은 삶의 특정 순간에 느끼는 감정 상태를 말한다. 누군가가 일상을 사는 당신을 멈춰 세우고 불쑥 "행복하십니까?" 하고 묻는다면, 그 순간의 상황에 따라 답변은 달라질 것이다. 하지만 그 답변들의 평균을 내면 당신이 전반적으로 얼마나 행복한지 알 수 있다.

반면, 자성적 행복은 누군가가 당신을 앉혀놓고 인생에 대해 전반적으로 생각해보라고 권했을 때의 감정을 말한다. 현재의 위치,

8장. 무엇이 우리를 행복하게 만들까?

지금까지 겪은 일, 미래의 전망을 고려한다면 당신은 자신을 행복하다고 평가할까, 아니면 불행하다고 평가할까?

심리학자 매튜 킬링스워스Matthew Killingsworth는 2021년에 진행한 연구에서 33,000명이 넘는 참가자(모두 소득이 있는 사람들)를 대상으로 이 두 가지 유형의 행복을 조사했다. 일상적인 행복에 대한 데이터를 얻기 위해 참가자들은 휴대폰에 앱을 설치했다. 이 앱은 하루 중 임의의 시간에 알림을 보냈다. 알림이 울릴 때마다 앱은 "지금 기분이 어떠신가요?"라는 질문을 던졌고, 사용자는 '매우 나쁨'에서 '매우 좋음'까지의 슬라이드 척도에서 답변을 선택했다. 앱은 연구 시작 시점에 '전반적으로 자신의 삶에 얼마나 만족하십니까?'와 '세전 연간 가계 총소득은 얼마인가요?'라는 질문도 했다.

연구진은 소득 수준과 자성적 행복 수준에 대한 다양한 응답과 170만 건이 넘는 일상적 행복에 대한 응답을 얻었다. 그들은 고소득자와 저소득자 모두 소득이 증가할수록 일상적 행복과 자성적 행복이 높게 나타나는 것을 발견했다. 다시 말해, 이 연구는 돈으

로 행복을 살 수 있다는 것(적어도 돈과 행복은 서로 깊이 연관되어 있다는 것)을 보여주었다.

하지만 문제가 있었다. 이 연구의 결과는 매우 영향력 있는 이전 연구, 즉 2010년 킬링스워스의 펜실베이니아 대학 동료들이 진행한 연구 결과와 일치하지 않았다. 대니얼 카너먼 Daniel Kahneman과 앵거스 디턴 Angus Deaton이 진행한 이 연구에서는 두 종류의 행복이 모두 소득과 함께 증가했지만, 일상적인 행복은 어느 시점부터 증가하지 않는다는 것이 확인되었다. 일정 소득 수준(이 경우 연간 7만 5천 달러)을 넘어서면, 순간적인 행복감에서 유의미한 향상이 보고되지 않았다. 카너먼과 디턴은 돈으로 행복을 살 수는 있지만

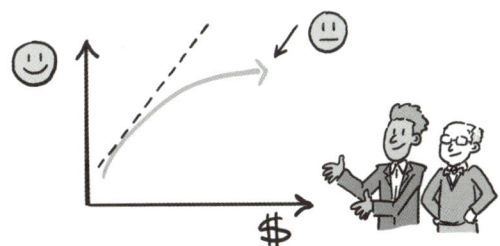

8장. 무엇이 우리를 행복하게 만들까?

거기에는 한계가 있다는 결론을 내렸다. 즉 연간 소득이 7만 5천 달러를 넘어가면 일상적인 행복에 큰 차이가 없는 듯했다(다만 자성적 행복에는 여전히 차이가 있었다). 이 연구는 언론의 엄청난 주목을 받았다. 아마도 대부분의 사람들이 믿고 싶어 하는 것, 즉 인생에 돈보다 더 중요한 것이 있다는 사실을 확인해주었기 때문일 것이다.

그렇다면 어떤 연구가 옳은 것일까? 돈을 많이 벌수록 더 행복해진다는 킬링스워스의 발견이 옳을까, 아니면 카너먼과 디턴이 발견한 것처럼 연간 소득이 7만 5천 달러를 넘으면 돈이 더 이상 행복을 가져다주지 않는 것일까?

두 연구 모두 옳은 것으로 밝혀졌다. 상반된 입장의 연구자들이 협력하는 사례는 극히 드물지만, 킬링스워스는 카너먼, 디턴과 협력해 데이터를 더 깊이 분석했다. 그들은 전반적으로 소득이 증가할수록 두 유형의 행복 모두 무한히 증가한다는 것을 발견했다(더

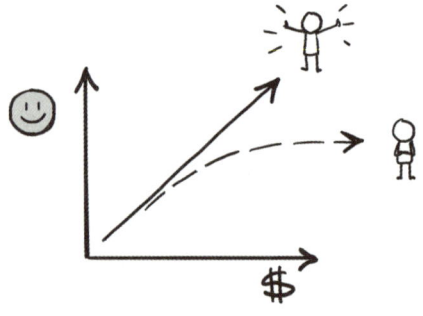

많은 돈은 항상 더 큰 행복을 가져온다). 그러나 **누구나 그런 것은 아니었다.** 어떤 사람들에게는 돈이 더 많아지는 것이 행복에 영향을 주지 않았다.

과학자들은 응답자들을 불행하다고 보고한 사람들, 평균적인 행복 수준을 보고한 사람들, 매우 행복하다고 보고한 사람들, 이렇게 세 그룹으로 나누었다. 불행하다고 보고한 사람들의 경우, 연소득이 10만 달러를 넘어가면 돈이 더 이상 차이를 만들지 못했다. 10만 달러부터 더 많은 돈이 더 행복하게 만들지 못하는 불행한 부유층 그룹이 존재하는 것이다. 그러나 평균적이거나 높은 행복감을 가진 사람들의 경우, 돈이 많아질수록 더 행복해졌다. 실제로 행복한 그룹에서는 돈이 많아질수록 행복감의 증가가 **가속화**되었다.

요컨대, 돈은 행복에 긍정적인 영향을 미친다. 돈이 많아질수록 실제로 더 행복해지는 것이다. 하지만 삶에서 당신을 불행하게 만드는 다른 문제들이 있다면, 아무리 많은 돈도 당신을 행복하게 만들지 못한다. 즉 돈으로 해결할 수 없는 문제들이 여전히 존재한다.

의미와 목적

유전자가 행복을 완전히 결정짓는 것이 아니고, 돈이 모든 문제를 해결할 수 없다면, 어디에서 행복을 찾을 수 있을까? 정신과 의사인 빅터 프랭클Viktor Frankl은 스스로에게 이런 질문을 던지고, 의미와 목적을 찾는 것이 인간의 동기를 유발하는 궁극의 원동력이라는 결론을 내렸다. 프랭클은 홀로코스트 생존자로, 나치 강제수용소에 수감되어 있는 동안 인간은 극히 절망적인 상황에서도 의미를 찾을 수 있다는 사실을 직접 목격했다. 그는 의미를 찾은 수감자들이 수용소에 있는 동안은 물론 그 이후에도 더 잘 견디고 더 잘 회복할 가능성이 높다는 것을 관찰했다.

그렇다면 의미를 찾는다는 것은 무슨 뜻일까?

프랭클이 말하는 이 개념은 여러 가지 측면에서 매슬로우의 자아실현 개념과 비슷하다. 프랭클은 의미를 찾는다는 것을 자신의 가치를 파악하고, 그 가치에 부합하는 방식으로 삶을 이끌어가는 행동을 취하는 것으로 보았다. 매슬로우는 자아실현을 자신이 태어난 목적을 완수하는 것이라고 표현했다.

프랭클에 따르면, 어디에서 의미를 찾느냐는 개인에 따라 다르며, 관계, 일, 창조적 표현 등 여러 측면에서 의미를 찾을 수 있다고 한다. 배우자나 부모로서의 역할에서 의미를 찾는 사람이 있는가 하면, 직업적 성취나 예술에서 의미를 찾는 사람도 있다.

이렇게 프랭클과 매슬로우는 삶에 의미를 부여하는 한 가지 일을 찾는 것을 중시한 반면, 대부분의 현대 심리학자들은 행복을 찾는 것이 무슨 의미인지에 대해 더 넓은 시각을 갖고 있다. 최근에 등장한 '긍정 심리학'이라는 치료법에서는 행복한 삶이 여러 요소의 조합으로 만들어진다고 주장한다.

이 개념을 설명하는 모델이 긍정적 감정 positive emotion, 몰입 engagement, 관계 relationship, 의미 meaning, 성취 accomplishment를 의미하는 PERMA이다. 이 모델에 따르면, 행복은 다음과 같은 것들에서 찾을 수 있다.

- **긍정적 감정**: 취미를 즐기거나 사랑하는 사람들과 시간을 보내는 등 기쁨, 즐거움, 만족감을 주는 활동으로 삶을 채운다.
- **몰입**: 창작 활동이나 스포츠와 같이 완전히 몰두하고 도전하게 만드는 일을 한다. 이는 '플로우flow'라고 하는 상태, 즉 하나의 활동에 온전히 집중하는 상태로 이어질 수 있다. 몰입감을 느낀다고 보고하는 예술가나 운동선수들은 즐거움과 성취감을 경험한다. 몰입은 악기 연주나 정원 가꾸기 같은 다른 활동으로도 경험할 수 있다.

- **관계**: 가족, 친구, 커뮤니티와 신뢰와 공감을 쌓는 긍정적인 관계를 추구한다. 여러 연구에 따르면, 많은 사람들과 피상적인 우정을 나누는 것보다 소수와 깊이 있는 우정을 나누는 것이 더 큰 행복을 가져다준다.
- **의미**: 자신이 하는 일에서 의미를 찾아 목적의식을 개발한다. 자신의 가치관과 일치하는 일을 찾아야 한다. 여의치 않다면 자원봉사 활동을 시도해본다. 매주 최소 2시간의 자원봉사 활동

을 하는 사람들이 더 건강하고 행복하며 오래 산다는 것이 여러 연구를 통해 밝혀졌다.

- **성취**: 인생에서 목표를 갖는 것은 좋은 일이다. 설문조사를 통해 개인적·직업적 목표를 설정하는 사람들이 삶에 대한 만족감이 더 큰 것으로 밝혀졌다.

위의 목록에서 두 가지를 눈치챌 수 있다. 첫째, 이들은 모두 능동적으로 실천하면서 키워나가야 하는 습관들이다. 둘째, 이들은 모두 생각과 행동의 초점을 외부와 연결하는 상황에 있어야 한다. 즉, 행복을 찾는 열쇠 중 하나는 자신의 머릿속에서 벗어날 이유를 찾는 것인 듯하다.

어떤 심리학자들은 이것이 불행한 부자들에게 많은 돈이 도움이 되지 않는 이유라고 생각한다. 돈이 많아지면 단점도 있다. 돈은 자신에게 더 집중하게 만들며, 이는 사회적 고립으로 이어질 수 있다. 반면, 가난은 공동체와 친구들 속에서 도움을 구하고 지원 체

계를 구축하게 만들며, 이는 더 만족스러운 관계와 소속감으로 이어질 수 있다.

역경 속에서도 행복하기

위에서 언급한 모든 것이 행복을 찾는 데 도움을 준다. 그렇다면 어떻게 해야 행복을 유지할 수 있을까? 삶은 기쁨만 주지 않는다. 절망을 주는 역경이 따르기도 한다. 사랑하는 사람의 죽음, 관계의 단절, 실직, 병, 사고, 실망, 일상적인 좌절과 스트레스를 경험하게 되며, 이들은 행복을 소진시키고 불안과 우울감을 안겨줄 수 있다. 그럴 때 우리는 무엇을 할 수 있을까?

1880년 앨라배마 터스컴비아에서 태어난 여자아이는 미국 역사상 가장 유명한 인물 중 하나가 되었다. 헬렌 켈러 Helen Keller는 건강한 아기였지만, 19개월에 병에 걸리면서 시력과 청력을 잃었다

(수막염이나 성홍열로 추정된다). 그녀는 볼 수 없고 들을 수 없는 것에 좌절감을 느끼며 성장했고 가족 구성원과 소통하는 데에도 어려움을 겪었다. 그녀의 부모, 아서 켈러Arthur Keller 대령과 케이트 켈러Kate Keller는 딸이 가능한 한 정상적인 삶을 영위하도록 돕기로 마음먹고, 청각 장애인의 교육에 관심이 많았던 알렉산더 그레이엄 벨Alexander Graham Bell에게 도움을 청했다. 벨은 헬렌의 교사로 앤 설리반Anne Sullivan을 추천했고, 이 결정은 헬렌의 인생을 바꾸는 전환점이 되었다.

켈러는 설리반을 통해 말을 배우고 점자를 읽을 수 있게 되었다. 이는 어둠과 침묵에서 벗어나 세상과의 연결 고리를 찾는 첫걸음이었다. 켈러는 지적 능력이 뛰어났다. 교육적인 면에서 이룬 성취와 여성 참정권, 노동자 권리, 인종 평등을 옹호하는 활동으로 그녀는 유명 인사가 되었고, 마크 트웨인Mark Twain과 존 F. 케네디John F. Kennedy와 같은 인물들과 교류

했다. 그녀는 직접 보거나 들을 수 없는 상태로 세상을 헤쳐 나가면서도, 자신의 놀라운 이야기로 많은 이들에게 감동을 주었다. 헬렌 켈러는 누가 봐도 비극적일 만한 상황에 있었다. 어려움에 굴복했어도 이상하지 않은 정도의 상황이었다. 하지만 켈러는 긍정적인 태도를 유지하며 "행복한 삶은 고난이 없는 데 있는 것이 아니라 고난을 극복하는 데 있다"고 말했다. 그녀는 삶이 준 도전들을 받아들였고, 그 도전을 마주하는 데에서 기쁨을 찾았다.

헬렌 켈러는 보통 사람들은 경험하지 못할 고난을 겪었다. 그럼에도 불구하고 그녀는 삶에서 행복과 목적의식을 찾았다. 이것이 누구나 배울 수 있는 일일까?

켈러가 태어나기 1,800년 전, 지구 반대편에서는 로마 황제 마르쿠스 아우렐리우스가 나름의 고난과 도전을 겪고 있었다. 그는 질병과 전쟁이 만연하는 어려운 시기에 나라를 통치해야 했다. 그의 제국은 전염병을 겪었고, 로마-파르티아 전쟁과 게르만족 전쟁을 치렀다. 그가 『명상록』이라는 일종의 자기 계발 일기를 남긴 덕

분에 우리는 그에 대해 많은 것을 알고 있다. 그의 기록에는 고대 그리스 철학인 스토아주의의 원칙이 자주 언급되며, 그는 이를 통해 자신의 지위에 따르는 스트레스에 맞서 자신을 단련했다. 오늘날 스토아주의는 인지 행동 치료cognitive behavioral therapy, 합리적 정서 행동 치료rational emotive behavior therapy, 빅터 프랭클의 로고테라피logotherapy 등 현대 심리 치료법의 기반이자 영감이 되고 있다.

스토아주의는 기원전 3세기 초 아테네 카티움 출신의 제노Zeno에 의해 창시되었다. 이 철학은 삶에 대한 우리의 관점이 일어나는 사건에 어떻게 반응하느냐에 달려 있다는 생각을 토대로 한다. 스토아주의는 세상을 바라보는 관점을 형성하는 데 있어 다음과 같은 일련의 습관을 제시한다.

1. 감정을 배제하고 세상을 객관적으로 바라본다.
2. 어려운 상황, 타인의 행동, 심지어 죽음조차도 우리가 허용하는 정도 내에서만 우리를 괴롭힐 수 있다.
3. 타인을 우선하고, 더 큰 공공의 이익을 위해 노력하며, 그 과정에서 모든 사람을 공정하게 대한다.

스토아주의에 따르면, 어떤 사건을 경험할 때 우리는 스스로에게 그 사건에 대한 이야기를 들려준다. 그 이야기는 우리의 선입견과 기대를 기반으로 하며, 세상을 어떻게든 통제하고 싶다는 욕구에서 비롯된다.

하지만 그 이야기는 진실이 아닐 수도 있다. 우리에게 일어나는 일을 해석하는 수많은 방법 중 하나일 뿐일지도 모른다. 어느 쪽이든, 우리가 사용하는 이야기는 현실에 대한 인식이 되어 감정에 영향을 미칠 수 있다. 그 인식이 예상하지 못했거나 싫어하는 것이라면 강한 부정적 반응을 일으킬 수 있으며, 그로 인해 우리는 불행해진다.

예를 들어, 100달러를 잃었다고 가정해 보자. 스토아주의를 따르지 않는 사람은 이 손실을 큰 고통으로 받아들이고 다음과 같이 반응할 수 있다. "끔찍한 일이야! 그렇게 돈을 잃어버려서는 안 됐어! 내게 정말 필요한 돈이었는데! 난 정말 바보야!" 하지만 스토아주의를 따르는 사람이라면 이렇게 말할 수 있다. "돈을 잃어버렸군! 안타까운 일이지만, 그저 돈일뿐이야. 사람들은 물건을 잃어버리곤 해. 그게 내가 바보라는 의미는 아니야. 찾아보려고 노력은 하겠지만 못 찾으면 다시 벌면 되지. 누군가 주웠다면 도움이 되는 일에 쓸 수도 있고 어쩌면 돌려줄 수도 있을 거야."

같은 사건이 전혀 다른 두 가지 반응으로 이어진다. 하나는 재앙으로 여기고 자책하는 반응이고, 다른 하나는 이성적으로 생각하고 사건을 더 넓은 맥락 속에서 이해하려고 노력하는 반응이다. 스토아주의자는 스토아주의의 습관을 활용해 손실을 이성적으로 평가하고, 감정에 영향을 미치지 않도록 하며, 나의 손실로 인해 이익을 얻는 사람에게 자비로운 태도를 보인다.

관점을 바꾸는 이런 능력은 자신을 불행하게 만드는 일을 극복하는 데 도움이 될 수 있다.

이 기본 원리는 감정 장애 치료에 도움이 되는 치료법을 개발하는 데 활용되어 왔다. 예를 들어, 프랭클의 로고테라피는 스토아주의 접근법과 마찬가지로, 삶에서 일어나는 고난에 대응하는 방식을 바꾸는 것을 강조한다. 프랭클은 궁극적으로 우리에게는 힘든 사건과 상황의 의미를 선택할 자유가 있으며, 이를 통해 고난을 극복할 수 있다고 주장한다.

1960년대 초에 개발된 합리적 정서 행동 치료rational emotive behavior therapy, REBT 역시 스토아주의에 큰 영향을 받은 것으로 알려져 있다. 이 치료법은 특히 논리적으로 사고하고 사건과 그에 대한 감정적 반응을 분리하는 스토아 철학의 영향을 받았다. 즉, 나쁜 일이 일어났다고 해서 꼭 특정한 방식으로 반응해야 하는 것은 아니다. 이 치료의 목적은 환자가 그런 감정을 느끼게 한 전제를 인식하고 이에 이의를 제기하며, 자신의 반응 방식을 받아들이고 책

임지도록 돕는 것이다.

인지 행동 치료cognitive behavioral therapy, CBT는 오늘날 널리 쓰이는 치료법 중 하나로, 일정 부분 스토아주의를 바탕으로 한다. 인지 행동 치료의 핵심 개념은 우리를 불행하게 만드는 것은 사건 자체가 아니라 우리가 사건에 부여하는 의미라는 것이다. 인지 행동 치료는 환자가 자신을 더 잘 인식하고, 사건이 자신에게 어떤 영향을 미칠지 선택할 수 있다는 사실을 깨닫게 하는 것을 목표로 한다.

이러한 치료법에서 중요한 요소는 감사의 마음이다. 관점을 바꾸고 사건과 감정을 분리하는 과정의 일부는 본질적으로 자신에게 주어진 '축복을 깨닫는 것', 즉 긍정적인 면을 바라보는 것이다.

감사는 행복감을 증진할 수 있다. 한 실험에서 과학자들은 fMRI 기계로 뇌를 스캔하는 동안 피험자들에게 감사함을 느끼도록 했다. 이를 위해 과학자들은 피험자들에게 홀로코스트 생존자들이 도움을 받았던 순간들을 묘사한 글을 읽게 했다. 큰 의미가 있는 도움이지만 노력이 크게 필요하지 않은 경우도 있었다. 유대인들

이 먹을 수 있도록 팔리지 않은 빵을 골목길에 남겨두었던 동네 빵집 주인의 이야기처럼 말이다. 병든 수감자를 위해 목숨을 걸고 음식을 훔친 동료 수감자의 이야기처럼 도움을 주는 데 큰 위험이 따르는 경우도 있었다. 이후 과학자들은 피험자들에게 도움을 받은 사람이 된 것처럼 상상해보고, 같은 상황에 처했다면 어떤 기분을 느낄지 생각해보라고 요청했다.

이 연구를 통해 감사의 감정이 정서적 균형을 유지하는 데 중요한 뇌 영역인 전대상피질과 내측 전전두 피질의 활동을 증가시키는 효과가 있다는 것이 밝혀졌다.

이러한 연구 결과에 따라 심리학자들은 매일 감사한 일이나 감사할 만한 사건을 기록하는 것처럼 감사를 일상적인 습관으로 만들 것을 권한다.

선택의 저주

관점을 바꾸어 보려고 아무리 노력해도 여전히 불행한 감정에서 헤어날 수 없는 때가 있다. 이런 경우 과학은 당신의 삶이 어떻게 구성되어 있는지, 특히 선택이 삶에 어떤 영향을 미치는지 살펴보라고 조언한다.

온라인 쇼핑을 해본 사람이라면 너무 많은 선택지가 제시되는 바람에 '결정 마비'를 경험해본 적이 있을 것이다. 어떤 물건을 사려고 할 때면 약간씩 다른 수십 가지의 옵션을 마주하게 된다. 선택지가 많으면 좋을 것 같지만, 실제로는 행복감을 느끼는 데 불리하다.

연구에 따르면, 지나치게 많은 선택지는 좌절감, 스트레스, 심지어 후회(잘못된 선택을 했다는 느낌)를 유발할 수 있다. 이제는 고전이 된 2000년에 실시된 한 연구에서 과학자들은 캘리포니아의 고급 슈퍼마켓에 시식 부스를 설치했다. 어떤 때에는 6종의 고급 잼을, 어떤 때에는 24종을 전시했다. 실험 결과, 24종이 전시된 경우 부스에 멈추는 사람들이 더 많았다. 이는 사람들이 선택지가 많은 데 끌렸다는 것을 의미한다. 하지만 실제로 잼을 구매하는 비율은 **낮았다**. 단 3퍼센트의 사람들만이 잼을 구매했다. 반면, 6가지 선택지가 있을 때 잼을 구매한 사람의 비율은 30퍼센트였다. 즉 많은 선택지가 사람들에게 매력적일 수는 있지만, 실제로 결정을 내리는 데에는 도움이 되지 않았다.

이후 과학자들은 초콜릿을 사용해 비슷한 실험을 시도했다. 참가자들에게 6가지 또는 30가지 맛의 고디바Godiva 초콜릿이 담긴 접시를 보여주고, 그중 하나를 선택하게 했다. 선택을 마친 후, 참가자들은 즐거움, 어려움, 짜증 측면에서 경험을 평가하는 설문지를 작성했다. 그다음 참가자들은 자신이 고른 초콜릿을 먹을 수 있었고, 초콜릿을 맛있게 먹었는지를 묻는 또 다른 설문지를 작성했다.

전반적으로 사람들은 선택지가 많은 것을 선호했다(즉 30가지 선택지가 있는 접시를 선호했다). 그러나 선택지가 많을 때 선택하는 과정이 더 어렵고 짜증스럽다고 느꼈다.

30가지 선택지가 주어졌던 참가자들은 선택한 초콜릿을 맛있게 먹었는지 묻는 질문에 대해 부정적인 답변을 할 가능성이 더 높았다. 반면 선택지가 6가지였던 참가자들은 초콜릿을 더 맛있게 먹었고, 자신이 옳은 선택을 했다고 느끼는 듯했다. 즉 선택지가 많으면 좋을 것 같지만, 실제로는 짜증이 늘어나고 고른 것에 대한 만족도도 떨어진다.

놓친 것에 대한 공포

선택지가 너무 많으면 다른 사람과 자신을 더 많이 비교하게 되고, 자신의 선택을 의심할 가능성이 높아진다. 이렇게 자신이 잘못된 선택을 했다고 생각하는 데에서 그치지 않고, 다른 사람이 더 나은 선택을 했다고 생각하는 현상을 '사회적 비교social comparison'라고 한다.

소셜 미디어는 이 현상을 더욱 악화시켰다. 대부분의 사람들이 즐거운 순간이나 멋진 순간만을 공유하기 때문에, 사람들은 타인이 전부 자신보다 나은 삶을 살고 있다는 인상을 받게 된다.

안타까운 사실이지만, 과학은 질투가 단순히 기분에 그치지 않고 실제 행복에 영향을 미칠 수 있음을 알려준다.

한 연구에서 과학자들은 이웃의 소득이 얼마라고 생각하는지에 따라 행복감이 어떻게 변하는지를 조사했다. 과학자들은 이를 위해 1950년대부터 미국에서 진행된 여러 설문조사 데이터를 사용했다. 이들 조사에서 사람들은 다음과 같은 질문을 받았다.

- 얼마나 행복하십니까?
- 소득은 얼마입니까?
- 다른 사람들과 비교했을 때 당신의 소득은 어느 정도라고 생각하십니까?

연구 결과, 소득이 높을수록 사람들의 행복감이 증가했지만, 자신의 소득이 다른 사람들의 소득보다 낮다고 생각하면 행복감은 오히려 감소했다. 다시 말해, 돈을 더 많이 벌면 행복해지지만, 다른 사람들이 자신보다 더 많은 돈을 벌고 있다는 사실을 알게 되면 불행해진다.

같은 일을 하면서도 동료보다 적은 돈을 받는다는 사실을 알게 된 적이 있는 사람이라면, 이 느낌이 낯설지 않을 것이다. 과학자들은 이 현상이 전체 소득이 수십 년간 증가세인 미국과 같은 선진국에서 개인의 행복이 여전히 제자리걸음인 이유를 설명해준다고 생각한다. 미국의 경우, 소득은 점점 높아지고 있지만 국가 내 소

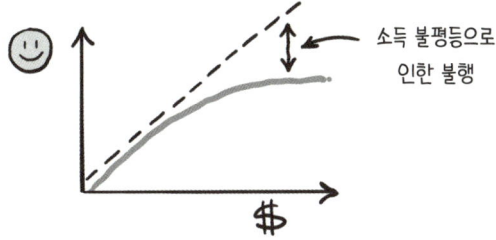

득 불평등의 심화로 사람들이 느끼는 행복감은 감소하고 있다.

선택지 줄이기

물론 삶에서 선택의 기회를 포기하는 것을 반길 사람은 없다. 하지만 때로는 선택권이 **전혀** 없는 것이 우리를 더 행복하게 만들 수도 있다.

의료적 결정은 사람들이 경험할 수 있는 가장 스트레스가 큰 선택 중 하나이다. 어린아이나 혼수상태에 빠진 사람처럼 사랑하는 사람이 스스로 결정할 수 없을 때라면 특히 더 그렇다. 이런 결정은 환자의 건강에 큰 영향을 미칠 수 있는 복잡한 문제이다.

한 연구에서 과학자들은 부모들이 아기의 생명 유지 장치를 끌 것인지 결정해야 할 때 어떤 감정을 느꼈는지 조사했다. 사람들은 일반적으로 건강에 대한 결정에서 더 많은 통제권을 원한다고 말한다. 하지만 이 연구에서 부모들은 의사들이 결정하는 것보다 스스로 결정해야만 했을 때 더 힘들어했다. 왜일까? 3개월 후 진행된 후속 인터뷰에서 많은 부모들이 결과가 불가피했음에도 불구하고 자신들을 탓했다.

이는 더 많은 선택지가 우리를 행복하게 만든다는 생각에 반할 뿐 아니라 현재 의료계의 관행과도 배치된다. 오늘날 의료 체계는 환자에게 의료적 결정에 대한 통제권을 더 많이 부여하는 것이 중요하다고 강조한다. 하지만 이러한 선택에 책임지는 것은 사람들을 오히려 더 불행하게 만들 수 있다. 특정 유형의 부담을 떠안는 것은 결과에 대처하는 방식에 영향을 미치며, 결과가 나쁠 때는 자책하는 상황으로 이어질 수 있다.

사람들은 선택권이 있는 것을 선호하지만, 어려운 선택을 하며 살아가는 것은 힘든 일이기도 하다. 어떤 경우에는 복잡한 결정을 다른 사람에게 맡기는 법을 배우는 것이 불행을 줄여줄 수 있다.

선택지가 지나치게 많은 데에서 오는 일상의 불행을 줄일 수 있는 방법은 없을까? 이와 관련해 불교 승려들에게서 배울 점이 있다. 승려들은 보통의 사람들보다 적은 소유물로 단순하고 미니멀한 삶을 산다. 불가는 내적 평화와 행복에 이르기 위해 물질적 소유와 욕망에 대한 집착을 줄이는 것이 중요하다고 가르친다.

승려들은 선택을 줄임으로써 복잡한 결정에 따르는 스트레스와 불안감을 피한다. 그 결과, 불확실성과 걱정이 줄어들면서 명확함과 평온함을 느끼게 된다. 그들의 미니멀한 생활 방식은 불행의 원인이 될 수 있는 사회적 비교도 줄여준다.

그렇다고 모두가 불교 승려가 될 수는 없는 일이다. 그렇다면 인생에 적절한 선택지의 수라는 것이 존재할까? 연구는 '그렇다'고 답한다. 최근 한 연구에서 fMRI 기계로 피험자의 뇌를 스캔하면서 실험을 진행했다. 피험자들은 자신이 받을 선물에 인쇄할 풍경 사진(6장 세트, 12장 세트, 24장 세트)을 살펴보라는 요청을 받았다. 이후 참가자들은 그중 하나를 선택해야 했다. 참가자들이 단순히 이미지를 살펴볼 때는 선택지가 몇 개이든 뇌 활동이 동일했다. 하지만 선택을 해야 할 때는 뇌 활동이 달라졌다.

12장 중에서 선택해야 할 때는 가치와 관련된 뇌 영역(이 경우 선조체와 전대상피질)이 강하게 활성화되었다. 하지만 6장과 24장 중에서 선택해야 할 때는 이러한 뇌 활동이 줄어들었다. 이는 피험자들이 구두로 보고한 내용과 일치했다. 12장이 골디락스Goldilocks, 즉 '딱 적당한' 선택지의 수인 것 같아 보였다.

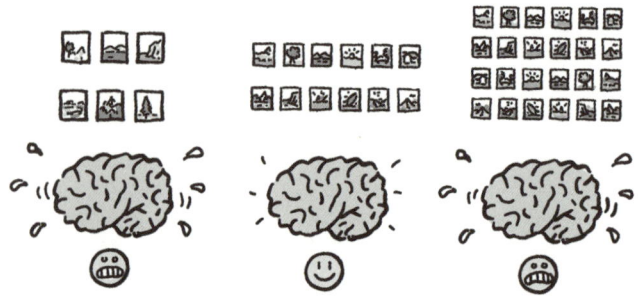

이제부터는 다양한 선택지를 마주하게 될 때, 때로는 적은 것이 더 낫다는 것을 기억하라. 삶을 설계할 때 불교 승려들의 삶만큼 선택지를 줄일 필요는 없지만, 선택지가 너무 많아 짜증, 망설임, 자책으로 이어지지 않도록 하라. 선택지가 지나치게 많은 상황을 피할 수 없다면 다른 사람의 의견을 구하라. 그러면 최소한 자신이 한 선택에 더 만족할 수 있을 것이다.

우울증

마지막으로, 행복에 관해 이야기할 때 이와 반대되는 것처럼 보이는 우울증을 빠뜨릴 수 없다.

우울증 입문

정신과 의사들에 따르면, 주요우울장애는 기쁜 감정의 상실, 에너지 부족, 수면 및 식습관의 변화, 슬픈 감정이라는 특징을 지닌다.

심각한 경우 자해나 자살에 대한 생각도 동반된다.

우울증은 전 세계 성인 인구의 약 5퍼센트가 겪는 것으로 추산되며, 생산 가능 인구의 주요 장애 요인 중 하나이다.

행복과 만족감이 지속적인 뇌 상태인 것처럼, 주요우울장애도 마찬가지이다. 우울증은 행복과 정반대의 특성을 지닌다.

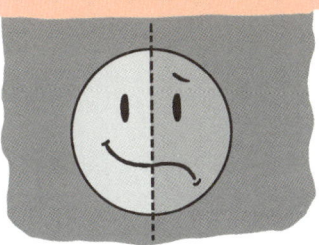

주요우울장애의 정확한 원인은 밝혀지지 않았지만, 주요 이론들은 뇌 화학 물질의 불균형, 유전적 요인, 외상적 스트레스 반응을 원인으로 꼽는다.

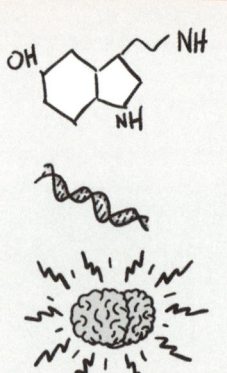

세로토닌과 노르아드레날린은 우울증과 관련이 있을 수 있는 두 가지 뇌 화학물질이다.

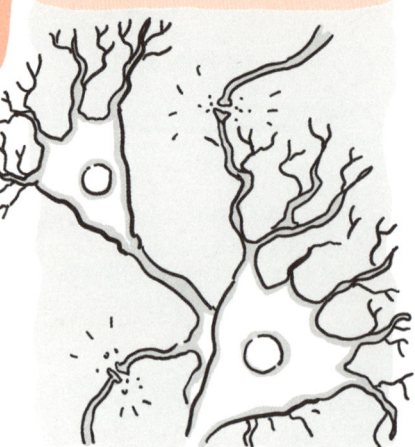

세로토닌은 기분과 수면 조절에 사용되며, 노르아드레날린은 신체의 '투쟁-도피' 반응에 사용된다.

이들 화학물질의 생성이나 뉴런으로의 재흡수 과정에 불균형이 생기면 뇌의 일부 영역들이 정상적으로 기능하지 않을 수 있다.

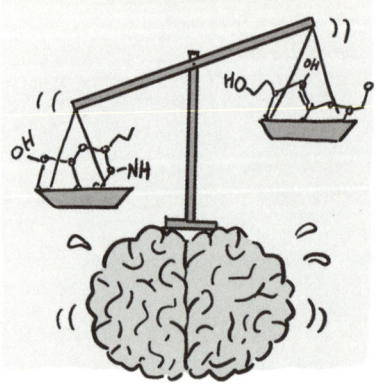

우울증이 생길 수 있는 또 다른 원인은 스트레스에 대한 반응 방식이다.

스트레스를 받을 때 신체는 스트레스의 영향으로부터 몸을 보호하기 위해 코르티솔이라는 호르몬을 분비한다.

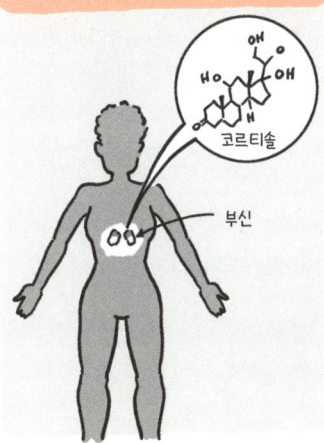

하지만 외상(스트레스가 극에 달하거나 지속되는 상황)을 경험한 사람들은 코르티솔 반응이 과도하게 활성화될 수 있다.

우울증의 경우, 코르티솔이 높게 유지되며 이에 따라 기분을 조절하는 뇌 영역의 구조와 기능에 변화가 생길 수 있다.

현재 대부분의 항우울제는 낮은 세로토닌 수치를 조절하는 것을 목표로 하지만, 대부분 효과가 나타나기까지 몇 주가 걸리며, 전혀 효과가 없는 사람도 있다.

사실 과학자들은 특정 약물이 효과가 있다는 것만 알 뿐, 왜 효과가 있는지는 정확히 알지 못한다.

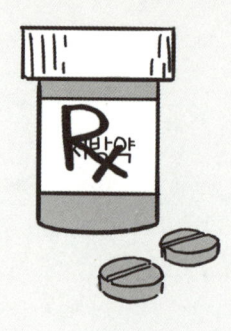

한 가지 가설은, 항우울제가 뇌에서 새로운 뉴런이 생성되게 돕는다는 것이다.

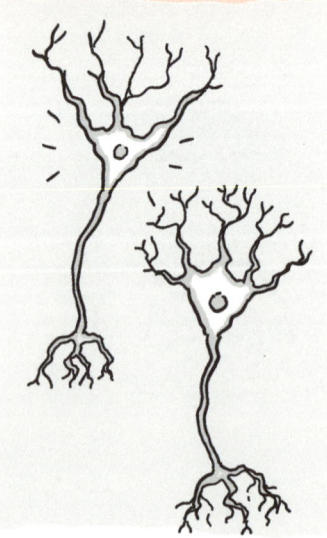

항우울제는 손상된 뇌 회로를 온전하게 만들기 위해 뇌가 스스로 배선을 다시 하도록 돕는 역할을 할 수도 있다.

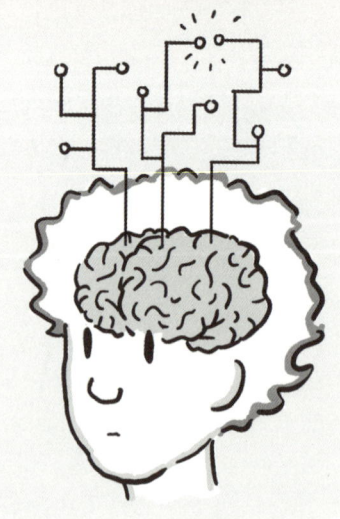

도취감이나 행복감을 유발하는 기분 전환용 약물은 있지만, 지속적인 행복을 주는 마법의 약은 아직 없다.

좋은 소식은 약물과 정신과 치료를 병행할 경우 약물 치료만 하는 것보다 훨씬 효과적일 수 있다는 것이다.

무엇보다 도움을 구하는 것을 두려워하지 않는 것이 중요하다. 다른 질환에는 그렇지 않으면서 유독 정신질환에만 낙인을 찍는 경향이 여전히 존재한다. 그러나 정신질환은 독감에 걸리는 것처럼 누구의 잘못도 아니다.

따라서 희망은 있다. 기존 치료법과 약물이 도움이 될 수 있으며, 특히 행복을 찾는 다른 전략과 병행할 때 더욱 효과적이다.

행복의 공식이 존재할까?

요약하자면, 정말 많은 요소가 행복에 영향을 미친다. 행복에 이르는 단 하나의 해법이나 특별한 비결은 존재하지 않지만, 과학은 우리가 행복이나 만족 상태에 도달할 가능성을 높여주는 많은 방법을 알려준다.

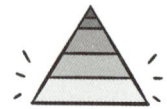

- **기본적인 욕구를 충족시키는 것이 중요하다.** 자신이 인간이며 행복해지려면 먼저 충족되어야 할 기본적인 욕구가 있다는 것을 인정한다.

- **돈은 중요하다.** 돈이 행복을 증진하는 데 도움이 된다는 것을 이해하라. 하지만 돈은 수단일 뿐 목적이 아니라는 것을 깨달아야 한다. 돈으로 해결할 수 없는 문제도 있으며, 돈이 있다고 해서 행복이 보장되지는 않는다.

- **의미와 목적을 찾는다.** 한 걸음 물러서서 자신에게 중요한 것이 무엇인지, 사회에 기여할 방법은 없는지 생각해보라. 자신의 가치

관과 부합하는 삶을 살 때 행복을 찾을 가능성이 높아진다.

- **긍정적인 인간관계를 형성한다.** 인간관계는 삶에 의미를 부여하고 지원을 제공하는 중요한 원천이다. 연구를 통해 깊이 있는 인간관계를 맺는 사람들이 더 행복하고 오래 산다는 사실이 밝혀졌다.

- **자신의 관점에 스스로 책임진다.** 헬렌 켈러와 스토아주의자처럼, 자신에게 일어나는 일들을 어떻게 바라볼지 선택할 수 있다는 사실을 기억하라. 상황에 감정적으로 대처하기보다 비판적으로 사고하고, 최대한 감사와 베풂을 실천하도록 노력하라.

- **너무 깊이 생각하지 않는다.** 선택지가 지나치게 많으면 불행해질 수 있다. 삶을 단순화하고 우유부단함의 늪에 빠지지 않도록 노력하라. 다른 사람을 믿고, 결정을 내린 후에는 자신을 의심하지 말라.

- **사회적 비교를 피한다.** 다른 사람과 자신을 비교하는 함정에 빠지지 말라. 지금 가진 것과 앞으로 성장할 수 있는 부분에 주의를 집중하는 것이 더 유익함을 깨달아야 한다.

- **우울증을 겪고 있다면 도움을 청한다.** 정신 건강에 있어서는 우리가 통제할 수 없는 부분이 많다. 필요하다면 의학적 도움이나 상담을 받는 것을 두려워하지 말라.

또한 과학적으로 행복한 삶에 도움이 된다고 알려진 신체적 습관도 있다.

- **스트레스를 줄인다.** 스트레스는 신체와 뇌에 실제로 영향을 미친다. 스스로에게 스트레스를 가하고 있다면, 그 스트레스가 당신 삶에 미치는 부정적인 영향을 감수할 만한 가치가 있는지 자문해보라.

- **운동을 한다.** 여러 연구에 따르면, 규칙적인 운동은 기분을 좋게 하는 엔도르핀 호르몬

의 분비를 촉진한다. 심지어 새로운 뇌세포의 성장에도 도움이 될 수 있다.

- **잠을 잔다.** 수면은 정신 건강에 매우 중요하다. 연구 결과, 수면 부족은 우울증을 비롯한 기분 장애와 관련이 있는 것으로 밝혀졌다.

- **명상을 한다.** 연구에 따르면, 명상은 스트레스를 줄여주고 행복감을 높여준다. 명상은 긍정적인 기분을 조절하는 뇌 부위를 더 크게 만든다는 보고도 있다.

물론, 여기서 설명한 실천 방법이나 조건은 당신이 처한 상황이나 누리고 있는 특권에 따라 달라질 것이다. 하지만 통제할 수 있는 범위 내에서 이 항목들을 살펴보고, 당신 삶에서 불행의 원인이 되는 부분이 있는지, 개선할 수 있는 부분이 있는지 점검해볼 가치가 있다.

흥미롭게도, 행복에 대한 걱정이 당신을 행복하지 **못하게** 만들 수도 있다. 덴마크와 핀란드와 같이 전반적인 행복 지수가 높은 선진국의 경우 행복해야 한다는 사회적 압력 때문에 불행하다고 느낀다는 연구 결과가 있다. 돈에 대한 사회적 비교나 잘못된 선택과 마찬가지로, 사회적 기준에 맞는 행복에 도달하지 못한다고 느낄 때 스스로 불행하다고 느낄 수 있다.

따라서 행복의 공식이 **존재**한다면, 그것은 아마 자신에게 관대해지는 게 아닐까? 부담을 갖지 말라!

9장

우리에게는
자유 의지가 있을까?

모든 것이 예정되어 있고
우리는 절대 그것을 바꿀 수 없다고
주장하는 사람들조차 길을 건너기 전에
좌우를 살핀다.

_스티븐 호킹Stephen Hawking

1964년의 어느 오후, 스페인 코르도바의 햇살 아래, 호세 델가도José Delgado라는 과학자가 손에 작은 원격 조정기를 들고 투우장에 서 있었다.

모여든 군중은 침묵 속에서 황소가 경기장으로 풀려나는 모습을

지켜보고 있었다. 투우소로 훈련받은 황소가 특유의 맹렬한 기세로 과학자에게 돌진하자 모두 숨을 죽였다. 자신에게 돌진하는 소를 본 델가도는 원격 조종 장치의 버튼을 눌러 소의 머리에 부착된 수신기로 무선 신호를 보냈다.

수신기는 소의 뇌로 전기 자극을 보내는 가는 전선과 연결되어 있었다. 이 전선은 두개골을 관통해 뇌의 중앙 깊숙이 삽입되어 꼬리핵caudate nucleus과 시상, 두 영역을 자극했다. 델가도가 버튼을 누르자 소는 갑자기 멈춰 섰고, 놀란 관중들로부터 박수가 터져 나왔다. 델가도는 투우장을 나와 방벽 뒤로 물러섰다. 그가 버튼에서 손을 떼자, 소는 다시 돌진해 방벽을 들이받았다.

이 '황소 실험'은 대중의 관심을 끌었고, 전 세계 신문에 보도되었다. 이 화려한 시연은 당대의 과학자들에게 영감을 주었으며, 결국 뇌 심부 자극이라는 개념은 뇌전증과 파킨슨병 같은 질환의 치료법으로 이어졌다.

델가도의 실험은 또 다른 역할도 했다. 신경과학계에서 자유 의지의 본질에 대한 논의를 시작하게 한 것이다.

우리는 매일 수십, 수백 개의 결정을 내리며 살아간다. 간식으로 사과를 먹을지 바나나를 먹을지와 같은 작은 결정도 있고, 지금 직장에 계속 다닐지 새로운 일자리를 찾을지와 같은 중요한 결정도 있다.

대부분의 경우, 우리는 결정을 내리고 스스로의 삶을 통제하고 있다는 안도감을 느끼며 살아간다. 그 이유는 원했다면 다른 선택을 할 수 있었다고, 즉 사과 대신 바나나를 선택하거나 지금의 직장에 머무르지 않고 그만둘 수 있었다고 믿기 때문이다. 이런 생각, 즉 다른 선택을 할 수 있는 여지가 있다는 생각이 철학자와 과학자들이 말하는 '자유 의지'이다.

자유 의지는 아무도 나의 행동을 통제하지 않으며, 나의 결정이 미리 정해

져 있거나 알려져 있지 않다는 감각이다. 하지만 정말로 그럴까? 우리는 실제로 선택의 자유를 가지고 있을까? 아니면 델가도의 황소처럼 우리의 통제 범위를 벗어난 더 큰 힘에 따라 움직이는 것일까? 이 장에서는 자유 의지와 뇌에 관련된 세 가지 질문을 던질 것이다.

- 우리가 정말로 우리의 행동을 통제하고 있을까?
- 누군가가 우리의 자유 의지를 빼앗을 수 있을까?
- 우리의 뇌는 예측 가능한가?

앞으로 살펴보겠지만, 자유 의지는 철학, 양자 물리학, 그리고… 좀비에 이르기까지 이상하고 당혹스러운 교차점에 있다. 물론, 이 장의 나머지 부분을 읽을지 말지는 전적으로 당신에게 달려 있다. 정말 그럴까?

우리는 자신의 행동을 통제하고 있을까?

자연계에는 학습한 적이 없는 행동을 하는 생물들의 사례가 많다. 특이할 정도로 복잡한 행동들을 말이다.

거미줄 짜기가 그 대표적인 예다. 오브위버 orb-weaver라는 종의 거미는 지상에서 가장 아름답다고 할 만한 거미줄을 만든다. 그러나 암컷 오브위버는 짝짓기를 하고 알을 낳은 후 죽는다. 즉 새끼 오브위버는 다른 거미로부터 거미줄을 짜는 방법을 배우지 못한 채 혼자 생존해야 한다는 뜻이다. 그럼에도 불구하고 성체가 된 오브위버는 어미와 정확히 같은 방식으로 거미줄을 짠다. 다양한 환경, 장소에 따라 조정을 가하기도 하지만, 거미들은 항상 같은 순서대로 행동한다. 먼저, 프로토-웹proto-web이라는 하나로 이어진 줄을 늘어뜨리고, 바람을 따라 움직이며 주변을 탐색한다.

이후 프로토-웹의 중심을 찾고, 사방팔방으로 거미줄을 만들어 나가기 시작하며, 기존의 프로토-웹은 먹어 없앤다.

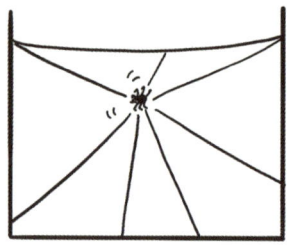

마지막으로 거미줄을 따라 원을 그리며 이동해 우리가 익히 아는 원형 거미줄을 만든다.

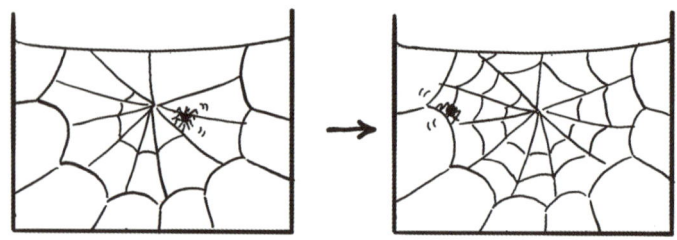

흥미로운 점은 아무도 알려주지 않았는데도 모든 거미가 이 과정을 알고 있다는 것이다. 이는 거미줄을 만들려는 충동과 무엇을, 어떻게 해야 할지에 대한 모든 세부 사항이 거미의 작은 뇌에 입력되어 있다는 뜻이다.

새 역시 본능적인 행동을 하는 대표적인 동물이다. 어떤 새는 다른 새를 전혀 보지 못하는 고립된 환경에서 자라더라도, 언제, 어떻게 둥지를 지어야 하는지 알고 있다. 거미가 환경에 적응하는 것처럼 새들도 다양한 재료를 수집하고 사용하지만, 둥지를 지으려는 생각과 둥지를 짓기 위한 기술은 그들의 뇌에 미리 프로그래밍되어 있는 듯하다.

이는 **우리**가 보이는 많은 행동 역시 뇌에 미리 프로그래밍되어 있을 가능성을 시사한다. 이들은 우리 DNA에 하드코딩되어 있거나 뇌의 연결 방식에 내재되어 있을 수 있다. 만약 이것이 사실이라면, 우리는 자신의 행동을 완전히 통제하지 못한다는 뜻이 된다.

인간도 본능적으로 하는 행동들이 많다. 그중 하품처럼 단순한 것도 있다. 하품은 대부분의 척추동물에서 관찰되는 본능적 행동이다. 하품을 배워서 하는 사람은 없다. 선천적인 시각 장애와 청각 장애가 있어 하품을 본 적도 들은 적도 없는 사람들도 하품을 할 수 있다. 자궁 내의 태아도 하품을 하는 것으로 알려져 있다.

영아가 가진 본능적 능력에는 잡기, 빨기, 울기 등이 있다. 재채기를 하거나 놀랐을 때 소리를 지르거나, 피곤할 때 잠드는 행동도 마찬가지다. 인간은 의식적으로 하려고 선택하지 않고도 하는 행동이 많다.

더 복잡한 행동은 어떨까? 다른 장에서 보았듯이, 사랑과 혐오와 같은 복잡한 감정은 모든 인간에게 공통으로 존재한다. 이들 각각은 학습이 필요 없어 보이는 측면이 있으며, 이는 이러한 감정이 뇌에 미리 입력되어 있다는 의미일 수 있다.

또 다른 예는 거처에 대한 본능적인 욕구이다. 집을 사거나 텐트를 치거나 잘 곳을 찾을 때, 우리는 거미나 새처럼 미리 프로그래밍된 원초적 본능을 따르는 것인지도 모른다. 복잡한 거미줄을 만드는 데 필요한 모든 정보가 거미의 작은 뇌에 있는 10만 개의 뇌세포에 들어갈 수 있다면, 인간이 하는 복잡한 행동들 역시 우리

뇌에 있는 860억 개의 뉴런에 들어있다고 충분히 상상할 수 있다.

요점은, 우리가 하는 행동의 많은 부분이 실제로 우리가 하기로 선택한 것이 아니라는 점이다. 상당수의 행동은 유전자와 뇌의 신경회로가 연결된 방식에 의해 미리 정해져있다.

물론, DNA가 인간을 완전히 통제하는 것은 아니다. 우리는 하품이나 울음을 참을 수 있다. 그리고 집을 사거나 텐트를 치는 것을 멈출 수도 있다. 하지만 항상 그렇게 할 수 있는 것은 아니다.

자유 의지를 생각할 때면 자연스럽게 약물을 떠올리게 된다. 중독에 관한 장에서 우리는 중독성 약물이 뇌의 보상 시스템에 미치는 막대한 영향, 특히 뇌의 의사 결정 영역에 일으키는 영구적인 변화에 대해 이야기했다. 특정 약물은 뇌의 우선순위를 완전히 재편해 해로움을 알면서도 그 약물을 원하도록 만든다.

기호용 마약 외에도 항정신성 약물을 사용해 자유 의지를 파괴하려는 시도가 있었다. 미국 중앙정보국 Central Intelligence Agency, CIA 은 1950년대부터 1970년대까지 MK-울트라 MK-Ultra라는 극히 비윤리적인 프로그램을 비밀리에 운영했다. 냉전 시대의 편집증적 공포심으로 인해 추진된 이 프로그램의 목표는 정신 통제와 심문 기법 개발이었다. 이 프로그램에서는 LSD를 포함한 약물, 최면, 감각 상실, 전기 자극, 그 밖의 여러 가지 정신 통제 방법을 연구했다.

MK-울트라 실험이 한창일 때는 80개가 넘는 대학과 기관이 참여했다. 일부 실험은 무고한 시민들을 대상으로 진행돼 그들에게 영구적인 피해를 남겼다. 예를 들어, 사전 동의 없이 환각과 의식 변화를 일으키는 약물인 LSD lysergic acid diethylamide (리세르그산 디에틸아미드)를 투여한 실험도 있었다. 다른 실험에서는 헤로인 중독자들에게 더 많은 헤로인을 보상으로 주는 조건으로 의식 변화를 유발하는 약물을 복용하게 만들었다. 이 프로그램은 1973년에 폭로되면서 종료되었지만, 대부분의 기록이 이미 파기된 후였기 때문에 얼마나 심각했는지는 정확히 알 수 없게 되었다.

본능적 행동과 약물 외에도, 우리가 항상 자신의 행동을 통제한다는 생각에 도전하는 또 다른 요소는 뇌 발달이다.

과학자들이 자유 의지의 중심이라고 지목할 만한 뇌 영역이 있다면, 그것은 전두엽(이마 바로 뒤쪽에 위치한 부위)일 것이다. 전두엽은 인간의 뇌에서 가장 마지막에 진화한 구조 중 하나이며, 인간을 다른 동물과 구분하는 중요한 역할을 한다.

인간의 경우, 전두엽은 성장 과정에서 가장 늦게 발달하는 구조 중 하나로, 20대 중반이 되어서야 완전히 성숙한다. 그전까지 이 영역의 뉴런들은 제대로 기능하는 회로를 만드는 데 필요한 연결을 계속해서 구축한다. 따라서 스무 살쯤이 될 때까지 뇌는 완전히 성숙하지 않은 상태인 것이다.•

전두엽이 성숙하는 데 긴 시간이 필요하다는 점은 오늘날 대부분의 국가에서 청소년과 성인에게 서로 다른 사법 시스템을 적용하는 이유이다. 범죄를 저지른 사람이 18세 미만이라면 갱생과 다

• 이것은 법정 음주 연령이 21세인 데 대한 타당한 근거가 된다. 하지만 법정 투표 연령은 군 복무를 비롯한 다른 사회적·정치적 요인 때문에 18세로 정해져 있다.

시 기회를 주는 데 초점을 둔다. 18세 이상이라면 성인 사법 시스템이 적용되며, 처벌과 책임에 더 집중한다.

미국의 경우 이런 이중 시스템이 마련된 것은 이미 100년 전이다. 뇌 발달에 대해 지금만큼 많이 알기 전인 것이다. 그럼에도 불구하고, 당시 사람들에게는 어린이와 청소년은 저지른 범죄에 대한 책임이 덜하다는 직관적인 인식이 있었다.

또한 대부분의 법체계는 범죄를 저지를 당시 그 사람이 자신의 행동을 진정으로 '통제'하고 있었는지 여부를 고려한다. 이는 보통 '심신상실'을 이유로 한 형사 면책 주장이라 불리지만, 본질적으로 '나는 통제력이 없었다'는 변론이다. 즉 피고에게 자유 의지가 없었다고 주장하는 것이다.

자유 의지와 관련된 또 다른 흥미로운 상황으로 뇌 손상이 있다. 뇌 손상은 뇌졸중, 종양, 신경 세포가 퇴화되는 질병이나 머리를

심하게 부딪힐 때 발생할 수 있다. 이런 손상은 손상된 부위의 신경 세포 활동에 영향을 줄 수 있고, 손상된 조직과 연결된 영역에도 영향을 줄 수 있다. 전두엽이 손상되면 의사결정 능력, 기억력, 집중력에 영향을 미칠 수 있다. 일부 경우, 이는 반사회적 행동으로 이어지기도 한다.

한 연구에서 과학자들은 범죄 행동과 연관된 것으로 알려진 뇌 손상을 입은 17명의 환자를 조사했다. 이 중 15명은 뇌 손상을 입기 전까지 범죄 기록이 없었고 반사회적 성향을 보이지 않았다. 그러나 손상을 입은 후에는 불법적인 행동을 하기 시작했다.

나머지 2명은 뇌 손상이 치료된 후 범죄 행위가 **중단**되었다는 점에서 뇌 손상과 범죄 행동의 연관성을 보여준다.

연구 결과, 범죄 행동으로 이어진 가장 흔한 유형의 손상은 전두엽의 병변이었다. 구체적으로는, 전두엽 내 특정 뇌 영역 네트워크가 손상되었을 때 범행을 저지르는 것으로 보였다. 이 네트워크에는 하부 안와전두 피질과 전방 측두엽이 포함된다. 과학자들은 이 뇌 회로가 도덕적 결정을 내리는 데 중요한 역할을 한다고 본다.

물론 이는 모든 범죄자에게 뇌 손상이 있다거나, 이런 유형의 뇌 손상을 입으면 범죄를 저지른다는 의미는 아니다. 다만 일부 경우에는 핵심 뇌 부위의 손상이 올바른 선택을 내리는 능력을 방해할 수 있음을 시사한다.

누군가가 우리의 자유 의지를 빼앗을 수 있을까?

자유 의지에 대해 가질 수 있는 다음 의문은 자유 의지가 해킹될 수 있는가이다. 즉, 누군가가 우리가 원치 않는 일을 하도록 강제할 수 있을까?

자연계에는 이런 현상을 보여주는 여러 사례가 있으며, 가장 유명한 것은 사람들이 흔히 좀비라고 부르는 현상이다. 좀비는 1960

년대부터 호러 영화에 등장한 공포스러운 존재이다. 죽은 사람이 인간의 살이나 뇌에 대한 끝없는 갈망에 사로잡혀 정처 없이 떠돌아다닌다는 개념은 끔찍하기 그지없다.

확실히 해두자면, 현실에서 '언데드undead○' 좀비는 존재하지 않는다. 하지만 곤충이라면 '살아있는 죽음'과 같은 상태가 가능하다. 아프리카와 아시아의 일부 지역에 서식하는 보석 말벌은 무시무시한 무기를 휘두르는데, 그 무기는 바로 바퀴벌레의 뇌를 통제할 수 있는 독이다. 말벌이 바퀴벌레의 뇌에 이 독을 주입하면 바퀴벌레는 최면과 같은 상태에 빠지며 전혀 저항하지 못한다. 이후 말벌은 뇌를 통제당한 바퀴벌레의 더듬이를 잡아 말처럼 끌고 구멍으로 데려간다.

구멍 안으로 들어가면 말벌은 바퀴벌레의 몸에 말벌의 알을 붙인 후 구멍에서 나가 그곳을 막아버린다. 그렇게 바퀴벌레는 죽음을 맞는다. 부화한 말벌 유충은 마비된 바퀴벌레를 물어뜯기 시작

○ 죽었지만 살아있는 것처럼 행동하는 존재 _옮긴이

하며 체액을 빨아먹고, 그 몸속으로 파고들어 내부를 먹어치운다. 이후 유충은 바퀴벌레 몸속에서 고치를 만들고, 40일 후 성체 말벌이 되어 숙주의 시체를 뚫고 나온 뒤 또 다른 바퀴벌레를 사냥할 준비를 한다.

당신이 알고 있는 좀비보다 더 끔찍하지 않은가? 이는 동물 뇌에 미리 프로그래밍된 복잡한 행동의 또 다른 사례이다. 유충이 바퀴벌레 사체에서 나올 때면 어미 말벌은 이미 사라진 후이지만, 유충들은 아무도 가르쳐주지 않았는데도 어째서인지 이 모든 과정을 알고 있다. 게다가 그들이 하는 일은 매우 정교하다. 말벌은 바퀴벌레의 목에 침을 찔러 뇌의 특정 부위에 독을 주입하는 뇌 수술을 해야 한다.

그러나 지금의 논의에서 더 중요한 것은 이 사례가 한 생물이 다른 생물의 의지를 탈취하는 사례라는 점이다. 바퀴벌레가 갇혀서 몸을 뜯어 먹히겠다는 자발적인 선택을 했다고 말할 수 있는 사람은 없을 것이다.

가장 섬뜩한 점은 이 모든 과정이 독 하나로 이루어진다는 것이

다. 말벌의 독은 바퀴벌레 뇌의 특정 분자에 딱 맞게 만들어져 있다. 이 독에는 도파민을 모방하는 분자가 포함되어 있으며, 과학자들은 이것이 바퀴벌레가 구멍으로 끌려 들어가기 전에 몸을 깨끗이 하는 원인이라고 생각한다. 그렇다. 바퀴벌레는 잡아먹히기 전에 스스로 몸단장을 한다. 독에는 또한 감마-아미노부티르산이 포함되어 있다. 이 아미노산은 뇌에서 신경전달물질로 작용한다. 과학자들은 독 속의 감마-아미노부티르산이 도망치려는 바퀴벌레의 정상 뇌 회로를 억제한다고 생각한다.

자연계에는 정신 통제의 다른 사례도 있다. 열대 밀림의 **오피오코르디세프스 유탈리리스**Ophiocordyceps unilateralis라는 곰팡이는 목수 개미의 정신을 탈취하도록 진화했다.● 이 곰팡이는 개미를 감염시켜 뇌를 장악하고, 곰팡이가 성장하고 퍼지기에 적합한 온도와 습도를 찾아가도록 강제한다.

- 오피오코르디세프스는 비디오 게임과 TV 시리즈로 유명한 〈더 라스트 오브 어스The Last of Us〉에 나오는 좀비의 모티프이다.

 곰팡이에 감염된 개미는 개미의 이동 경로 근처에 있는 식물을 찾아 기어오르게 된다. 그곳에 이르면 기괴하게도 좀비가 된 개미의 머리 밑에서 자실체라고 불리는 곰팡이 줄기가 솟아오른다. 여기에서 나온 포자가 개미의 이동 경로에 퍼지며 다음 개미를 감염시킨다. 이 경우, 불쌍한 개미들은 곰팡이의 번식 본능에 완전히 지배당한다.

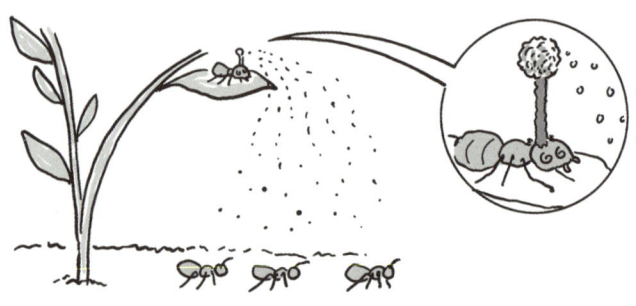

 우리에게도 이런 일이 일어날 수 있을까? 포유류에서도 이와 비슷한 뇌 장악 사례가 있다. **톡소플라즈마 곤디**Toxoplasma gondii는 고양이(들고양이든 집고양이든, 고양이만이 이 기생충이 유성 생식을 할 수 있는 숙주이다)를 감염시키기 좋아하는 단세포 기생충이다. 이 기생충이 고양이를 감염시키는 방법은 쥐 같은 작은 동물을 감염시키는 것이다.• 쥐가 **톡소플라즈마**에 감염되면 이 기생충은 쥐의 신경 세포를 공격해 포식자에 대한 두려움을 덜 느끼게 만든다. 이 기생충은 숙주의 뇌에서 도파민 생산을 증가시키고, 편도체를 비롯한 공포 회로를 방해함으로써 이러한 역할을 해낸다. 설치류는 보통 고양이의 소변 냄새를 근처에 고양이가 있다는 경고 신호로 받아들이지만, 톡소플라즈마에 감염되면 이 냄새를 무시하게 된다.

이런 행동 변화 때문에 감염된 설치류는 고양이에게 잡아먹힐 가능성이 높아지며, 이후 기생충은 고양이의 몸 안에서 생애 주기를 완성할 수 있게 된다. 인간도 이 기생충에 감염될 수 있으며, 지금 당신도 감염된 상태일 수 있다(특히 고양이를 키우면서 배변 상자를

• 이 기생충은 다른 동물 내에서 번식할 수 있지만, 이 경우 무성생식(자기 복제)만 가능하다.

청소하는 경우). 하지만 인간에게 미치는 영향은 아직 완전히 밝혀지지 않았다. 일부 경우 **톡소플라즈마** 감염 toxoplasmosis(톡소플라즈마증)은 태아의 유산을 유발할 수 있고, 조현병 환자의 회백질 감소와도 관련이 있을 수 있다. 인간에게 미치는 영향은 너무 미묘해 감지하기 어려울 수 있지만, 갑자기 고양이를 더 좋아하게 되었다면 그 이유가 장 속에 있을지도 모른다.

포유류 뇌 해킹의 두 번째 사례는 치명적인 광견병 바이러스이다. 광견병은 개에 물리거나 개의 침을 통해 전파되며, 바이러스가 뇌에 도달하면 시냅스 전달을 방해해 뇌를 장악한다. 그 결과로 감염된 동물은 안절부절못하고, 불안해하며, 물고, 침을 지나치게 흘리고, 입에서 거품을 내뿜는 '격노형' 광견병 증상을 보일 수 있다. 이러한 증상 때문에 바이러스가 다른 개체에 전파될 가능성이 높아진다. 좀비 영화를 본 적이 있다면 이런 행동이 매우 익숙하게 느껴질 것이다.

앞서 언급했듯이 약물 중독은 뇌를 재구성할 수 있지만, 정신을 조종하거나 조종하기 쉽게 만드는 약물은 사실상 존재하지 않는다 (MK-울트라 실험은 보통 실패로 여겨진다). 흥미로운 점은 화학물질이나 바이러스, 기생충 없이도 정신에 영향을 주는 사람이 있다는 것이다.

18세기 후반, 프란츠 메스머Franz Mesmer라는 젊은 남자는 의사가 되기 위해 오스트리아 빈에서 공부 중이었다. 그는 자신의 연구를 바탕으로 몸 안에 '동물 자력animal magnetism'이라는 힘이 액체처럼 흐르고 있어 이를 활용하면 건강과 행복을 증진할 수 있다고 주장했다. 더 중요한 것은 그가 이 힘을 **통제**할 수 있다고 주장했다는 점이다.

메스머는 카리스마 넘치는 인물이었고, 자석을 이용한 그의 치료법으로 두통이나 소화 장애부터 마비나 발작 같은 심각한 질환까지 다양한 병이 나았다고 주장하는 열성적인 추종자들을 끌어들였다. 그의 명성은 점점 더 높아졌고, 추종자들은 광신자 집단 같은 모습을 보였다.

1778년 메스머는 파리로 이주해 파티에서 손님들을 즐겁게 하고 지식인들과 귀족들의 주목을 받으면서 사교계의 유명인사가 되었다. 그러나 성공에도 불구하고, 의학계에는 그를 돌팔이나 사기꾼으로 의심하는 사람들이 많았다.

이때 등장한 인물이 미국 독립 전쟁 당시 프랑스의 초대 미국 대사였던 벤자민 프랭클린Benjamin Franklin이다.

루이 16세Louis XVI는 프랭클린에게 메스머의 활동을 조사해달라고 요청했다. 루이는 메스머가 인간 몸에 대해 새로운 놀라운 발견을 했거나, 아니면 사기꾼일 것이라고 생각했다.

프랭클린은 앙투안 드 라부아지에Antoine de Lavoisier(근대 화학의 기틀을 마련하고 질량 보존 법칙을 확립한 인물)와 조제프-이그나스 기요탱Joseph-Ignace Guillotin(그의 이름을 딴 기구인 단두대guillotine로 유명한 인물) 등 당대의 유명 인사들과 함께 파리 외곽에 있는 집에서 메스머의 치료법을 실험하기 시작했다.

실험 중 하나는 자석이 일단의 환자들에게 미치는 영향을 관찰

하는 것이었다. 프랭클린과 라부아지에는 자석이 환자에게 물리적 영향을 미치지 않는다는 사실을 밝혀냈지만, 일부 환자는 여전히 자석에 반응했다. 연구자들이 자석을 가짜(플라시보 자석)로 바꾸었을 때에도 그 환자들은 **여전히** 반응을 보였다. 그들은 메스머의 연극적인 연출과 가짜 절차만 모방해도 환자들을 믿게 만들 수 있다는 사실에 놀랐다.

예를 들어, 그들은 환자의 눈을 가리고 몸의 특정 부위에 자석을 대는 척했다. 이 상태에서도 환자들은 통증과 열감을 느꼈다. 어떨 때는 공황 상태에 빠지거나 경련을 일으켰고, 심지어 말하는 능력을 잃기도 했다.

프랭클린과 동료들은 이 모든 현상을 **암시의 힘** 탓이라고 설명했다. 요컨대, 그들은 피험자의 상상력을 조종하는 데 성공한 것이다.

오늘날 우리는 이 현상을 **최면**^{hypnotism}이라고 부른다. 현대의 최면 연구에 따르면, 명상과 마찬가지로 최면을 통해 모든 주의력이 내면으로 집중되는 상태에 들어갈 수 있다. 일부 과학자들은 이 최면 상태가 뇌 내부의 소통 방식을 변화시키며, 타인의 제안에 더 개방적인 태도로 만든다는 사실을 발견했다.

과학자들은 최근 한 연구에서 최면에 잘 걸리는 사람들과 그렇지 않은 사람들을 구분한 후 fMRI를 사용해 그들의 뇌 활동을 관찰했다. 연구진은 최면에 잘 걸리는 사람들은 최면 상태일 때 배측 전대상피질이라는 뇌 부위의 활동이 감소하는 것을 발견했다. 이 영역은 실시간 감정과 신체적 통증을 처리하는 데 관여한다. 이는 최면에 잘 걸리는 사람들이 최면 상태에 있는 동안 그 경험에 너무 몰입한 나머지, 현재 자신에게 일어나고 있는 일에 주의를 기울이지 못할 수 있음을 시사한다. 과학자들은 또한 일부 뇌 영역들 사이의 소통이 줄어드는 현상을 관찰했다. 배외측 전전두피질이라는 영역이 내측 전전두피질이나 후방 대상피질과 갖는 소통이 감소한 것이다. 그 결과, 행동과 그 행동에 대한 인식이 분리되었다. 이는 최면에 취약한 사람이 최면 암시에 '자동 조종' 모드로 반응하는 이유를 설명해준다.

다행히도 모든 사람이 최면에 잘 걸리는 것은 아니다. 전문가들은 인구의 약 20퍼센트가 최면에 반응하며, 나머지는 최면에 거의 또는 전혀 반응하지 않는다고 말한다. 그렇지만 적어도 일부 사람들에게는 최면에 걸려서 쉽게 조종될 가능성, 즉 본질적으로 자유의지를 빼앗길 가능성이 있다. 뇌를 해킹하는 또 다른 방법은 신경세포를 직접 자극하는 것이다. 델가도의 투우장 실험을 기억하는

가? 누군가가 **당신** 뇌에 전선을 삽입한다면 어떤 일이 일어날지 상상해보라. 그들이 당신의 행동을 통제할 수 있을까?

과학자들은 수년 전 뇌 깊숙이 전선을 삽입하고 전류를 보내는 것이 파킨슨병 치료에 도움이 된다는 사실을 발견했다. 파킨슨병은 기저핵, 즉 도파민을 생성하는 뇌 중앙부 구조물의 뉴런이 죽기 시작할 때 발생한다. 도파민이 부족해지면 뇌의 많은 부분이 제대로 작동하지 않으며, 특히 운동을 조절하는 부분이 큰 영향을 받는다. 증상으로는 떨림(손 떨림), 근육 경직, 발작 등이 있다. 전선을 통해 뇌를 자극하면 이런 증상이 완화되는 것으로 보인다.

흥미롭게도 과학자들은 뇌 자극에 다른 효과도 있을 수 있다는 사실을 발견했다. 한 연구에서 과학자들은 뇌에 전선을 이식한 파킨슨병 환자 17명을 대상으로 이들이 결정을 내리는 방식을 연구했다. 실험에서는 화면에 두 개의 기호를 표시하고 환자들에게 이 중 하나를 선택하도록 했다.

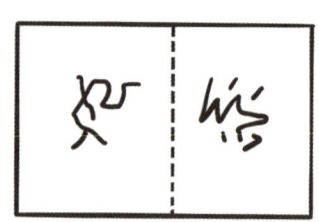

이 연구의 목적에 따라 일부 기호는 다른 기호보다 '더 좋은' 것으로 간주되었다. 즉, 환자가 그 기호를 선택하면 긍정적 신호('정

답' 신호)를 받을 확률이 더 높았다. 반면 일부 기호는 '더 나쁜' 것으로 간주되었다. 즉 그 기호를 선택하면, 환자가 정답이라는 신호를 받을 확률이 더 낮았다. 시간이 흐르자, 환자들은 일반적으로 어떤 기호가 좋고 어떤 기호가 나쁜지 학습하게 되었다.

다음으로 실험의 테스트 단계가 진행되었다. 과학자들은 환자들이 좋은 기호와 나쁜 기호의 조합 중 하나를 선택하는 데 걸리는 시간을 관찰했다. 일반적으로 좋은 선택지와 나쁜 선택지 중에서 선택해야 할 때(예: 좋아하는 아이스크림 맛과 싫어하는 맛 중에서 선택하는 경우) 우리는 이를 "머리를 쓸 필요가 없는 일no-brainer"이라고 말한다. 이런 상황에서는 결정을 내리는 데 긴 시간이 필요치 않다. 이는 이 실험에서도 확인되었다. '좋은' 기호와 '나쁜' 기호 중에서 선택해야 했을 때 대부분의 환자들은 빠르게 결정을 내렸다.

하지만 두 가지 좋은 선택지 중에서 하나를 골라야 한다면 어떨까? 일반적으로 이런 상황에서는 결정을 내리는 데 더 오랜 시간이 걸린다. 예를 들어, 하와이섬에서의 휴가와 이비자섬에서의 휴가 중에 선택해야 한다고 가정해보자. 어느 쪽을 선택하겠는가?

둘 다 근사해 보인다. 어느 쪽이 나은지 가늠하는 데 시간이 좀 걸리는 것은 당연하다.

이 역시 실험을 통해 확인되었다. 두 가지 좋은 기호 중에서 선택해야 했을 때 환자들 대부분은 결정하는 데 더 오랜 시간이 걸렸다.

하지만 항상 그런 것은 아니었다. 과학자들이 환자들의 뇌에 이식된 전선을 활성화시키자, 결정에 들이는 시간이 더 짧아졌다. 새로운 정보가 주어지지 않았는데도 더 빠르고 충동적으로 행동한 것이다. 전류를 차단하자 환자들은 다시 더 신중해졌다.

버튼만 누르면, 피험자들은 신중한 상태에서 충동적인 상태로 바뀌었다.

과학자들은 전선이 삽입된 피상핵subthalamic nucleus이라는 뇌 부

위가 결정의 임계점을 설정하는 데 중요하다고 본다. 가설에 따르면, 우리는 두 가지 선택지를 고려할 때 그들의 상대적 가치를 비교한다. 그 차이가 일정한 기준을 초과할 때, 즉 한쪽이 다른 쪽보다 낫다는 것이 명확해질 때 우리는 결정을 내린다. 하지만 충동적인 사람들은 그 임계점을 무시하거나, 임계점이 있더라도 다른 사람들보다 훨씬 낮게 설정되어 있다. 영어에는 갑작스러운 자극이나 충격으로 행동을 시작하게 된다는 뜻의 'jolt into action'이라는 말이 있는데, 과학자들은 말 그대로 이런 일이 실제로 벌어질 수 있음을 발견한 것이다.

의사 결정에 영향을 미치는 다른 방법들도 있으며, 그중에는 뇌에 금속선을 삽입하는 침습적 방법을 요하지 않는 것도 있다. 경두개 자기 자극transcranial magnetic stimulation, TMS은 전자석을 사용해 자기 펄스를 집중시켜 뇌로 전송하는 기술이다. 이 자기 펄스는 미세한 전류를 생성해 겨냥하는 영역의 신경 세

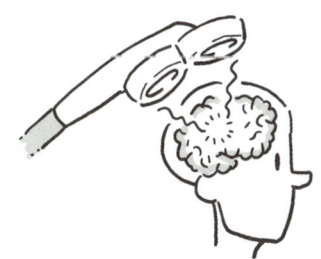

포를 자극하거나 억제할 수 있다. 두개골을 열지 않고도 작동하는 원격 신호 교란기와 같다.

우울증, 약물 및 알코올 의존증, 조현병과 같은 뇌 질환 치료를 위해 TMS에 대한 연구가 이루어지고 있으며, 의사결정 방식과 관련한 실험에서도 TMS가 사용되었다. 한 실험에서 참가자들에게 두 가지 복권 중 하나에 참여할 수 있는 기회가 주어졌다. 복권 A는 위험도가 낮아 당첨되지 않아도 큰돈을 잃지 않는 대신 보상도 적었다. 복권 B는 위험도가 높아 당첨되었을 때는 큰 보상을 얻지만 그렇지 않았을 때는 큰돈을 잃게 된다.

과학자들은 TMS로 피험자들의 뇌를 자극하면 피험자들이 더 안전한 선택을 할 가능성이 높아진다는 것을 발견했다. 과학자들은 배외측 전전두피질의 자극이 위험과 보상을 평가하는 데 도움을 준다고 생각한다. 다시 말해, 델가도의 황소처럼 우리의 결정도 버튼 하나로 제어될 수 있다.

뇌는 예측 가능한가?

자유 의지에 대해 생각해 볼 마지막 문제는 뇌의 행동을 예측할 수 있느냐이다. 앞서 살펴보았듯이, 우리가 자신의 행동 중 상당수를 정말로 통제하고 있는지는 판단하기 어려우며, 타인이 우리의 결정을 통제하거나 영향을 줄 수도 있다. 하지만 자유 의지에서 진정한 미스터리는 우리의 선택이 미리 결정되어 있는지 여부이다.

어떤 결정을 내릴 때, 정말로 다른 선택이 가능했던 걸까? 애초에 그 선택을 하도록 예정되어 있었던 것은 아닐까? 누군가는 당신이 무엇을 할지 예측할 수 있지 않았을까?

과학은 어떤 의미에서 우리가 예측 가능하다는 것을 보여주었다. 적어도 단기적으로는 말이다. 한 연구에서는 전전두피질의 활동으로 우리가 내릴 결정을 예측할 수 있는지 조사했다. 참가자들은 fMRI 기계에 누워 왼쪽 버튼과 오른쪽 버튼 중 하나를 누르라는 지시를 받았다. 연구진은 참가자들에게 시계를 보여주면서 어떤 버튼을 누를지 결정하는 데 걸린 시간도 표시하도록 했다. 과학자들은 전전두피질과 다른 영역의 활동을 통해 피험자들이 마음을 먹었다고 보고한 시간보다 최대 10초 앞서 그들의 선택을 예측할 수 있음을 발견했다. 다시 말해, 참가자들이 자신이 결정을 내렸다는 사실을 인지하기 무려 10초 전에 과학자들은 그들이 누를 버튼을 예측할 수 있었다.

물론 이는 단지 뇌가 때로는 우리가 인지하기도 전에 결정을 내릴 때가 있음을 의미한다. 결국, 우리가 의식하든 의식하지 않든, 결정을 내리는 것은 당신의 뇌라고 할 수 있다. 그렇다면 더 깊이 생각해볼 질문은 모든 결정은 예측 가능한가이다. 당신의 머릿속 모든 것을 완벽히 알고 있는 사람이 있다면, 미래에 당신이 무엇을 할지 정확히 알 수 있을까?

이 문제는 결정론이라는 개념에서 시작되어 고대부터 논의되어 왔다. 1~2세기 스토아 학파(8장에서 논의한 것을 기억하는가?)의 대표적인 철학자인 그리스의 에픽테토스Epictetus는 개인에게 무엇을 할지 선택할 수 있는 능력이 있기는 하지만, 그 선택은 세상이 제공

하는 것에 의해 제한된다고 보았다. 즉 우리에게는 자유 의지가 있지만, 물리 법칙에 지배받는 세상에 휘둘리며 살아간다는 것이다.

자유 의지가 전혀 존재하지 않는다고 주장한 사람들도 있다. 18세기 독일계 프랑스 철학자 폴-앙리 티리 Paul-Henri Thiry는 우리 뇌는 본질적으로 생물학적 구조이며, 모든 생물과 마찬가지로 물리 법칙을 따른다고 주장했다. 티리는 우리 뇌가 기계와 같으며, 태엽 시계나 언덕을 굴러 내려가는 돌멩이처럼 인간을 자유 의지가 거의 없는 존재로 보았다. 그의 관점에서 인간은 예측 가능한 방식으로 행동하도록 운명 지어진 태엽 장난감과 다를 바 없었다.

우주에 불확실성이 없다는 이런 생각을 '결정론'이라고 부른다. 1600년대, 아이작 뉴턴Isaac Newton은 자연 속 모든 것이 특정한 법칙(그는 이 법칙을 '운동 법칙'이라고 불렀다)을 따른다는 사실을 발견했다. 이 법칙은 공을 공중에 던지면 어떤 일이 일어날지, 특정한 힘으로 물체를 밀면 어떻게 움직일지 예측할 수 있게 해준다. 과학자들은 이 생각을 확장해 모든 것이 예측 가능하다면 우리 뇌 역시 예측 가능하다고 주장했다. 우리 뇌가 예측 가능하다면 자유 의지는 존재하지 않는다. 요컨대, 당신에게는 선택권이 없다. 뇌는 공이나 돌멩이처럼 물리 법칙을 따를 뿐이다.

오늘날 우리는 이것이 어느 정도는 사실임을 알고 있다. 당신의 뇌는 거대한 기계와 같다. 4장(인공지능이 내 일자리를 빼앗을까?)에서 살펴보았듯이, 뇌는 컴퓨터 회로처럼 서로 연결된 뉴런이라는 개별 세포들로 이루어져 있다.

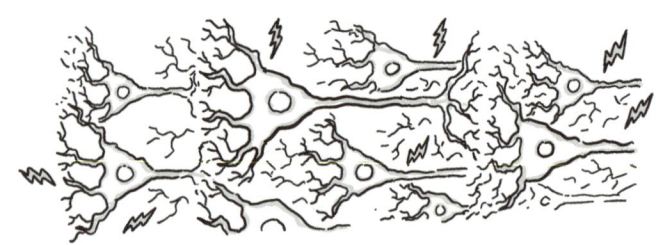

이것은 극히 복잡한 회로이다. 각 뉴런은 평균적으로 1만 개의 다른 뉴런과 연결되어 있으며, 각각의 연결은 모두 다르다(어떤 것

은 다른 것보다 더 강하게 연결되어 있다). 하지만 결국 뇌는 단순한 부분들로 이루어진 거대한 네트워크일 뿐이다.

즉, 자유 의지가 존재하는지 여부는 단순한 질문으로 귀결된다. **단일 뉴런은 예측 가능한가?**

만약 그렇다면, 자유 의지는 존재하지 않는다. 모든 생각과 행동은 작은 부분들이 예측 가능하게 움직인 결과이기 때문이다. 당신의 뇌에 대해 완벽하게 이해하는 사람이라면 당신이 지금부터 10초 후, 심지어는 10년 후에 어떤 행동을 할지 예측할 수 있다. 당신이 하는 모든 선택은 뉴런의 기계적 작동에 의해 이미 결정되어 있는 것이다.

다행히도, 아이작 뉴턴이 완전히 옳았던 것은 아니다. 우주가 특정 법칙을 따른다는 점에서는 옳았지만, 그가 발견한 법칙들이 항상 적용되지는 않는다. 원자나 작은 입자 수준으로 내려가면, 사물은 전혀 다르게 행동하며 양자역학의 법칙을 따른다.

양자역학에 따르면, 입자와 원자는 우리에게 익숙한 물체(공, 돌

등)처럼 행동하지 않는다. 가장 작은 수준에서의 움직임은 더 **모호하다**. 즉 이들은 본질적으로 불확실성을 갖고 있다.

예를 들어, 전자electron가 정확히 어디에 있고, 어디로 가는지는 정확히 알 수 없다. 그리고 전자와 상호작용할 때, 전자가 어떻게 반응할지도 전혀 알 수 없다. 전자를 찌르려고 하면, 전자는 오른쪽으로 방향을 바꿀 확률도 있고 왼쪽으로 방향을 바꿀 확률도 있다. 어느 쪽으로 갈지는 완전히 무작위적이다.

일상생활에서 이런 이상한 양자 효과를 알아차리지 못하는 이유는 큰 물체에서는 무작위성이 평균화되기 때문이다. 공이나 돌멩이에는 수십경 개의 원자가 있고, 각각의 원자는 조금씩 무작위적으로 움직이지만, 평균적으로는 하나의 물체처럼 움직인다.

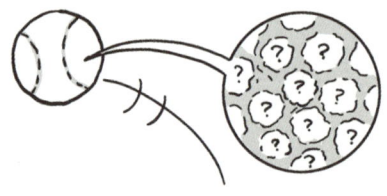

이것이 뉴런이 무작위적이라는 의미일까? 이는 판단하기 어렵다. 뉴런은 매우 작지만(몇 천분의 일 또는 몇 백분의 일 밀리미터의 크기) 원자에 비해서는 매우 크다. 일반적인 뉴런은 수백조 개의 원자로 구성되어 있다. 하지만 뉴런의 반응 방식은 **단일 분자**에 좌우될 수 있다.

4장에서 이야기했듯이 뉴런은 스위치나 방아쇠처럼 작동한다. 받아들인 입력이 특정 값에 도달하면 뉴런은 다른 뉴런에 신호를 전송한다. 입력이 특정 값에 도달하지 않으면 뉴런은 아무런 반응도 하지 않는다. 뉴런은 양팔 저울과 비슷하다. 한쪽으로 기울어져 있다가 다른 쪽에 무게가 추가되어야 비로소 균형이 바뀐다. 충분한 입력을 받으면 저울이 기울면서 뉴런이 활성화된다.

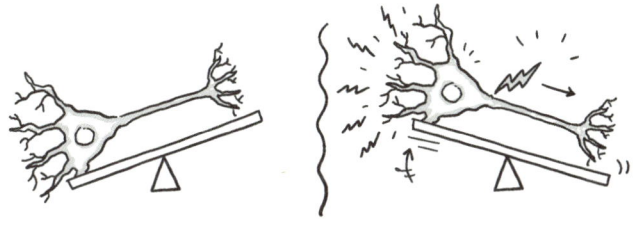

그리고 뉴런의 출력은 활성화되거나 활성화되지 않거나 둘 중 하나이기 때문에, 단 하나의 분자만으로도 뉴런이 하는 일에 결정적인 차이를 만들 수 있다. 뉴런 간의 신호는 신경전달물질이라는 분자를 통해 전달된다. 이들 분자는 한 뉴런에서 방출되어 수신 뉴런의 화학 수용체에 의해 감지된다. 하나의 분자만으로도 뉴런의

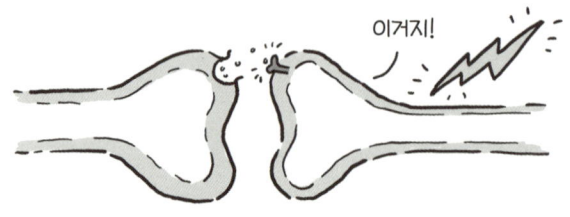

주요 몸체로 전송되는 신호를 유발할 수 있다.

이 모든 신호 전달이 분자 수준에서 일어나기 때문에 양자 불확실성이 기술적으로 중요한 역할을 할 가능성이 있다. 단일 분자가 단일 수용체와 상호작용을 한다고 상상해보라. 만약 그 상호작용이 뉴런이 활성화되느냐 아니냐를 결정짓는다면, 그 분자의 불확실성이 뉴런의 출력을 무작위적으로 만들 수 있다. 그리고 만약 그 뉴런이 인생에서 내리는 어떤 결정의 결정적인 요인이 된다면, 그 순간의 선택도 무작위적이란 뜻이 된다.

일부 과학자들은 이를 우리에게 자유 의지가 있다는 증거로 제시했다. 결국 우리가 어떤 결정을 내릴지 아무도 예측할 수 없다면, 선택은 진정 자신에게 달려 있는 것이다.

하지만 회의적인 과학자들도 있다. 그들은 단일 분자가 당신의 결정을 좌우할 가능성은 매우 낮다고 주장한다. 두 뉴런 사이의 접점에는 수천 개의 분자 수용체가 있으며, 분자와 수용체의 상호작용은 매우 혼잡한 환경에서 일어난다. 더욱이 과학자들은 뇌가 단일 뉴런의 작용에 의존하는 경우는 드물다고 생각한다. 뇌는 중복 구조로 설계되어 있으며, 과학자들은 사고 과정을 이루는 것은 대규모 뉴런 집단이 함께 작용한 결과라고 생각한다.

안타깝게도, 뉴런이 양자역학적 특성을 가지는지 테스트할 실험은 아직 개발되지 않았다. 생각과 행동에 무작위성이 존재한다면,

자유 의지가 존재한다고 볼 수도 있을 것이다. 아니면 뇌가 모든 불확실성을 제거해 뉴런이 시계의 톱니처럼 예측 가능하다면, 자유 의지는 존재하지 않으며 모든 행동은 이미 예정된 것일 수도 있다.

좋은 선택을 한다는 것

자유 의지에 대한 논쟁은 여전히 계속되고 있다. 그리고 뇌에 관한 한, 자유 의지라는 개념은 유동적일 수 있다. 우리가 스스로의 행동을 통제할 수 있느냐는 여러 가지 요인에 따라 달라진다. 우리에게 선택의 여지가 있다고 말할 수 있을 때도 있지만, 우리의 행동에 책임을 물을 수 없을 때도 있다. 우리가 단순히 미리 프로그래밍된 행동을 따르고 있거나, 누군가가 우리의 결정에 영향을 미치고 있을 수도 있다.

이상한 점은 대부분의 사람들이 자신에게 자유 의지가 있다고 **느낀다**는 것이다. 우리는 모두 자신이 내리는 결정이 우리 자신의 것이며, 선택은 우리가 선택을 하는 그 순간에 이루어진다는 느낌을 갖고 있다.

물론, 이는 단지 환상에 불과할지도 모른다. 실제로는 통제권이

없으며, 자유 의지는 더 나은 기분을 느끼기 위해 우리가 만들어낸 이야기일 뿐인지도 모른다. 뇌는 생물학적 기계일 뿐이며, 우리는 자유 의지라는 **경험**을 하고 있는 로봇일 수도 있다.

또는 양자역학이 뇌에 무작위성을 부여하기 때문에 아무도 우리가 무엇을 하거나 생각할지 예측할 수 없고 따라서 자유 의지가 있다고 말할 수 있을지도 모른다.

결국, 이런 것은 중요하지 않을 수도 있다. 우리가 자유 의지를 가지고 있든, 아니면 단순히 자유 의지를 가지고 있다고 생각하든, 우리 삶의 경험에 큰 영향을 미치지 않을 수 있다. 아마도 우리가 할 수 있는 최선의 선택은 그저 이 여정을 즐기는 것일지도 모른다.

브레인툰

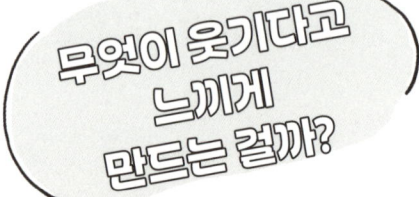
무엇이 웃기다고 느끼게 만드는 걸까?

유머와 웃음은 인간이 보편적으로 공유하는 것이다.

유머는 사회 집단 내의 유대감을 강화한다. 심지어 우리의 영장류 사촌들에서도 찾아볼 수 있다.

가장 오래된 농담은 수천 년 전으로 거슬러 올라가며, 오늘날 우리가 웃기다고 생각하는 주제와 비슷한 경우가 많다.

"손가락을 당기라고?"○

그런데 무엇이 우리 뇌를 낄낄거리게 만드는 것일까?

이것은 다루기 까다로운 주제이다.

○ 원어는 "Pull my finger"로, 영어권에서 널리 쓰이는 고전 유머이다. ―옮긴이

간지럽힘으로도 웃게 만들 수 있는데, 이는 몸의 민감한 부위를 보호하려는 반사 작용이다.

스스로를 간지럽힐 수는 없기 때문에 과학자들은 이를 방어 기제라고 생각한다.

웃음이 나기는 하지만, 간지럼이 항상 즐거운 것은 아니다.

흥미롭게도, 자기 자신을 간지럽힐 수는 없지만, 과학자들은 로봇이 사람을 간지럽힐 수 있다는 사실을 발견했다!

재미가 없는 웃음도 있다.

'긴장성 웃음'은 어색한 사회적 상황에 대응해 자신을 진정시키려는 보호 기제일 수 있다.

그리고 일부 사람들은 부적절한 상황에서 웃음을 참지 못한다. 이는 감정실금 pseudobulbar affect이라는 감정 장애로 인한 것일 수 있다.

웃음거리가 될까 봐 두려워하는 젤로토포비아 gelotophobia를 겪는 사람도 있다.

과학자들은 유머와 웃음이 스트레스 호르몬의 수치를 낮춘다는 사실을 발견했다.

유머는 기분을 좋게 하는 엔도르핀 분비를 촉진할 수도 있다.

한 실험에서 과학자들은 참가자들에게 코미디 영화와 공연을 보게 했다.

이후 참가자들의 통증에 대한 내성이 훨씬 높아졌다.

유머는 학습 능력도 향상시킬 수 있다.

또 다른 연구에서 과학자들은 일반 심리학 강좌에 유머 요소를 추가했다.

각 강의에 농담, 만화, 재미로 보는 톱텐 Top10 목록을 추가한 것이다.

강의에 유머가 추가되자 학생들의 몰입도와 만족도가 높아졌다.

유머는 우리가 경험하는 가장 복잡하고 불가사의한 행동 중 하나이다.

하지만 유머가 행복감과 사회적 유대에 기여하는 것만은 분명하다.

그래서 결론은, 유머에 대해 읽고 있지만 말고, 웃어보라. 유머의 치유 효과는 장난이 아니다.

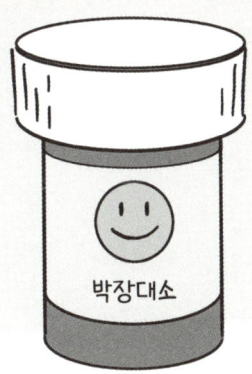

(10장)

죽으면 어떤 일이 일어날까?

생과 사를 나누는 경계는
너무나 모호하고 희미하다.
그 경계가 어디서 끝나고
어디서 시작되는지 누가 말할 수 있을까?

_에드거 앨런 포 Edgar Allan Poe

왜 우리는 죽는 것을 그토록 두려워할까? 언뜻 보기에 그 답은 간단해 보인다. 진화에서 생존과 번식을 촉진하는 특성이 선택되었을 테니, 당연히 자기 보존이 인간 존재의 핵심이 되었을 것이다. 다시 말해, 우리는 죽고 싶지 않도록 진화했다.

하지만 뇌가 더 복잡해지고 자기 인식이 발달하면서, 죽음은 아마도 새로운 차원을 맞이했을 것이다. 죽음의 의미,

즉 죽음이 자신 또는 타인의 영원한 부재라는 것을 이해하게 되면서 말이다. 이는 자신에게 꽤 많은 투자를 하고 있는 우리에게 특히 걱정스러운 문제이다. 우리는 삶을 꾸리고, 사회적 관계를 형성하고, 가족을 위해 살아가려고 노력한다. 자신이 존재하지 않는 세상을 상상하기란 어려운 일이다.

또한 우리 뇌는 타인의 감정을 인식하도록 설계되어 있기 때문에 누군가의 죽음이 그와 연관된 사람들에게 고통과 슬픔을 준다는 것을 이해한다. 따라서 생존하고자 하는 생물학적 본능과 함께 자신의 죽음을 떠올릴 때 상실감을 느끼는 것은 당연하다.

1973년 문화 인류학자 어니스트 베커Ernest Becker는 죽음에 대한 우리의 두려움을 깊이 파헤치는 『죽음의 부정』이라는 책을 출간했다. 이 책에서 베커는 죽음의 두려움이 얼마나 파괴적일 수 있는지 알기에 대부분의 사람들은 이 두려움을 "뚜껑을 덮듯" 덮어두고 무시함으로써 일상생활을 해나간다고 말했다. 그는 인간이 이 두려움으로부터 자신을 보호하려고 '상징적 자아symbolic self'를 만든다고 주장했다. 나에 대한 이야기의 형태를 띠는 이 상징적 자아는 우리의 개인적 정체성이 된다. 예를 들어, 어떤 사람은 부모라는 역할에서 위안과 자존감을 찾고, 부모로서의 미덕에 대한 문화적 서사 속에서 삶의 목적을 느낀다.

그는 또한 사람들이 자신을 위해 '유산 프로젝트legacy project'를 만든다는 점에 주목했다. 이는 죽은 후에도 자신이 한 일이 지속될

것이라는 위안을 주는 프로젝트를 뜻한다. 만약 당신의 상징적 자아가 부모가 되는 것이라면, 당신의 프로젝트는 당신이 죽은 후에도 살아남을 자녀라는 유산을 남기는 것이 된다. 만약 사업가라면, 오래 지속될 성공적인 사업을 창안하는 것에서 위안을 찾을 것이다. 종교인이라면, 선행이 천국에 들어갈 가능성과 함께 영속되는 보상을 줄 것이란 희망으로 독실한 신앙생활을 해나갈 것이다. 베커에 따르면, 이러한 '유산 프로젝트'는 최후의 죽음을 상상할 때 느끼는 공포로부터 우리를 보호해준다.

이런 관찰은 8장(무엇이 우리를 행복하게 만드는가?)에서 살펴본 내용과 잘 맞아떨어진다. 삶의 목적을 찾는 것은 만족감을 이끌어내는 강력한 원천이 될 수 있다.

과학자들은 죽음에 대한 생각이 뇌의 감정 회로에 강한 반응을 촉발한다는 사실을 발견했으며, 죽음에 대한 두려움이 뇌에 각인되어 있다는 증거도 있다. 독일에서 진행된 한 연구에서, 참가자들에게 죽음과 죽을 가능성에 대해 생각하도록 유도하면서 그들의 뇌를 스캔했다. 이를 위해 죽음에 대한 두려움 척도(2장에서 언급한 심리학 척도가 기억나는가?)에서 나온 진술에 동의하는지 아닌지 선택하게 했다. 예를 들어 "나는 고통스러운 죽음이 두렵다"와 같은 문장이 제시되면, 참가자들은 동의 여부에 따라 버튼을 눌러야 했다. 대조군의 경우 같은 실험이 진행되었지만, 치과 치료와 관련된 문장이 사용되었다. 예를 들어 "나는 치과 의자에서 앉으면 공황 상태가 된다"와 같은 문장이 주어졌다.

이 연구에서 우측 편도체와 전측 대상피질과 같이 강한 감정을

처리하는 데 중요한 뇌 영역이 활성화되는 모습이 발견되었다. 또 다른 영역인 우측 꼬리핵 역시 치과 관련 진술에 비해 죽음과 관련된 진술에 더 강하게 반응했다. 이 영역은 보통 목표를 향한 무의식적인 노력이나 사랑의 경험과 연관된다는 점에서 흥미롭다. 과학자들은 우리 뇌가 죽음의 가능성에 대처하기 위해 더 큰 목표나 가까운 인간관계에서 위안을 찾도록 프로그래밍되어 있을 수 있다고 추측한다.

다른 연구에서는 죽음에 대한 두려움을 처리할 때 섬엽이라는 영역이 활성화된다는 사실이 밝혀졌다. 섬엽은 자신에 대해 어떻게 느끼는지 이해하는 데 관여한다. 흥미롭게도, 죽음을 떠올릴 때 섬엽이 보이는 반응은 자존감에 따라 달라졌다. 한 연구에서 죽음에 대해 생각하도록 자극을 받았을 때 자존감이 높은 사람들의 섬엽은 활성화가 적게 된 반면, 자존감이 낮은 사람들의 섬엽은 크게 활성화되었다. 요컨대, 자신에 대한 만족도가 높을수록 죽음의 가능성에 대한 불안이 덜하다.

죽음이 두려움과 공포의 원천이라는 것을 생각하면, 죽을 때 실제로 뇌에 어떤 일이 일어나는지 궁금해지지 않는가? 죽음은 언제 발생하며, 어떤 느낌일까?

죽을 때 어떤 일이 일어날까?

1907년, 매사추세츠의 의사 던컨 맥두걸Duncan McDougall은 죽을 때 어떤 일이 일어나는지 알아내기 위해 일련의 실험을 진행했다.

맥두걸은 당시 매우 이례적이었던 한 실험을 하기 위해 환자가 누울 수 있을 만큼 큰 저울을 만들었다. 그는 임종이 임박한 환자들을 실험 대상자로 선정해 사망 직전과 직후에 환자의 체중을 측정함으로써 사망 시 체중 변화를 포착하려 했다.

맥두걸은 뇌 기능의 정지와 육체적 죽음이 측정 가능한 변화를 유발할 것이라고 추론했다. 그의 생각은 신체와 정신이 별개의 존

재라는 데카르트의 이론에 기반했다. 그는 죽을 때 '영혼'이 어딘가로 떠나고 육체는 빈 채로 남겨진다고 주장했다.

맥두걸과 그의 팀은 실험에서 증발이나 다른 체액의 손실로는 설명할 수 없는 약간의 체중 감소를 관찰했다. 그 차이는 0.75온스(21그램)였고, 맥두걸은 이를 정신, 즉 '영혼 물질soul substance'의 정확한 무게라고 주장했다.

오늘날의 기준으로 보면 맥두걸의 실험에는 심각한 결함이 있었다. 이 실험은 뇌 기능의 본질에 대한 잘못된 가정을 바탕으로 했으며, 실험자 편향이 가득했고, 단 네 명의 환자를 대상으로 했다. 그럼에도 불구하고 영혼은 21그램이라는 이야기가 이어져온 것은 죽을 때 일어나는 일에 대한 인간의 지대한 호기심을 보여준다.

맥두걸은 죽음의 순간에 영혼이 몸에서 빠져나가는 모습을 촬영하려 하는 등 다른 이상한 유사과학적 실험들을 시도했다. 그의 노력은 죽음이라는 냉엄한 현실 앞에서 위안을 찾고, 우리가 물질계를 '떠날' 때 무엇을 잃게 되는지 정량화하려는 시도였다.

죽을 때 뇌에서 무슨 일이 일어나는지는 여전히 논쟁의 대상이다. 오늘날 대부분의 과학자들은 초자연적인 현상이 발생한다고 생각하지 않는다. 하지만 마지막 순간에 뇌가 어떻게 반응하는지는 여전히 불확실하다.

○ 오손 웰스Orson Welles가 1941년 내놓은 영화 〈시민 케인Citizen Kane〉의 마지막 장면에서 주인공의 유언 _옮긴이

이런 불확실성에는 실제로 사망 시점을 정의하기 어렵다는 이유도 있다. 인간은 누군가가 진정으로 완전히 사망했는지를 판단하는 데 있어서 100퍼센트 신뢰할 만하지 못하다.

가장 악명 높은 사례는 1650년에 발생했다. 앤 그린Anne Greene 이라는 여성은 그해 12월 14일 영국 옥스퍼드에서 영아 살해(실제로는 유산을 했을 뿐이었다) 혐의로 교수대에 끌려가 처형되었다. 목격자에 따르면, 그녀는 사다리에서 밀려나 목이 졸리는 방식으로 처형되었다. 이것은 발판이 빠지면서 목이 꺾이는 방식과는 달랐다. 이런 끔찍한 세부적 설명을 덧붙이는 이유는 그래야 이후에 일어난 일을 설명할 수 있기 때문이다.

당시 옥스퍼드대학교의 해부학 교수들은 처형된 범죄자들의 시신을 의과대학 해부 실습에 사용했다. 처형 다음 날 해부를 위해 그린의 관을 연 그들은 놀라운 광경을 마주했다. 그녀는 숨을 쉬고 있었고 약한 맥박이 있었다. 그린은 밧줄에 목이 졸려 의식을 잃었지만, 감지하기 힘들 정도의 산소가 뇌에 공급되어 간신히 생명을 유지할 수 있었던 것이다. 그린은 치료를 받고 회복되었고, 신의 손길이 그녀를 구했다는 이유로 사면을 받게 되었다. 그녀는 이후 결혼해 세 자녀를 낳고 9년을 더 살았다.

이런 일이 먼 과거에만 일어났다고 생각하는가? 오늘날에도 사망 선고를 받았다가 나중에 살아있는 것으로 밝혀지는 경우가 여전히 발생한다. 보통 이는 신경학적 검사를 철저히 하지 않거나 검사 결과를 잘못 해석하는 등 의료 과실로 인한 결과다.

사망을 판단하는 일은 의사들이 일상적으로 맞닥뜨리는 매우 중요한 문제이다. '뇌사 brain death'라고 부르는 상태는 심장이 뛰지 않는 '임상적 사망 clinical death'과 매우 다를 수 있으며, 이 둘은 세포가 죽기 시작하는 '생물학적 사망'이나 소생 가능성이 전혀 없는 '법적 사망'과도 다를 수 있다.

특히 환자가 뇌사 상태로 신체의 나머지 기능을 유지할 수 있게 하는 기계에 몇 개월간이나 연결되어 있는 경우에는 이러한 불확실성이 두드러진다.

그렇다면 뇌사 상태에서는 실제로 어떤 일이 일어날까? 뇌는 신체 산소의 약 20퍼센트를 사용하며, 산소가 공급되지 않으면 곧바로 산소 부족 상태에 빠진다. 사고나 뇌졸중으로 인해 뇌로 가는 산소를 운반하는 혈류가 단 몇 분만 중단되어도 신경 세포가 죽을 수 있다. 산소가 부족할 경우, 세포가 이온의 출입을 조절하는 기능을 잃으면서 모든 균형이 깨진다. 이 변화 때문에 세포 내에 칼슘이 축적되며, 이는 다시 단백질과 자유라디칼Free fadical을 자극해 세포의 기능을 멈추게 하고 모든 것을 분해하기 시작한다. 이 모든 과정은 단 몇 분 만에 일어날 수 있다.

그러나 예외도 있다. 1988년, 2세 소녀 미셸 펑크Michelle Funk는

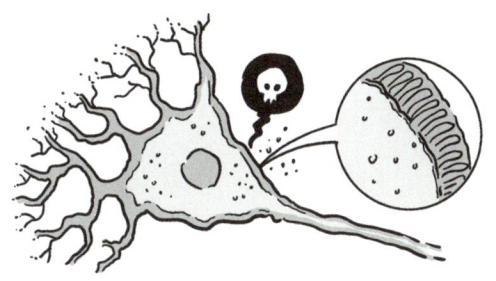

솔트레이크시티 근처의 얼어붙은 개울에 빠졌고, 1시간 이상 물에 잠겨 있다가 수면 위로 건져졌다. 그녀는 죽은 것처럼 보였지만 기적적으로 살아났다. 구조대원들은 물에서 그녀를 구조한 후 바로 심폐소생술CPR을 실시했고, 병원으로 이송된 후에는 의사들이 인공 심폐기를 사용해 체외에서 그녀의 혈액을 데웠다.

의사들은 저체온증(체온이 35°C 이하로 떨어지는 상태)이 미셸을 구했다고 생각한다. 체온이 낮아지면 세포 대사가 중단되고 뇌부종과 염증이 줄면서 세포 사멸을 막을 수 있다.

체온이 갑자기 저하되면 '잠수 반사 diving response'라는 신체 반사 작용이 나타날 수 있다. 이는 수생 포유류에서 발견되는 아주

○ 자유라디칼은 화학적으로 불안정한 분자로, 우리 몸속 세포 안에서 자연스럽게 생성된다. 보통 전자의 개수가 홀수인 상태로, 짝을 이루지 못해 다른 분자에서 전자를 빼앗아 화학적으로 안정된 상태를 이루려는 성질이 있다. 이러한 성질 때문에 자유라디칼이 많아지면 세포가 손상되고, 노화나 질병을 유발할 수 있다. _옮긴이

오래전 진화한 반사 작용이다. 물에 잠겼을 때는 잠수 반사로 체내 산소를 보존하기 위해 심박수가 낮아지고 혈관이 수축된다. 목욕탕이나 수영장에 몸을 담갔을 때 물속에서 평온함을 느낀 적이 있는가? 그것이 바로 잠수 반사가 작동한 것이다.

초기의 저체온증, 젊은 뇌가 가진 회복력, 구조자들의 조치 덕분에 미셸은 시련을 극복하고 정상적인 삶을 살아가게 되었다. 놀라운 점은, 미셸과 같은 사람들이 죽음을 경험하고도 살아남아 그 이야기를 들려준다는 것이다.

임사 체험

죽음을 경험한다는 것은 어떤 느낌일까?

죽음은 그 정의상 경험을 할 수 있는 상태의 종말이라고 볼 수 있다. 하지만 앞서 논의했듯이 사망의 정의는 다소 모호하다. 예를 들어, 미셸의 심장은 1시간 이상 멈췄지만, 이 경우 저체온증의 긍정적인 효과에도 불구하고 산소 부족으로 뇌세포가 손상되었을 가능성이 높다. 과학자들은 그녀가 어렸기 때문에 뇌가 기능 손실을 회복하거나 상쇄하는 능력을 갖고 있었다고 생각한다.

미셸이 어떤 경험을 했는지는 정확히 알기 힘들다(당시 그녀는 두 살이었다). 하지만 유사한 사고에서 생존한 이들 중에는 죽음에 가까이 갔을 때 어떤 느낌이었는지 이야기할 수 있는 사람들이 있다. 이런 경우 많은 피해자들은 뇌 기능이 손상된 기간 동안 임사 체험 near-death experience, NDE을 했다고 설명한다. 임사 체험은 의미심장하고 강렬하며, 사람들이 이에 대해 말하는 내용에는 많은 공통점이 있다.

대부분의 임사 체험은 다음과 같이 전개된다. 통증에서 완전히 해방된 느낌과 함께 터널 끝에서 밝은 빛을 보는 것이다. 자신의 몸을 떠나 멀리서 바라보거나 공중으로 떠오르는 느낌을 받기도 한다. 살아 있거나 이미 세상을 떠난 사랑하는 사람을 만나기도 하고, 천사와 같은 영적 존재를 만났다고 하는 사람도 있다. 일생이 눈앞을 빠르게 스쳐 지나가는 강렬한 느낌을 보고하는 사람들도 있다. 시간과 공간이 왜곡되어 이러한 경험은 더욱 초현실적으로 느껴진다. 어떤 임사 체험을 하든, 이는 평소의 의식적인 경험과는 다르다.

임사 체험은 문화적 규범에 따라서도 달라지는 것으로 보인다. 서구와 비서구 문화권을 비교한 연구에서, 밝은 빛을 보는 것과 같은 공통 요소를 일부 발견했지만, 일생이 펼쳐지는 주마등과 같은 경험은 보편적이지 않았다. 이는 문화적 기대나 배경에 따라 일어날 것이란 기대에 부합하는 경험을 하게 될 수 있음을 시사한다.

임사 체험에는 신경학적 근거가 있을까? 연구 결과, 임사 체험에서 느끼는 몸 밖으로 나가는 느낌은 과학자들이 '**자기상 환시**autoscopy'라고 부르는 현상과 공통점이 많다. 몸 밖에서 자신을 관찰하는 느낌인 자기상 환시는 죽음을 앞둔 순간뿐만 아니라 임의의 시점에도 발생할 수 있다.

5명의 환자를 대상으로 진행된 연구에서, 몸 밖에 있는 느낌은 귀의 바로 뒤쪽과 위쪽에 위치한 뇌 영역인 측두 두정엽접합부temporoparietal junction, TPJ의 기능 장애와 관련되어 있다는 것이 드러났다. 이 연구에서 과학자들은 경두개 자기 자극 기법으로 전자기 펄스를 이용해 이 영역의 기능을 방해했다. 그러자 환자들은 시야에서 차단된 왼손의 위치를 추정하는 데 어려움을 겪었다. 과학

자들은 이 부위가 모든 감각에서 들어오는 정보를 처리해 몸의 위치를 인식하는 데 중요한 역할을 한다고 생각한다. 이 부위가 손상되거나 제대로 기능하지 않는 경우, 사람들은 유체이탈 경험과 마찬가지로 몸에서 분리된 느낌을 경험하게 된다.

따라서 사람들이 죽음에 임박했을 때 몸을 떠나는 것처럼 느끼는 현상은 이 뇌 영역의 기능 이상일 수 있다. 그렇다면 무엇이 이런 기능 이상을 유발하는 것일까?

과학자들은 뇌가 죽어갈 때 일련의 신경화학적 변화가 유발된다고 생각한다. 특정 사람들이 임사 체험으로 인식하는 현상은 이러한 변화의 일부로 설명할 수 있다.

예를 들어, 뇌 화학물질인 세로토닌을 기억하는가? 오래전부터 낮은 세로토닌 수치가 우울증을 유발한다고 여겨졌지만, 지금은 이런 관점이 틀렸거나 최소한 불완전하다고 본다. 이상하게도, 죽음 직전에 뇌에서 세로토닌이 급증하는 것으로 보인다. 작은 동물을 대상으로 이를 측정한 실험에서, 설치류가 죽을 때 뇌의 세로토

닌 수치가 세 배로 증가하는 현상을 발견한 것이다.

세로토닌은 임사 체험에서 사람들이 느끼는 감각 왜곡에 특히 중요한 단서가 될 수 있다. 환각을 유발하는 일부 약물은 세로토닌 수용체를 방해함으로써 이런 효과를 낸다. LSD와 '마법의 버섯magic mushroom(신경활성 화학물질인 실로시빈psilocybin을 함유하고 있다)'은 주로 세로토닌 2A(5-HT2A) 수용체를 활성화시키는 것으로 알려져 있다. 이는 세로토닌 수치를 높여 지각, 기분, 사고에 변화를 일으킨다. 추측에 불과하지만, 사망 시 세로토닌이 급격히 치솟으면서 세로토닌을 기반으로 하는 환각제 효과와 비슷한, 몽롱하고 비현실적인 경험을 일으키는 것일 수 있다.

또 다른 환각 물질인 N디메틸트립타민N-Dimethyltryptamine, DMT도 단서를 제공할 수 있다. N디메틸트립타민은 남미 샤머니즘 전통에서 사용되는 식물성 환각제 아야와스카ayahuasca의 정신 활성 성분이다. N디메틸트립타민은 세로토닌과 구조적으로 유사하며 같은 화학 수용체에 결합한다. 세로토닌과 마찬가지로, 설치류가

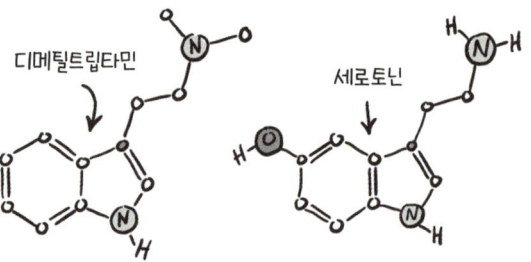

죽을 때 그들의 시각 피질에서 N디메틸트립타민 수치가 급증하는 것이 관찰되었다.

실제로, N디메틸트립타민을 복용하면 임사 체험과 유사한 경험을 할 수 있다. 2018년 진행된 한 연구에서 건강한 자원자들에게 위약 또는 N디메틸트립타민을 투여한 후 경험을 묘사하도록 요청했다. 참가자들은 즐거움을 느꼈는지, 시간이 멈춘 듯한 느낌을 받았는지, 몸 밖에 있는 듯한 감각을 경험했는지와 같은 질문을 받았다. 과학자들은 N디메틸트립타민이 위약에 비해 임사 체험과 관련된 경험을 눈에 띄게 증가시킨 것을 발견했다. 이 결과는 실제 임사 체험과 N디메틸트립타민이 유발하는 환각 상태가 매우 비슷하다는 것을 시사한다.

물론, 임사 체험을 몇 가지 신경화학물질만으로 설명할 수는 없다. 세포가 죽기 시작하면 크고 복잡한 대사 변화가 일어난다. 죽음을 단순히 전원이 꺼지듯 뇌가 멈추는 것으로 생각하는가? 최근 연구들을 통해 죽음을 앞둔 순간 뇌 활동이 오히려 증가한다는 사실이 밝혀졌다.

한 연구에서 과학자들은 쥐의 심장이 멈추는 동안 뇌 신호를 기록했다. 그들은 신호가 얼마나 강한지, 뇌 영역 간 활동의 동기화 정도가 어느 정도인지와 같은 신호의 다양한 특징 변화를 분석했다. 그 결과, 심장이 멈춘 후 첫 30초 동안 특정 파장에서 뇌 활동이 급증하는 현상이 관찰되었다. '감마 진동 gamma oscillations'이라 불리는 이 파장은 보통 의식적인 정신 처리의 신호이다. 이 진동은 뇌 전체에 걸쳐 나타났으며, 특히 앞쪽과 뒤쪽을 연결하는 부위에서 두드러졌다. 이 활동은 정보 처리와 기억을 나타내는 델타파와 알파파와도 연관이 있는 것으로 보였다.

30초가 지나자 뇌파가 고르게 변하고 완전히 활동을 멈췄다. 이는 심장이 멈추고 뇌가 사고를 멈추기 전에 강렬한 정신적 처리가 일어나는 시간이 있음을 뜻한다.

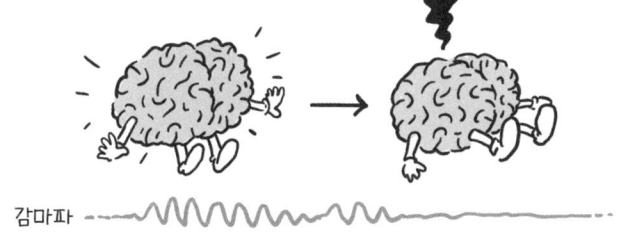

이런 연구는 사람을 대상으로 하기가 거의 불가능하다. 그러나 2022년 한 환자의 뇌를 분석하던 중 환자가 사망한 사례가 있었

다. 87세의 이 남성은 낙상으로 병원에 이송되었고, 뇌 혈전으로 인해 상태가 급격히 악화되었다. 발작 징후를 찾기 위해 의사들이 그의 뇌 활동을 모니터링하던 중 호흡과 심장 박동이 약해지기 시작했다. 환자의 가족과 논의한 끝에 '심폐소생술 거부'라는 환자의 생전 뜻에 따라 치료를 중단했고, 그는 사망했다.

뇌 기록 분석 결과 놀라운 사실이 밝혀졌다. 쥐의 경우에서처럼 심장이 멈춘 후 환자의 뇌 활동도 활발해졌다. 또한 쥐와 마찬가지로, 이 활동의 급증은 감마파 형태로 나타났다. 환자가 사망 당시 어떤 생각을 했는지는 알 수 없다. 하지만 사망과 관련된 이런 복잡한 활동 패턴은 사망 시 뇌가 전원을 끄듯 기능을 중단하는 것 이상의 일을 한다는 사실을 시사한다.

과학자들은 임사 체험이 뇌가 자신에게 일어나고 있는 일을 이해하려는 시도, 즉 죽어가는 뉴런의 '마지막 몸부림'일지 모른다고 생각한다.

죽음을 면할 수 있을까?

죽음의 불가피성을 생각하다 보면 죽음을 최대한 늦추고 싶다는 생각을 하게 된다. 당신만 그런 것이 아니다. 활기차게 오래 살기를 원하는 것은 자연스러운 일이며, 지난 수천 년 동안 인류가 기울여온 노력의 대부분은 이 목표에 집중되어 있었다. 의학은 놀라운 성취를 이루었고, 우리의 수명은 이론적 한계인 약 125세를 넘어 연장될 가능성이 보인다. 촉망받는 연구 분야가 등장하고 있으며, 미래에는 인간이라는 유한한 존재의 경계를 확장하는 흥분되는 미래를 기대할 수 있게 되었다.

그 방법 중 하나가 유전자 편집이다. 노화는 유전자에 내재되어 있기 때문에, 크리스퍼(clustered regularly interspaced short palindromic repeat, CRISPR) 같은 유전자 편집 도구와 기타 유전자 치료법이 노화를 일으키는 유전자를 비롯한 다양한 유전자 편집 능력을 빠르게 향상시키고 있다. 죽음과 장애를 초래하는 유전자를 억제하는 유전자 편집 전략이 머지않아 실현되는 상상을 하기는 어렵지 않다. 이런 전략은 세포 손상을 복구하는 유전자의 발현을 촉진해 우리에게 훨씬 더 길고 건강한 삶을 선사할 수 있다.

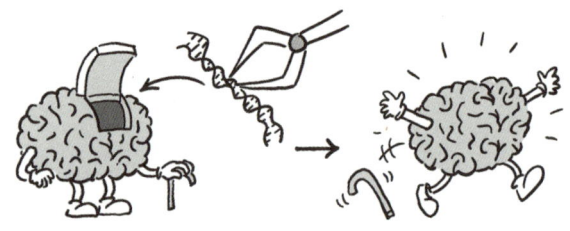

장수나 노화 관련 질환 치료 분야에서 이미 인상적인 성과가 나타났다. 유전자 변형 바이러스를 통해 유전자 치료를 쥐에게 적용한 실험에서, 암 성장 촉진과 같은 부정적 부작용 없이 쥐의 수명을 최대 41퍼센트 연장하는 데 성공했다. 인간이라면 수명을 30년 연장하는 것과 같은 효과이다.

이런 치료법은 아직 인간에게 적용되지 않고 있지만, 인간 세포에서도 노화를 성공적으로 줄인 사례가 보고되었다. 그중 한 연구에서는 114세의 '수퍼센티네리언supercentenarian(110세가 넘은 초장수자)'로부터 기증받은 세포를 특수 유전자 칵테일을 사용해 젊은 사람의 세포로 되돌렸다. '야마나카 인자Yamanaka factor'라고 불리는 이 유전자들은 노화된 인간 세포를 태아의 줄기세포로 되돌리는 능력을 가지고 있다. 줄기세포는 배아가 처음 형성될 때의 세포 유형으로, 신체 내 어떤 세포로도 분화될 수 있으며 부상이나 질병으로 손상된 세포와 조직을 재생할 수 있는 능력도 갖고 있다. 요컨대, 우리는 몸속 어떤 세포든 더 젊은 상태로 되돌릴 수 있게 될지도 모른다.

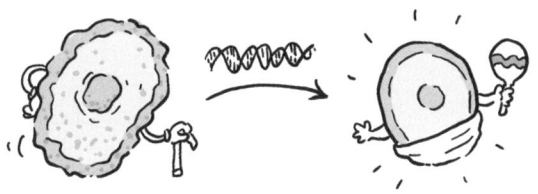

다른 기술적 진보들을 통해 노화를 양방향으로 조작하는 것이 가능해질 수도 있다. 즉, 죽음으로 향하는 느린 과정을 되감기 하거나 빨리 감기 하는 것이 가능해질지도 모른다. 과학자들은 DNA의 발현을 조절하는 후성유전체인 에피게놈epigenome을 조작함으로써, 야마나카 인자를 이용해 노화를 가속화하거나 지연시키는 데 성공했다.

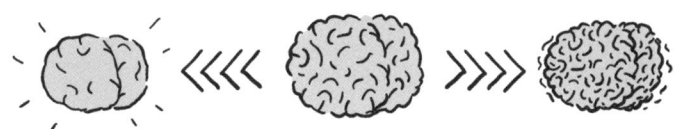

과학자들은 또한 '노화 세포'에도 주목하고 있다. 이는 오래되거나 기능이 멈춘 채로 뇌와 신체에서 사라지지 않고 남아 있는 세포를 말한다. 이 세포들은 염증과 노화를 유발하는 염증성 사이토카인inflammatory cytokines이라 불리는 해로운 분자를 방출한다. 쥐를 대상으로 이 세포를 표적으로 삼아 제거하는 방법을 적용한 결과, 수명과 건강이 개선되었다. 이러한 치료법을 인간에게 적용하기 위한 임상 시험 계획이 진행 중이지만, 설계와 실행에는 몇 년이 소요될 것이다.

인간은 복제될 수 있을까?

과학이 노화 과정과 자연사를 지연시킬 수는 있더라도, 새로운 질병이나 갑작스러운 사고와 같은 다른 위협으로부터 우리를 보호할 수는 없을 것이다. 최근 과학자들은 뇌가 죽음을 모면할 다른 방법이 있는지 탐구하기 시작했다. 이는 '인간의 의식을 컴퓨터에 업로드할 수 있을까?'라는, 공상 과학 소설SF에 자주 등장하는 질문에서 비롯되었다.

의식을 다른 형태로 복제함으로써, 그러니까 안드로이드나 복제

인간의 몸에 복사해 불멸을 달성할 수 있을지도 모른다. 하지만 신경과학, 컴퓨터의 연산력, 데이터 저장 기술의 눈에 띄는 발전에도 불구하고, 앞서 살펴보았듯이 뇌는 정교하고 복잡한 기관이며, 이를 완전히 복사할 수 있을지는 불분명하다.

먼저, 뇌를 어디에 복사해야 할까? 뇌의 작동을 지원하고 시뮬레이션할 수 있는 컴퓨터를 설계·제작해야 한다. 이를 위해 여러 기업이 뇌의 계산 방식을 모방하는 '뉴로모픽 칩 neuromorphic chip'을 개발하고 있다. 현재의 뉴로모픽 칩에는 수백만 개의 인공 뉴런이 있으며, 신경 컴퓨팅 플랫폼(모듈식이고, 확장이 가능 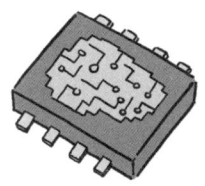 하며, 우리 뇌에서 발견되는 가소성 규칙을 모방할 수 있다)을 향한 가장 유망한 경로로 여겨진다.

또 다른 가능성은 뇌를 복제하는 것이다. 과학자들은 배양 접시에서 '미니 뇌'를 키우는 데 성공했다. '뇌 장기유사체 cerebra organoid'라고 불리는 이 세포 집합체는 사람이나 쥐로부터 얻은 줄기세포로 만들어진다.

과학자들은 뇌세포를 키우고, 그들의 전기 활동을 기록하고, 성능에 대한 피드백을 제공하는 데에 성공했다. 이를 통해 과학자들은 세포 네트워크가 비디오 게임을 하는 것과 같은 복잡한 행동을 하도록 학습시켰다.

이 기술이 미래에 뇌 전반의 기능을 복제할 수 있다는 생각은 완전히 비현실적인 것만은 아니다.

하지만 뇌를 복제하는 데 있어서의 진정한 장애물은 뇌를 스캔하는 것이다. fMRI나 PET(양전자 방출 단층 촬영 Positron Emission Tomography)와 같은 현재의 뇌 영상 기술은 뇌가 기능적으로 어떻게 연결되어 있는지 추정할 수 있으며, 뇌 조직을 몇 세제곱밀리미터 수준에 이르는 해상도로 볼 수 있게 해준다.

대단하게 들리지만, 그 정도로 작은 부피의 뇌 조직에도 15만 개 이상의 뉴런이 존재하며, 각 뉴런은 다른 뇌세포와 수천 개의 연결을 형성할 수 있다. 따라서 현재의 영상 기술로는 당신을 당신답게 만드는 세부 정보를 포착하는 것이 불가능해 보인다.

전자 현미경이나 냉동 보존술과 같은 해부학적 방법으로 이 해상도를 단일 시냅스를 관찰할 수 있는 수준까지 향상시킬 수 있을지도 모른다. 하지만 이런 방법에는 사망 후에 보존액으로 처리하거나 얼린 후 뇌를 얇은 절편으로 자르는 전혀 유쾌하지 못한 과정이 필요하다.

또한 아무리 정밀한 해부학적 스캔이라도, 수조 개의 시냅스 각

각에 존재하는 수천 가지 유형의 단백질 상태를 포착해낼 수 있다는 증거가 없다. 뇌가 정보를 처리하는 방식을 결정하는 방대한 활동의 양에 비하면, 현재 기술로 포착할 수 있는 것은 말 그대로 빙산의 일각에 불과하다.

그리고 철학적 질문도 남아 있다. 생각해보자. 만약 누군가가 당신을 완벽하게 복제한 존재를 만든다면, 그 복제품은 여전히 '당신'일까?

일상에서 당신은 늘 같은 의식을 가지고 있다는 감각을 갖는다. 밤에 잠을 자고 아침에 깨어나도, 전날 밤 잠들었을 때와 같은 사람이라고 생각하는 것이다. 수년간 혼수상태에 있다가 깨어난 환자들도 여전히 자아에 대한 감각을 유지한다(다만, 나이가 든 것을 깨닫고 충격을 받는 사람도 있다).

5장에서 언급한 기억 장애 환자 헨리 몰래슨(H.M.)은 기억력이 손상되었지만, 여전히 현재의 자아 감각을 유지하는 것처럼 보였다. 누군가가 당신을 복제한다면, 여전히 이런 **의식의 연속성**을 가질 수 있을까?

　죽지 않고 살아 있는 동안 생물학적 의식을 컴퓨터로 전송할 수 있다고 상상해보면 이 문제를 더 명확하게 이해할 수 있다. 이제 두 개의 당신이 있다. 원본은 당신의 의식을 계속 생성하며, 당신은 여전히 원래의 몸에 있는 당신을 '나'라고 느낀다. 하지만 새로운 몸에 있는 복사본도 자신을 '나'라고 느낄 것이다. 어느 쪽이 '진정한' 당신일까? 그리고 만약 생물학적 몸이 죽는다면, 복사본은 원본의 당신을 '나'라고 느낄까, 아니면 다른 사람으로 여길까?

죽음이 사라진 세상이 올까?

과학은 인간 지식의 한계를 확장하려는 탐구의 과정이다. 가끔은 빛의 속도와 같이 넘어서기 힘든 한계에 부딪히기도 하지만, 대체로 우리 앞을 가로막는 많은 장애물들을 극복할 수 있을 것으로 보인다. 현재 우리는 분명 죽음이라는 문제에 대한 해결책에 점점 더 가까워지고 있다.

분명히 감사해야 할 일이 많다. 과학과 공중 보건 덕분에 우리 세대의 대부분은 더 건강하고 오래 살게 될 것이다. 만약 당신이 1900년경에 태어났더라면, 평균 수명은 오늘날처럼 70대 중반이 아닌 40대 초반이었을 것이다. 백신을 비롯한 공중 보건 조치로 아동 사망률이 감소하고, 몇십 년 전만 해도 우리 삶을 크게 단축시켰을 질병에 대한 치료법을 개발한 덕분에 장수하게 된 것이다.

더 건강하게 오래 사는 것을 싫어할 사람은 없다. 더 길어진 삶 덕분에 단순한 생존에서 벗어나 삶의 목적과 의미를 찾는 기회를 가질 수 있다. 최근 조사에 따르면, 100세 이상 장수한 사람들은

60대인 사람들보다 전반적으로 더 행복하고 만족도가 높은 것으로 나타났다.

그렇다면, 어떻게든 죽음을 완전히 극복할 방법을 찾게 된다면, 그렇게 **해야 하는** 것일까? 죽음을 피하는 데 성공해 모두 수명이 획기적으로 연장되고, 어쩌면 결코 죽지 않는 수준까지 연장된다면 어떤 일이 일어날까? 수명 연장이 인류와 지구에 어떤 영향을 미칠까?

예를 들어, 수명이 연장되면 세계의 자원이 고갈되지 않을까? 연장된 수명으로 쌓인 집단적 지혜가 우리에게 혜택을 줄까, 아니면 고령의 세대가 살아남아 구시대적 사고방식과 고착화된 리더십으로 사회가 정체될까? 만약 죽음을 모면하는 비용이 너무 비싸서 부자들만 감당할 수 있다면, 유전적으로 강화된 '사는 자'와 '살지 못하는 자'라는 계층이 생기지 않을까?

더 근본적으로, 그것이 인류라는 종 자체를 변화시킬까? 지금까지 진화는 적응을 위해 유전자를 이용했고, 이런 적응이 현재의 우리를 만들었다. 이 같은 적응은 자연 속의 경쟁과 자연 선택에 의해 이루어졌다. 하지만 유전자가 단지 코드에 불과하고 우리가 그 코드를 바꿀 수 있다면, 자연의 흐름에 개입하게 되는 셈이다. 문제는 이 과정에서 예측 불가한 위협에 대처하는 데 필요한 새로운 유형의 지능을 진화시키는 능력을 잃을 수 있다는 점이다. 유전자와 뇌를 인공적으로 조작하면 사고방식이 획일화되지 않을까?

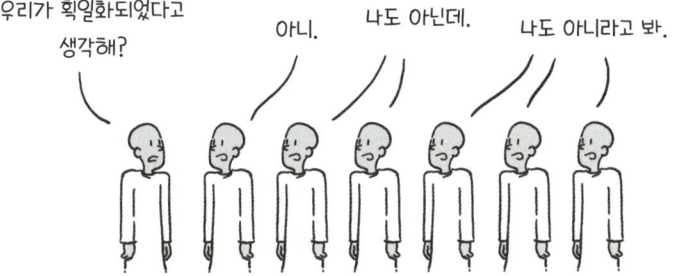

 진화의 힘이 뇌와 정신을 만들었다. 어쩌면 우리의 정신이 지능과 수명의 다음 진화를 이끌게 될지도 모른다. 만약 그런 일이 일어난다면, 진정한 삶의 의미는 단순히 더 오래 사는 것이 아니라는 사실을 기억할 수 있길 바란다.

유한한 삶의 의미

 요약하자면, 과학은 뇌가 죽어갈 때 어떻게 기능하는지 서서히 밝혀내고 있다. 만약 과학이 임사 체험을 완벽하게 설명할 수 있게 되더라도, 마지막 뉴런이 꺼진 **후** 어떤 일이 일어나는지에 대한 의문은 여전히 남아 있다. 좋은 소식은 뇌가 어떻게 죽는지 이해하는 과정에서 뇌가 살아 있을 때 어떻게 작동하는지 새로운 통찰을 얻을 수 있다는 점이다.

 죽음은 두려울 수 있다. 그러나 다른 두려움이나 공포증과 마찬가지로, 지상에서 보내는 시간 속에서 목적과 의미를 발견함으로써 조금이나마 위안을 얻을 수 있다.

삶이 유한하다는 사실은 미래를 두려워하기보다 사람들과 관계를 맺으며 너그러운 마음으로 현재를 살아가게 하는 영감이 될 수 있다. 물리적으로 뇌가 죽은 이후에도 의식이 살아남는다고 믿을 만한 증거는 없다. 하지만 긍정적인 사회적 관계를 맺고 지속적인 영향력을 남기는 일을 하는 것은 나라는 존재를 계속해서 살아 숨 쉬게 하는 방법이다.

11장

무엇이 우리를 인간답게 만들까?

쥐새끼처럼 요리조리 피하는 법은
꼭 익혀야 할 기술이란다.
그게 인간을 동물과 다르게 만드니까.
물론 쥐는 예외고.
　_〈심슨 가족The Simpsons〉에서 호머 심슨Homer Simpson

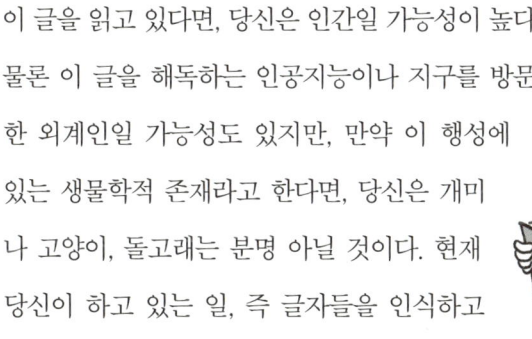

이 글을 읽고 있다면, 당신은 인간일 가능성이 높다. 물론 이 글을 해독하는 인공지능이나 지구를 방문한 외계인일 가능성도 있지만, 만약 이 행성에 있는 생물학적 존재라고 한다면, 당신은 개미나 고양이, 돌고래는 분명 아닐 것이다. 현재 당신이 하고 있는 일, 즉 글자들을 인식하고 이 문장들의 단어와 의미를 처리하는 일은 지구상에서 단 한 종, 오직 우리 인간만이 할 수 있다.

———　11장. 무엇이 우리를 인간답게 만들까?

인간은 상당한 성취를 이루었다. 우리는 이 행성을 떠난 유일한 종이며,• 우리 대신 일을 하는 기계를 발명한 유일한 종이고, 우주의 다른 부분이 어떤 모습이고 어떻게 움직이는지 이해하는 측면에서 큰 발전을 이룬 유일한 종이다. 뇌에 관한 책에 만화를 집어넣은 만화가와 신경과학자가 있는 유일한 종이기도 하다. 물론 그런 책이 가치가 있느냐에는 논란의 여지가 있지만 말이다.

인간이 다른 종에 비해 큰 성취를 이룬 이유를 어떻게 설명할 수 있을까? 이 책에서 보았듯이, 인간만이 할 수 있다고 생각하는 일들 중에는 사실 다른 동물들도 할 수 있는 것들이 많다. 다른 동물들도 사랑하고, 미워하고, 두려움을 느끼며, 중독되고, 웃는다. 심지어 행복감도 느낀다. 하지만 지구 전체의 환경을 변화시킬(좋은 쪽이든 나쁜 쪽이든) 동기와 능력을 가지고 있거나, 다양한 기후와 환

• 의도적으로 떠난 경우에 한해서다. 박테리아가 처음에 운석을 타고 화성에서 지구로 왔다는 학설이 있다.

경에 인간만큼 빠르게 적응할 수 있는 종은 없다. 그리고 이 모든 것은 당신의 머릿속에 있는 3파운드짜리 기관 덕분이다.

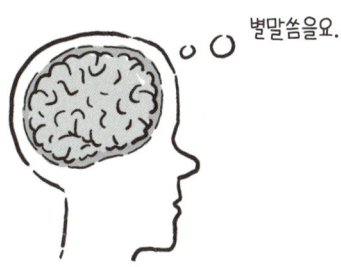
별말씀을요.

인간의 뇌는 감탄할 만한 존재다. 뇌는 우리가 아는 한 우주에서 가장 복잡한 조직 구조 중 하나로 알려져 있다. 하지만 이 물컹하고 주름진 생각의 저장소가 그 모든 일을 어떻게 해내는지에 대한 우리의 이해는 여전히 많은 부분에서 시작 단계에 머물러 있다.

정확히 무엇이 인간의 뇌를 세상의 다른 모든 뇌들과 차별화되게 만든 것일까? 아직 다 밝혀지지는 않았지만, 떠오르는 몇 가지 명확한 가능성이 있기는 하다. 크기는 유력한 후보다. 인간은 지구상의 어떤 종보다 큰 뇌를 가지고 있다. 복잡성은 또 다른 후보이다. 인간의 뇌는 모든 동물 중 가장 밀도가 높다. 의식(7장에서 살펴봤듯이) 역시 중요한 요소다. 인간에게는 언어와 도구 사용 같은 특정 기술을 배우는 데 필요한 특별한 뇌 영역도 있다. 정말 이것들이 인간을 두드러지게 만들고 기술적·사회적 진보로 가는 추월 차선에 올려놓은 것일까? 이제 이러한 특성들을 하나씩 살펴보면서, 이것이 인간이 이 행성에서 성공한 이유를 설명할 수 있는지 알아보자.

크기가 중요하다

약 250만 년 전, 인간의 머리는 폭발적으로 성장했다. 물론, 크기 면에서 말이다. 신경 세포 덩어리에 불과했던 우리 조상들의 뇌는 수십억 년에 걸쳐 새로운 환경을 탐색할 수 있는 복잡한 신경계로 진화해왔다.

모든 것은 약 35억 년 전의 단세포 생물에서 시작되었다. 가장 오래된 단세포 생물인 박테리아는 세포 내부의 수분량을 조절할 방법이 필요했다. 수분을 너무 많이 흡수하면 세포가 폭발하고, 너무 적게 흡수하면 말라 죽는다. 이를 조절하기 위해 박테리아는 이온 채널과 이온 펌프라는 현명한 해법을 진화시켰다. 이것은 세포막에 있는 작은 단백질 기계로, 나트륨 같은 이온이 세포 안팎으로 드나드는 양을 조절한다. 물은 이온 농도가 낮은 곳에서 높은 곳으로 이동하기 때문에, 세포는 나트륨을 많이 흡수함으로써 많은 양의 물을 세포 안으로 들어오게 할 수 있다. 반대로 세포는 일부 나트륨을 배출함으로써 많은 양의 물을 세포 밖으로 내보낼 수도 있다.

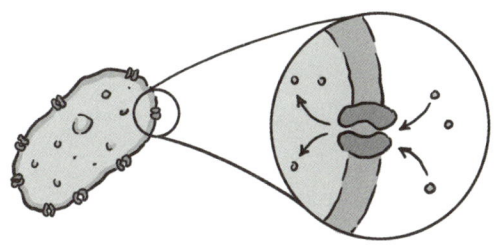

이렇게 처음에는 수분 관리 시스템이었던 것이 곧 다른 용도에 쓰이게 되었다. 바로 통신이다. 나트륨 같은 이온은 전하도 가지고 있다. 따라서 이 전하를 세포 안팎으로 이동시키면 전기 신호를 만들 수 있다. 박테리아는 원래 이 시스템을 몸 안에서 신호를 전달하는 용도로만 사용했다. 작은 촉수 같은 편모를 순차적으로 활성화해 물을 밀고 움직이는 데 사용한 것이다.

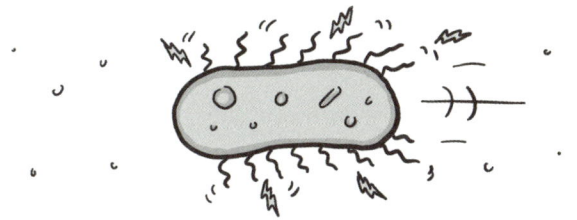

그러나 결국 단세포 생물들이 모여 군집으로 함께 움직이기 시작했다. 약 10억 년 전, 깃편모충choanoflagellate이라고 알려진 작은 수생 생물이 등장했다. 깃편모충은 단세포 동물의 현존하는 가장 가까운 친척이다. 이들은 채찍 모양의 섬모를 가지고 있고 이를 물고기 꼬리처럼 사용해 물속을 움직인다. 대부분의 깃편모충 종들은 꼬리를 이용해 돌아다니며, 박테리아를 끌어당겨 먹는 방식으로 혼자서도 잘 생존했다.

그러나 일부 깃편모충은 여러 세포로 분열해 서로 연결된 군집을 형성했고, 이때부터 소통이 시작되었다. 이 단순한 군집은 현대의 뇌에서 화학 신호 전달에 사용하는 것과 동일한 일부 유전자들을 진화시켰다. 이는 뇌세포 간 소통에 필수적인 신경전달물질을 농축하고 방출하는 단백질을 생성하는 유전자였다.

이 군집은 8억 9천만 년 전 화석 기록에 등장하는 해면동물로 진화했을 가능성이 높다. 해면동물은 돌아다니며 음식을 사냥할 필요 없이, 한 곳에 정착해 살아가는 최초의 동물 중 하나였다. 그들은 채찍 모양 돌기가 있는 세포들의 움직임을 조율함으로써 주

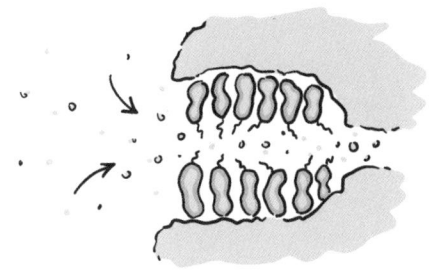

변 물속에서 필요한 영양분을 끌어당겨 먹을 수 있었다.

2010년, 과학자들은 호주 그레이트 배리어 리프에 서식하는 암피메돈 퀸즐란디카Amphimedon queenslandica라는 해면동물의 유전체를 해독했다. 이로써 인간이 해면동물과 유전체의 70퍼센트를 공유한다는 사실이 밝혀졌다. 이는 기초적인 세포 기능과 소통이 얼마나 중요한지를 보여준다. 우리 유전자의 70퍼센트가 그런 기본 기능에 할애되어 있는 것이다.

해면동물은 많은 세포가 하나로 협력하는 방식으로 진화한 전환점을 상징한다. 이 새로운 방식은 약 5억 4천만 년 전, 캄브리아기 대폭발Cambrian explosion이라고 불리는 시기에 급속히 확산되었다. 단 2천만 년 만에 다양한 다세포 생물들이 등장했고, 이때부터 뇌

11장. 무엇이 우리를 인간답게 만들까? 433

진화의 초기 징후가 나타나기 시작했다.

뇌의 진화는 눈에서 시작되었다. 캄브리아기 대폭발 기간 동안, 생물들은 단순한 생물들이 가진 빛을 감지하는 단백질로 먼 거리에서 물체를 정확히 볼 수 있는 구조를 만들기 시작했다. 눈의 발달로 포식자는 먼 거리에서 먹이를 더 효율적으로 발견하고 사냥할 수 있게 되었다. 이것이 모든 생물이 더 빠르고 더 잘 협응하도록 만드는 압력이 되었을 것이다. 먹이는 더 빨리 도망가야 했고 포식자는 더 똑똑해져야 했으니 말이다.

곧, 최초의 신경계와 독특한 '머리'를 가진 생물들이 등장하기 시작했다. 가장 초기의 물고기로 알려진 **하이쿠이크티스** Haikouichthys의 화석은 캄브리아기에 속한다. 이것은 2.5센티미터 길이의 턱이 없는  작은 무턱 물고기로, '사고'를 할 수 있었을지도 모를 뇌와 유사한 세포 덩어리, 척추, 눈, 원시적인 청각 및 후각 기관을 갖고 있었다. 이 생물은 이미 멸종했기 때문에 유전체를 연구할 수 없으며, 정확히 어떤 기능을 가졌는지 알 수 없다. 그러나 이런 경골어류에서 우리와 같은 모든 척추동물 뇌의 특징인 수초화 myelination가 처음 나타나기 시작한다.

수초는 신경 세포를 감싸고 절연하는 지방질로, 신경 세포가 더 빠르고 더 먼 거리까지 신호를 전달할 수 있게 해준다. 이로 인해 초기 뇌는 반응 속도를 희생하지 않고도 크기를 키울 수 있었다.

단순한 어류가 진화하고 뇌가 커질 수 있게 된 후, 우리 조상들은 새로운 도전에 직면하게 되었고, 그에 따라 점점 더 큰 사고 기관이 필요해졌다. 약 3억 6천만 년 전, 생물들은 먹이나 더 나은 생활환경을 찾아 물에서 나와 육지로 올라오기 시작했다.

우리의 양서류 조상은 폐어lungfish였을 가능성이 높다. 폐어란 이름에서 알 수 있듯이 공기 호흡을 하는 물고기이다. 수중 환경에 적응했던 감각이 공기가 있는 환경에서 기능하도록 변형되었다. 또한 체온 조절이 더욱 중요해졌다. 공기는 물보다 열을 저장하는 능력이 훨씬 낮기 때문에 주변의 온도 변화가 커졌고 이에 우리 조상들은 큰 온도 변화에 대처해야 했던 것이다. 게다가 육지에서는 수중 환경에서 풍부했던 물이 부족할 수 있었고, 가뭄을 맞는 현실적인 위험도 존재했다. 이런 모든 도전으로 인해 상황을 처리하고 대응하는 데 더 많은 뇌세포가 필요했을 것이고, 그렇게 뇌는 점점 커졌을 것이다.

수억 년이 지난 현재의 뇌는 얼마나 클까? 과학자들은 이에 대해 궁금해했고, 다양한 동물의 뇌 크기를 측정했다. 참새의 뇌는 작은 완두콩 크기(500세제곱미터) 정도이지만, 향유고래의 뇌는 농구공 크기(800만 세제곱미터)이다. 특히 흥미로운 점은, 다양한 동물의 뇌 크기를 몸 크기와 비교했을 때다. 그 그래프는 다음과 같다.

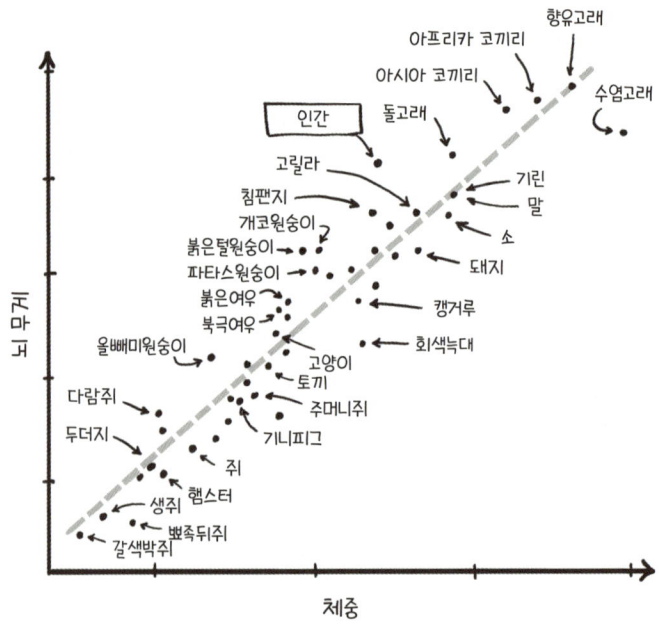

이 그래프에서 가장 먼저 눈에 띄는 점은 인간의 뇌가 자연계에서 가장 크지는 않다는 것이다. 그 영예는 고래와 코끼리에게 돌아간다. 병코돌고래의 뇌도 인간보다 크다. 따라서 인간의 뇌는 대부분의 동물보다 크긴 하지만, 가장 큰 뇌는 우리보다 최대 10배까지 크다.

고래, 돌고래, 코끼리는 지능이 매우 높으며, 어쩌면 지금까지 알려진 것보다 더 똑똑할 가능성도 있다. 하지만 이들 중 어떤 동물도 인간처럼 복잡한 컴퓨터를 설계하거나, 핵분열 방법을 이해하거나, 화성에 우주선을 보내는 일을 할 수는 없다. 따라서 단순히 크기만으로는 이런 일을 할 수 있는 인간 뇌의 우위를 설명할 수 없다.

두 번째로 눈에 띄는 점은 그래프에 있는 모든 동물이 대체로 그래프의 왼쪽 아래에서 오른쪽 위로 이어지는 직선상에 분포되어 있다는 것이다. 다시 말해, 몸집이 작고 뇌가 큰 동물이나 몸집이 크고 뇌가 작은 동물은 찾아볼 수 없다. 동물들은 보통 몸이 커질수록 뇌가 커지는 간단한 규칙을 따르는 것처럼 보인다.

과학자들은 이것이 주로 두 가지 이유 때문이라고 생각한다. 첫 번째 이유는 큰 몸이 더 복잡하기 때문이다. 근육과 신경 등 모니

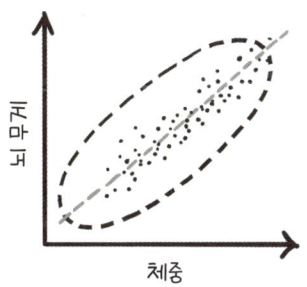

터링하고 통제해야 할 부분이 더 많다. 두 번째 이유는 에너지와 관련이 있다. 뇌를 계속 작동시키려면 많은 칼로리가 필요하며, 이는 작은 동물이 거대한 뇌를 가지는 것은 합리적이지 않다는 뜻이다. 만약 그렇게 된다면, 그 동물은 거의 모든 에너지를 사고 기관에 할애해야 한다.

뇌의 절대적인 크기는 그 동물이 얼마나 똑똑한지를 말해주는 것이 아니기 때문에, 과학자들은 뇌 크기를 몸의 크기와의 상대적 비율로 측정한다. 예를 들어, 늑대의 뇌는 몸 크기에 비해 더 큰가, 작은가로 판단하는 것이다. 이는 가장 간단하게 뇌의 크기를 몸 크기로 나눈 비율(뇌 크기÷몸 크기)로 계산한다.●

과학자들은 뇌-신체 비율이 높다는 것을 신체를 유지하는 데 실제로 필요한 것보다 더 많은 뇌 조직을 가지고 있다는 뜻으로 받아들인다. 아마도 이 '여분'의 뇌 조직이 지능을 높이는 데 쓰이는 듯

● 같은 동물 내에서도 종種 간 뇌와 신체 크기 사이의 비선형 관계를 고려하는 뇌화 지수 encephalization quotient와 같은 더 복잡한 측정 방법도 있다.

하다.

이것은 실제와 대체로 일치한다. 포유류를 주 대상으로 한 위의 그래프를 보면, 영장류(원숭이, 침팬지, 인간)는 점이 모여 있는 곳의 상단 경계 근처에 위치한다는 것을 알 수 있다. 영장류는 평균적으로 다른 포유류보다 지능이 높다.

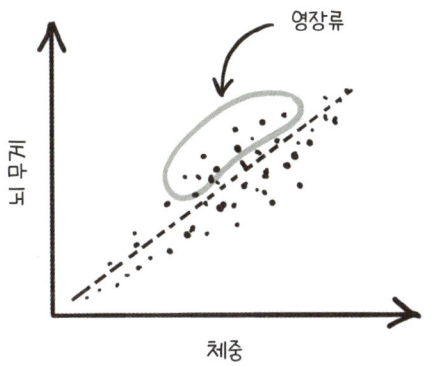

점이 모여 있는 곳 상단에 위치한다는 것은 영장류가 크든 작든, 같은 크기의 다른 동물보다 큰 뇌를 가지고 있다는 뜻이다. 유일한 예외는 고릴라로, 큰 몸집 때문에 점이 모여 있는 곳 중간에 위치한다.

인간은 영장류 중에서 가장 큰 뇌를 가진 최상위에 있다. 따라서 인간이 이렇게 진보한 이유 중 하나는 우리가 몸 크기에 비교한 뇌 크기의 비율이 가장 높은 동물 집단(영장류)에 속하며, 그 그룹 내에서 가장 큰 뇌를 가지고 있기 때문이다.

인간이 모든 영장류 중 가장 큰 뇌를 갖게 된 것은 상당히 갑작스럽게 일어난 일이었다. 250만 년 전, 앞서 언급한 머리의 '폭발적 성장' 현상이 발생했다. 그 당시 우리 직계 조상의 뇌 크기는 오늘날의 침팬지와 비슷했다. 하지만 수백만 년 만에 우리의 뇌 용량은 거의 세 배로 커졌다.

다음은 최근 우리 진화적 조상들의 두개용적(두개골 크기로 측정한 결과)을 보여주는 그래프다.

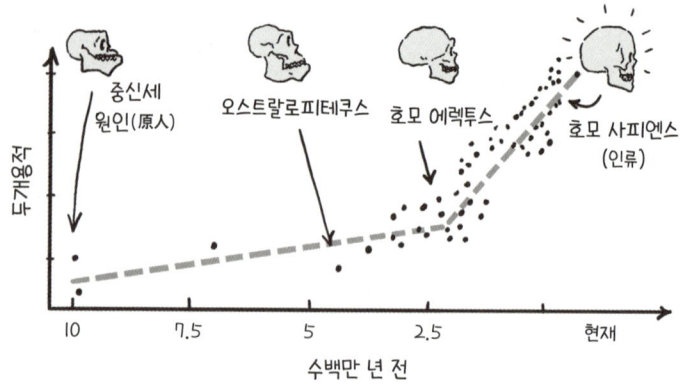

과학자들은 뇌가 이렇게 급격하게 커진 이유를 정확히 알지 못한다. 한 가지 가설은 인류가 두 발로 서서 걷기 시작했다는 것이다. 조상들의 골반 뼈 특징에서 확인할 수 있듯이, 이러한 변화는 비슷한 시기에 일어났다. 직립 보행을 하게 되면서 더 많은 뇌 용량이 필요한 새로운 기회가 열렸을 수 있다.

예를 들어, 두 발로 걷게 되면 팔이 자유로워져 물건을 들고 걸으면서 사용할 수 있다. 이런 기술을 발전시키면서 뇌가 커지도록 진화적 압력이 가해졌을 수 있다.

또 다른 가설은 이 시기쯤 인간 영장류의 인구가 증가해 경쟁이 심화되면서 뇌 진화가 가속화되었다는 것이다. 과학자들은 250만 년 전 지구상에 호미닌hominin(현생 인류와 그 직계 조상)이 2만 명 미만이었을 것으로 추정한다. 오늘날 인간은 약 80억 명에 달한다.

인구가 갑자기 증가하면서 경쟁이 심화되고, 부족이 갈등을 빚고, 다양한 문화가 생겨났다. 이런 변화들이 뇌가 더 진화하고 커지도록 압력을 가했을지도 모른다.

하지만 뇌의 크기만 중요한 것은 아니다. 그 좋은 예가 네안데르탈인Neanderthals이다. 네안데르탈인은 현생 인류보다 더 큰 뇌를 가지고 있었다. 그들은 현생 인류의 직계 조상들과 같은 시기에 진화한 호미니드hominid°의 일종이다. 과학자들은 그들이 선先인류prehuman°°들과 경쟁했지만 결국 패배해 멸종했다고 본다. 이 경우, 더 큰 뇌를 가진 것이 도움이 되지 않았다. 하지만 그들이 완전히 사라진 것은 아니다. 최근의 유전 분석에 따르면, 오늘날 우리 중 일부는 네안데르탈인의 DNA를 최대 6퍼센트까지 가지고 있다.

뇌 크기와 뇌-신체 비율은 인간이 지구를 지배하는 종이 된 주된 이유이긴 하지만, 그게 전부는 아니다. 예를 들어, 고래는 인간보다 훨씬 큰 뇌를 가지고 있고, 일부 원숭이나 새처럼 인간보다 뇌-신체 비율이 훨씬 높은 동물도 있다(원숭이 약 4.8퍼센트, 핀치새 4.2퍼센트, 인간 2.5퍼센트).

° 원래는 인간Hominidae 또는 인간과 가장 가까운 유인원을 뜻했지만, 오늘날에는 생물학적 분류 개념으로 확장되어, 인간과 인간의 조상, 인간과 가까운 유인원(침팬지, 고릴라, 오랑우탄 등)을 포함하는 그룹을 말한다. 사람屬(속)과 유인원屬(속)으로 나뉜다. _옮긴이
°° 현생 인류가 나타나기 전 존재했던 인류와 관련된 종들 _옮긴이

그렇다면 인간이 두개골로 지구를 정복할 수 있었던 다른 이유는 무엇일까? 유력한 다음 후보는 뇌가 얼마나 구불구불하느냐이다.

복잡한 뇌

많은 사람들이 인생을 통해 배우듯이, 크기가 전부는 아니다. 정말 중요한 것은 본질이다. 하지만 뇌에 관해서도 그럴까? 답은 그렇기도 하고, 아니기도 하다. 그렇다면 인간은 자연계에서 가장 복잡하게 구성된 뇌를 갖고 있을까? 이를 측정하는 방법은 뇌의 **회전도**gyration를 보는 것이다. 회전도란 간단히 말해서 뇌가 주름져 있는 정도를 말한다.

우리는 뇌를 생각할 때 보통 주름지고 울퉁불퉁한 모습을 떠올리지만, 사실 자연계의 뇌는 대부분 매끈하다. 물고기, 파충류, 새

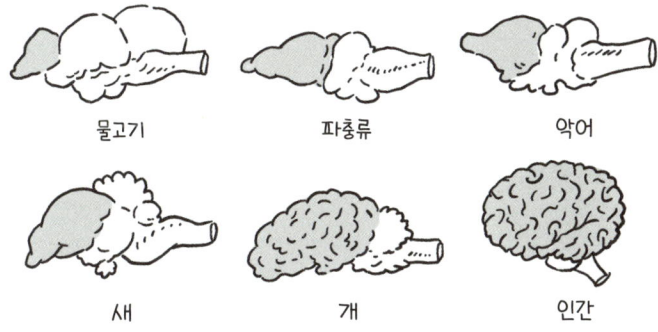

물고기   파충류   악어

새   개   인간

는 모두 매끈해 보이는 뇌를 가지고 있으며, 심지어 쥐도 뇌의 표면에 주름이 거의 없다.

뇌에 주름이 생기기 시작한 것은 포유류가 점점 더 커지기 시작할 무렵이었다. 일반적으로, 몸집이 큰 포유류일수록 뇌의 주름도 많아진다. 이것은 종을 초월하는 규칙처럼 보인다. 예를 들어, 영장류는 대부분 주름진 뇌를 가지고 있지만, 마모셋 같은 작은 원숭이는 매끄러운 뇌를 가지고 있다. 쥐의 뇌는 매끄럽지만, 카피바라 같은 큰 설치류의 뇌는 주름져 있다. 흥미롭게도, 과학자들은 이런 포유류의 크기 증가(그리고 그에 따른 뇌 주름의 형성)가 약 6600만 년 전 지구에 충돌한 소행성 칙술루브Chicxulub 때문이라고 생각한다. 칙술루브의 충돌은 공룡의 멸종으로 이어졌고, 덕분에 포유류의 크기가 커지고 지구를 지배할 수 있는 길이 열렸다.•

- 또 다른 흥미로운 사실: 과학자들은 포유류가 소행성 충돌과 그로 인한 기후 재앙에서 살아남을 수 있었던 이유 중 하나가 뇌가 가진 수면과 동면 능력 때문이라고 추측한다. 공룡은 숨을 곳이 없었지만, 우리의 포유류 조상들은 큰 위험이 지나갈 때까지 지하 굴속에 안전하게 몸을 숨기고 잠을 잤을 가능성이 있다.

뇌에 주름이 생기면 뇌의 서로 다른 영역 사이의 연결 거리가 짧아진다. 주름이 생김으로써 모든 부위가 더 가까이 모이기 때문이다. 또한 주름은 동일한 두개골 공간에 더 많은 뇌 표면적을 밀어 넣는 좋은 방법이기도 하다. 예를 들어, 인간의 뇌 외층을 펼치면 약 20인치(약 50.8센티미터)×20인치의 냅킨 정도 크기가 된다.

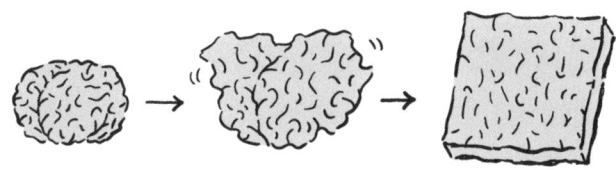

표면적은 중요하다. 그곳에 뇌의 피질이 위치하기 때문이다. 피질은 대부분의 '사고'가 이루어지는 곳으로, 서로 연결된 뉴런 층으로 구성되어 있다.

더 많은 뉴런이 필요해지자 대뇌 피질이 확장되었고, 공간이 부족해지자 표면이 저절로 접히기 시작하면서 대부분의 큰 뇌에서 볼 수 있는 주름과 홈이 형성되었다는 가설이 있다. 그렇다면 인간은 자연계에서 가장 주름진 뇌를 가지고 있을까? 꼭 그렇지는 않다.

고래와 돌고래의 뇌 구조를 살펴보면, 이들의 뇌는 인간보다 크고 **구조적으로도** 더 복잡하고 주름이 많은 것을 알 수 있다. 다음은 각 뇌의 단면도이다.

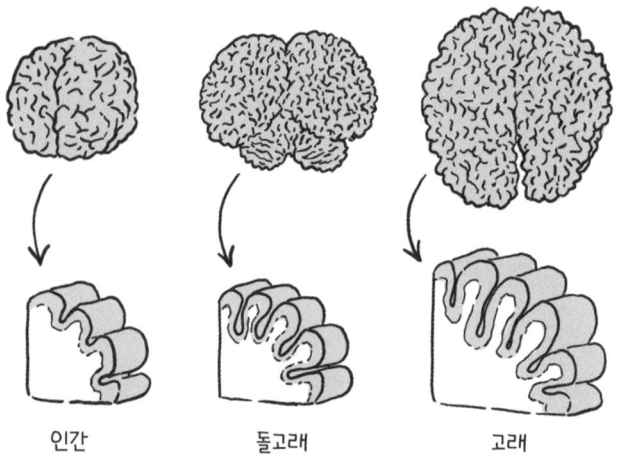

만약 돌고래 뇌의 표면적을 계산해 평평하게 펼친다면 약 24인치(약 60.96센티미터)×24인치 크기의 신문지 정도(3,745제곱센티미터) 크기가 된다. 일반적으로 돌고래의 뇌는 인간의 뇌보다 부피당 표면적이 약 50퍼센트 더 크며, 고래의 경우 이보다 피질 면적이 더 넓은 것으로 추정된다. 한 연구에서 밍크고래의 뇌 표면적이 최대 6,563제곱센티미터에 달하는 것으로 추정했는데, 이는 인간 대뇌 피질 면적의 약 3배에 해당한다.

뇌의 복잡성을 측정하는 또 다른 방법은 뉴런의 수를 헤아리는 것이다. 뇌가 더 작고 덜 주름졌더라도 같은 크기의 공간에 더 많은 뉴런을 포함하고 있다면 처리 능력이 더 뛰어날 수 있다.

인간 대뇌 피질의 뉴런 수는 약 160억 개로 추정된다. 그렇다면 돌고래와 고래의 피질에는 뉴런이 얼마나 있을까? 이는 종마다 다르다. 밍크고래의 경우 약 128억 개로 추정되며, 이는 인간보다 적은 수치다. 반면 돌고래는 훨씬 더 많은 뉴런을 가진 것으로 추정된다. 파일럿고래(사실상 돌고래)는 약 370억 개, 범고래(역시 돌고래)는 대뇌 피질에 무려 430억 개의 뉴런을 가지고 있는 것으로 알려져 있다.

분명히, 뉴런의 수만으로는 인간이 더 고등한 존재처럼 보이는 이유를 설명하기 어렵다. 뉴런이 서로 연결되는 방식에 차이가 있지 않을까? 한 가지 단서는 고래와 돌고래가 인간만큼 연결 층이 많지 않다는 점이다. 인간의 대뇌 피질은 뉴런이 총 6개의 층(각기 I, II, III, IV, V, VI층이라는 이름을 갖고 있다)으로 구성되어 있다. 반면 고래와 돌고래는 총 5개의 층만 가지고 있다(IV층이 없다). 이 때문에 인간의 뇌는 크기, 주름, 뉴런 수와 관계없이 엄청난 이점을 갖는다. 추가로 한 층이 더 있다는 것은 계산 단계가 하나 더 있는 것과 같아서, 뇌가 더 복잡한 연산을 할 수 있게 해준다.

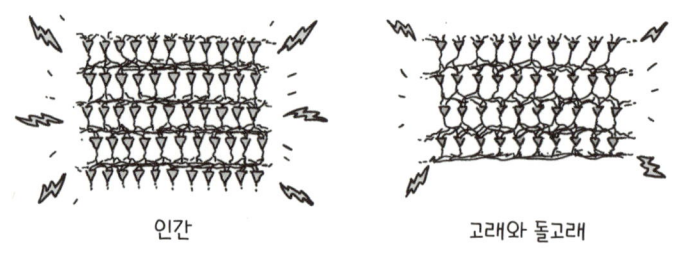

인간　　　　　　　　고래와 돌고래

결국 과학자들은 인간이 다른 종보다 우위를 점하게 된 이유가 뇌의 크기, 주름, 신경 세포 수, 그리고 연결 층의 조합 때문이라고 생각한다. 일부 과학자들은 이런 모든 요소를 고려한 '정보 처리 용량Information Processing Capacity, IPC'이라는 척도를 제안했다. 정보 처리 용량은 대뇌 피질의 신경세포 수, 신경세포 간의 거리, 서로 신호를 전달하는 속도를 함께 고려한다. 이 대략적인 기준에 따르면, 우리가 지능이라고 여기는 것과 거의 일치하는 순위가 나온다. 예를 들어, 인간은 이들 특성을 고루 갖추었기 때문에 정보 처리 용량에서 가장 높은 순위에 있다. 하지만 고래와 돌고래는 크기가 더 크고 일부는 뉴런 수가 더 많지만, 일부 부족한 분야(뇌의 밀도가 낮고 뉴런의 속도가 더 느리다)가 있다.

숙련된 뇌

인간이 가장 높은 순위에 있는 '정보 처리 용량'과 같은 척도는 지능을 결정하는 데 중요한 두뇌 특성이 무엇인지 알려준다. 하지만 우리 뇌가 왜 그런 특성을 갖게 되었는지는 설명하지 못한다. 특히 무엇이 인간을 선인류 시절의 사촌들보다 우위를 점하게 했는지는 알 수 없다. 원숭이와 다른 영장류도 정보 처리 용량에서 높은 순위를 차지한다. 그들은 뉴런의 수, 연결성, 속도의 측면에서 인간과 비슷하다. 따라서 마지막으로 던질 수 있는 질문은 '무엇이 인간을 다른 영장류와 구분되게 만들었는가?'이다.

한 가지 단서는 ARHGAP11B라는 유전자이다. 이것은 호모 사피엔스, 네안데르탈인, 그리고 또 다른 인류 종인 데니소바인에게서만 발견된다. ARHGAP11B는 대뇌 피질의 뉴런 대사 과정에 작용해 뉴런의 성장과 증식을 유발하는 것으로 보인다. 보통 과학자들은 이러한 가설을 확인하기 위해 실험 대상인 동물로부터 해당 유전자를 제거해 어떤 일이 생기는지 관찰하는 방법을 사용한다. 그러나 이 경우 유전자가 실제로 하는 역할에 혼동을 주는 부작용을 일으키지 않고는 실험을 진행하기 어렵다. 따라서 과학자들은 본래 ARHGAP11B 유전자를 가지고 있지 않은 종의 뇌에 이 유전자를 주입하는 방법으로 가설을 실험하기로 결정했다. 이 실험에서 사용된 마모셋은 ARHGAP11B 유전자가 진화하기 이전에 인간 조상 계통에서 분기된 신세계 원숭이의 한 종이다.

영화 〈혹성탈출〉을 본 사람이라면, 원숭이의 지능을 향상시키는 유전자를 주입하는 것이 과연 좋은 생각일지 궁금할 수도 있다. 이런 우려를 불식시키기 위해 과학자들은 원숭이 배아에 유전자를 주입한 뒤, 동물들이 태어나기 전에 실험을 종료했다.

연구 결과, ARHGAP11B 유전자를 원숭이에 주입하면 뇌의 외측 뇌실하대라는 부위에 뉴런 전 단계 세포의 수가 증가했다. 또한 겉질에 있는 상층 뉴런의 수도 증가했다. 이로 인해 피질이 더 커졌고, 심지어 마모셋에서는 일반적으로 발견되지 않는 주름이 형성되기 시작했다. 즉, ARHGAP11B 유전자를 보유하면 뇌의 크기가 커진다는 사실이 실험을 통해 확인된 것이다. 이 유전자가 원숭이를 더 똑똑하게 만들었을까? 동물들이 태어나지 않았기 때문에 그 여부는 알 수 없다. 하지만 후속 연구에서는 쥐를 대상으로 같은 실험이 이루어졌고, 이번에는 배아가 성장해 쥐들이 태어나도록 허용했다. 실험 결과, ARHGAP11B 유전자를 주입한 쥐들이 뇌가 더 크고 기억 시스템의 유연성이 더 높았을 뿐 아니라 불안감도 덜했다.

○ 애니메이션 〈핑키 앤 더 브레인Pinky and the Brain〉의 명대사를 패러디한 것. 원래 브레인은 세계를 정복하자고 대답한다. _옮긴이

또 다른 유전적 단서는 SRGAP2라는 유전자이다. 과학자들은 이 유전자가 뇌가 성장하는 과정에서 뉴런 간의 연결을 고정하는 역할을 한다고 생각한다. 대부분의 영장류는 이 유전자를 한 개만 가지고 있지만, 인간은 세 개를 갖고 있다. 이 여분의 두 개는 어떤 역할을 할까? 이들은 첫 번째 유전자의 활동을 늦춰 연결이 완전히 고정되기 전에 뇌가 더 많은 연결을 형성할 시간을 확보할 수 있게 해준다.

원숭이 같은 다른 종의 뇌는 약 4년 만에 성숙하는 반면, 인간의 뇌는 발달하는 데 그렇게 오랜 시간이 걸리는(완전히 성숙하기까지 20년 이상 소요된다) 이유가 이 때문인지도 모른다.

이렇게 느린 성숙은 인간에게 진화적 우위를 제공한 요인 중 하나일지도 모른다. 뉴런들이 연결을 형성할 시간이 늘어나면, 뇌는

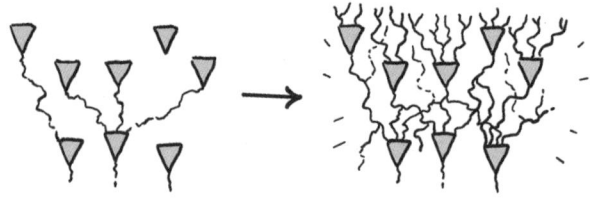

더욱 깊고 복잡한 연산 네트워크를 구축할 수 있기 때문이다.

마지막으로, 인간이 우위를 점한 이유가 더 크고 연결이 잘 된 뇌 때문만이 아니라, 적절한 업그레이드 때문일 수 있다는 가능성도 고려해야 한다. 과학자들은 인간이 개발한 두 가지 특정 뇌 회로가 인간의 빠른 진화를 설명해줄 수 있다고 생각한다. 바로 도구와 상징 언어다.

도구 사용은 동물의 왕국에서 생각보다 꽤 흔한 능력이다. 수달, 새, 돌고래 같은 다양한 동물들이 돌이나 나뭇가지 같은 도구를 사용한다. 심지어 어떤 물고기는 바위를 망치처럼 사용한다고 한다. 특히 침팬지는 작은 막대를 사용해 흙더미에서 흰개미를 꺼내거나, 땅을 파서 먹이를 찾거나, 견과류를 깨뜨린다. 침팬지는 도구를 무기로 사용하는 유일한 비인간 동물이기도 하다. 이들이 작은 동물을 사냥할 때 이빨로 나뭇가지를 날카롭게 갈아 창처럼 사용하는 모습이 목격된 적도 있다.

도구 사용에 있어서는 인간과 다른 동물 사이에 뚜렷한 경계가 없다는 것이 과학자들의 일반적인 견해다. 도구 사용은 한쪽 끝에

는 단순한 도구 '사용자'가, 다른 쪽 끝에는 도구의 '제작자와 설계자'가 있는 연속적인 스펙트럼으로 보인다. 도구를 만들고 설계하는 측면에서 인간은 분명 이 스펙트럼의 가장 끝에 있다. 결국 인간이 만든 도구들은 대상을 원자 수준까지 관찰하고, 먼 블랙홀의 사진을 찍고, 다양한 질병을 치료할 수 있게 해주었다.

인간은 이런 능력을 다루는 데 있어서 강점을 가진 것으로 보이며, 이는 대뇌 피질의 특정 영역이 진화하면서 도구 사용 능력이 발달한 덕분인 것 같다. 과학자들은 이러한 영역 중 하나로 좌측 전방 마루위이랑 anterior supramarginal gyrus, aSMG을 꼽는다. 이 사실을 어떻게 알아냈을까? 한 실험에서 과학자들은 fMRI 기계 안에 있는 인간과 원숭이에게 손이 물체를 잡는 영상과 손으로 드라이

버나 펜치 같은 도구를 사용하는 영상을 보여주었다.

인간과 원숭이는 두 영상을 볼 때 모두 비슷한 방식으로 반응했다. 하지만 손으로 도구를 사용하는 영상을 볼 때 인간의 뇌에서만 활성화된 영역이 있었다. 이 부위가 바로 전방 두정상회다. 원숭이에게는 이 특별한 뇌 영역이 없는 것으로 보인다. 과학자들은 이 추가적인 부위가 인간이 도구와 도구를 사용했을 때 일어나는 일 사이의 연관성을 더 깊이 이해하게 해준다고 생각한다.

인간의 또 다른 중요한 뇌 업그레이드는 언어 처리, 특히 상징을 이용해 소통하는 능력이다.

많은 동물들이 울음소리, 끙끙거림, 휘파람 등을 통해 의사소통을 한다. 인간도 이런 방식을 사용하지만, 우리는 문자와 같은 상징을 통해서도 소통을 할 수 있다. 상징 언어를 사용하는 능력은 인간을 지구상의 다른 모든 생명체와 구분 짓는다. 침팬지 워쇼Washoe나 롤런드고릴라 코코Koko를 대상으로 한 유명한 실험들에서 알 수 있듯이, 다른 동물들도 상징을 이해하고 사용할 수 있도록 가르칠 수 있다. 그러나 우리가 아는 한, 다른 어떤 동물도 자기가 말하고자 하는 바를 글로 쓸 수 없다.

상징적 언어를 사용하는 능력이 없었다면, 우리는 죽은 뒤까지 정보를 전달할 방법이 없었을 것이다. 그런 능력이 없다면 책, 만화, 음악은 물론이고 언어 자체도 존재하지 못했을 것이다. 문자 언어는 인류가 지식을 쌓고 정교하게 발전시킬 수 있게 해주었다. 이 기술 덕분에 우리는 아이디어(좋은 것이든 나쁜 것이든)를 시공간을 넘어 전 세계에 서로 공유할 수 있다.

그렇다면 이런 능력은 뇌의 어느 부분에서 찾을 수 있을까? 도

구 사용 능력과 마찬가지로, 고도의 언어 능력과 관련된 유전자 후보들이 몇 가지 있다.

단백질을 만드는 데 필요한 설계 정보를 담고 있는 포크헤드 박스 단백질 P2$^{forkhead\ box\ protein\ P2}$, FOXP2라는 유전자는 언어 기술에서 중요하다고 여겨진다. 이 유전자는 3대에 걸쳐 언어와 발화에 문제가 있는 가족을 연구하면서 처음 발견되었다(즉 아이, 부모, 조부모 모두 같은 문제를 지니고 있었다). 그들의 유전자를 분석한 결과, FOXP2가 주요 원인으로 지목되었다.

이 유전자는 특히 태아가 발달하는 동안 뇌 안에서 주로 사용되는 단백질을 만든다. 초기 연구에서는 오직 호모 사피엔스에게만 이 유전자가 있는 것처럼 보였지만, 이후 네안데르탈인과 데니소바인에게서도 발견되었다. 이 유전자는 이후 쥐에서도 발견되었는데, 쥐의 발성 능력에 중요한 역할을 하는 것으로 보인다. 따라서 인간에게 고도의 언어 기술을 선사하는 것은 FOXP2 하나만의 작용이 아니다. 이는 언어가 대단히 복잡한 활동이라는 점을 고려하면 당연한 일이다.

무엇이 인간을 차별화되게 만드는가?

많은 사람들이 진화라는 개념을 처음 접할 때 만나게 되는 이미지 중 하나는 1965년 자연사 화가 루돌프 잘링거Rudolph Zallinger가 그린 유명한 인포그래픽, '진보의 행진March of Progress'이다. 아마 당신도 본 적이 있을 것이다.

이 그림은 한 종에서 다른 종으로 변화화는 과정을 설득력 있게 보여주는 효과적인 시각 자료이다. 하지만 이것은 사실과 다르다.

가장 눈에 띄는 문제는 원본에는 남성만 있고 여성은 없다는 점이다. 또한 이 그림을 그대로 받아들이면, 인간 진화가 유인원에서 현대의 인간까지 단선적으로 이루어진 것처럼 보인다. '진보의 행진'이라는 제목 자체도 오른쪽에 있는 것이 왼쪽에 있는 것보다 더 우월하거나 더 진화되었다는 인상을 준다. 그러나 여러 가지 이유에서 그런 인식은 옳지 않다.

인간은 스스로를 과대평가하는 경향이 있다. 심리학에는 '경력의 막다른 길 환상end-of-history illusion'이라는 개념이 있다. 사람들은 현재의 자신을 자신이 될 수 있는 최고의 상태라고 믿는 경향이 있다는 뜻이다. 거기에서 그치지 않고 **앞으로도 계속** 최고의 상태일 것이라고 믿는다. 젊었을 때도, 나이가 들어서도 이런 식으로 생각하는 경향이 있다.

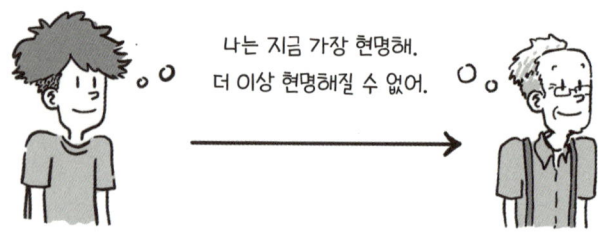

이와 같은 맥락에서 우리는 '진화의 막다른 길 환상end-of-evolution illusion'이라는 개념도 있다고 본다. 이는 '진보의 행진'이란 그림이 암시하듯이 인간이 진화의 정점에 있으며, 인간의 두뇌가 수십억 년에 걸친 유전적 변화 끝에 나온 최적의 최종 산물이라는 자만이다.

하지만 사실 진화는 수많은 가지가 뻗어 있는 나무에 더 가깝고, 인간은 그 나무의 한 가지에 앉아 있는 것뿐이다. 예를 들어 우리가 유인원에서 진화했다는 흔한 오해가 있다. 하지만 이는 마치 당신이 사촌으로부터 진화했다고 생각하는 것과 마찬가지다. 사실 인간과 원숭이는 수백만 년 전 멸종한 공통의 조상에서 각기 다른 길로 진화해온 것이다.

 인간이 유전 경쟁에서 '승리'했다는 가정 역시 옳지 않다. 만약 '승리'를 지구상에서 가장 많은 생물량biomass을 차지하는 것으로 정의한다면, 인간은 1위에 근접하지도 못한다. 이런 척도에서 가장 성공적인 생물은 식물이며, 그 뒤를 잇는 것은 박테리아이다. 당신의 몸에는 약 39조 마리의 박테리아가 있다. 당신의 몸에만 지구상에 있는 인간 수보다 5천 배 이상 많은 박테리아가 살고 있는 것이다.

 이것은 똑똑한 두뇌가 지구 행성의 수명 동안 생존하고 번성하는 데 필수적인 요소가 아니라는, 받아들이기 어려우면서도 겸허함을 느끼게 만드는 진실이다. 예를 들어, 약 4억 4,500만 년 전에

진화한 투구게는 단순하고 작은 뇌만으로도 오늘날까지도 잘 살아가고 있다.

무엇이 인간을 인간답게 만드는지 생각할 때, 우리는 흔히 차이에 집중한다. 우리가 우월해 보이도록 기준을 정하고 거기에서 생기는 차이를 강조하는 것이다. 하지만 승리해야 한다는 욕구, 즉 모든 종 중 최고가 되어야 한다는 생각을 버리면, 인간을 진정으로 다른 동물과 구분 짓게 만드는 것이 무엇인지 더 분명하게 알 수 있다.

인간의 뇌 역시 다른 동물들의 뇌와 마찬가지로 자연 선택의 과정을 거치며 진화했다. 그리고 우리가 적응하고 문제를 해결하는 특별한 능력을 얻게 된 것은 전적으로 우연이었다. 우리는 이 기술에 의존해 수천 년 동안 살아남았고, 어느 순간부터는 엄청난 속도로 발전하게 되었다. 갑자기 생존을 위한 기본적인 문제들이 점점 줄어들면서(적어도 현재는 그렇다), 남는 시간과 뇌 자원을 궁금증을 해결하거나 예술, 문학, 과학을 창조하는 다른 일에 사용할 수 있

게 되었다.

지금 이 책을 읽고 있는 당신이 입증하듯이, 어쩌면 인간을 다른 종과 진정으로 구분 짓는 것은 호기심, 엉뚱한 생각, 자신을 이해하고자 하는 욕구와 같은 것들일지도 모른다.

미래는 어떤 모습일까? 발명할 수 있는 인간의 능력은 인간이 생물학적 한계를 초월할 수 있는 유일한 종이라는 뜻이기도 하다. 우리는 깊은 바다를 탐험하거나 우주로 나아갈 때 서식 가능한 환경을 함께 가져갈 수 있다. 또한 자신의 유전체는 물론 다른 생물의 유전체도 바꿀 수 있는 기술을 갖고 있다.

이렇게 경계를 확장한다는 것은 우리가 그 한계를 뛰어넘을 수 있는 유일한 종이라는 의미이다. 결국, 인간을 인간답게 만드는 것은 바로 이 질문에 대한 답을 스스로 정할 수 있는 능력일지도 모른다.

맺는 말

여전히 광활한 미지의 영역인
우리의 정신과 뇌

> 우주는, 적어도 어느 정도는 그것을 이해한 사람들의 것이다.
> – 칼 세이건 Carl Sagan

마지막으로 몇 마디 덧붙일까 합니다.

이 책을 여기까지 읽으셨다면 아마도 책의 상당 부분을 읽었을 것이고, 그중에는 재미를 느낀 사람도 있을 것입니다. 이제 이 모든 과정을 다시 한번 떠올려 보세요. 뇌가 시각 처리(이 책을 오디오북으로 듣고 있다면, 청각 처리)를 이용해 단어를 인식하고, 기억과 언어 처리를 통해 단어들을 이해하고, 논리적·추상적 사고를 동원해 의미를 파악한 과정을 말이죠. 우리가 책을 제대로 만들었다면, 아마 감정도 느꼈을 수 있습니다. 어쩌면 이 책이 왜 사랑하는지, 무엇을 싫어하거나 두려워하는지에 대해 생각해보게끔 했을지도 모릅니다. 나아가 과거, 현재, 미래는 물론이고, 자신의 죽음에 대해서까지 생각해본 사람도 있을 것입니다.

그리고 이 모든 일이 바로 뇌 속에서 일어납니다. 지금 이 순간, 이 글을 읽거나 듣는 경험은 전부 당신의 머릿속에서 일어나는 현상입니다. 이 책의 원제가 괜히 'Out of Your Mind'인 것이 아닙니다. 이 책은 말 그대로 지금 이 순간 여러분의 정신으로부터 나오고 있습니다.

인간의 정신은 정말 놀랍습니다.

서두에 인용한 칼 세이건의 말처럼, 무언가가 어떻게 작동하는지 이해하게 되면 그것으로 할 수 있는 일에는 한계가 없습니다. 뇌의 신비를 계속해서 밝혀나간다면, 결국 우리 자신에 대한 이해에 점점 더 가까워지고, 그 과정에서 자신의 진정한 잠재력을 발휘할 수도 있지 않을까요?

뇌는 그 자체로 하나의 우주입니다. 뇌에는 수십억 개의 뉴런과 그 기능을 담당하는 세포들이 있습니다. 하나의 뉴런은 다른 뉴런과 보통 수천 개의 연결을 형성하며, 이는 뇌를 재배선하는 방법이 수백조 가지가 될 수 있음을 뜻합니다. 각각의 연결은 또 다른 '나'를 만드는 새로운 가능성을 열어줄 수 있습니다.

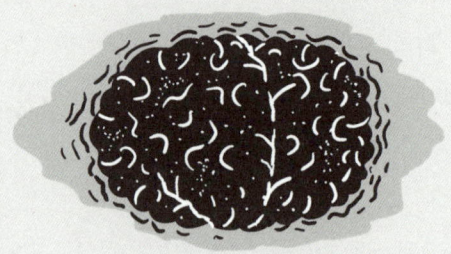

브레인-유니버스

뇌가 이렇게 무한한 가능성을 지닌 존재라면, '과연 뇌는 자기 자신을 완전히 이해할 수 있는가?'라는 큰 난제가 떠오릅니다. 우리가 자기 자신을 이해하는 데 사용하는 기관이 바로 우리가 이해하려는 대상이기도 합니다. 860억 개의 뉴런이 또 다른 860억 개의 뉴런의 작동 원리를 완전히 이해할 수 있을까요? 우리 정신에 관한 진실에 진정으로 도달하는 일은 불가능에 가까워 보입니다.

그러나 우리에게는 과학이라는 비밀 병기가 있습니다. 과학을 한다는 것은 측정하고 정교화하는 데 전념하는 일입니다. 즉 패턴을 발견하고 설명과 예측이 가능한 모델을 만들어내는 것이죠. 이를 통해 우리는 완벽하지는 않더라도 뇌가 어떻게 작동하는지 그림을 그려볼 수 있습니다. 이 책에서는 인간이 과학(철학, 심리학, 신경과학, 화학 등)을 활용해 우리 자신에 대한 가장 심오한 질문에 어떻게 답해왔는지 이야기해보려고 했습니다.

그렇다면 우리가 배운 것은 무엇일까요?

우리는 인간 뇌의 기원이 보잘것없다는 것을 배웠습니다. 뇌가 세포 내 수분의 양을 조절하는 단순한 단백질에서 시작되었으며, 이것이 수십억 년에 걸친 진화를 거쳐 자신의 본질을 고민하고 이해할 수 있는 기관으로 발전했다는 사실을 알게 되었죠.

뇌는 특화된 영역들로 구성되어 있으며, 제대로 작동하려면 이 영역들의 복잡한 상호연결에 의지해야 한다는 것도 배웠습니다. 또 특정 뇌 영역이 여러 가지 역할을 한다는 것도 알게 되었습니다. 예를 들어, 뇌의 보상 시스템은 인간의 욕구와 갈망을 촉진하는 역할을 합니다. 사랑, 혐오, 중독, 그 외의 다른 기본적인 동인들 모두 이 하나의 시스템에 달려 있습니다.

과학은 또한 뇌가 일종의 컴퓨터 코드처럼 스스로와 소통한다는 사실을 밝혀냈습니다. 뇌는 문자 그대로의 기계가 아니라, 대규모 병렬 처리 방식으로 연산을 수행하는 전기화학적·생물학적 장치입니다. 그리고 일반적인 컴퓨터와는 달리, 뇌의 구성 요소는 유연해서 일생에 걸쳐 시시각각으로 변화합니다.

우리는 과학이 기억, 의식, 자유 의지와 같은 개념을 어떻게 다루어 왔는지 배웠고, 존재한다는 감각이 이 모든 요소에 좌우된다는 것을 알게 되었습니다. 인간으로 존재한다는 것은 과거에 일어난 일, 현재 벌어지고 있는 일, 그리고 미래에 일어날지도 모르는 일을 동시에 머릿속에 담는 것입니다.

이 모든 내용을 종합하면, 뇌는 **이해할 수 있는 대상**이라는 결론에 이릅니다. 과학을 통해 개인으로 존재하는 경험이라는, 그 어떤 것보다 주관적인 주제를 탐구하고 이해할 수 있다는 것은 매혹적인 일입니다.

그렇다면 우리는 이제 모든 것을 이해하게 되었을까요? 물론 그렇지 않습니다.

이 글을 쓰는 지금, 인공지능 분야에서는 혁명이 일어나고 있습니다. 느린 속도로 점점 더 똑똑해지던 기계들은 이제 예측했던 대로 기하급수적인 성장의 문턱에 이른 것으로 보입니다. 현재 많은 AI 모델은 곧 '범용 지능general intelligence'에 도달할 것이라는 평가를 받고 있습니다. 일부 과학자들은 의식의 징후인 '마음 이론theory of mind'과 유사한 현상이 이미 일부 AI 모델에서 나타나고 있다고 말합니다.

그렇다면 이 모든 것이 인간의 정신에 있어서 어떤 의미를 가질까요? 만약 AI가 연산 능력에서 인간의 뇌를 능가한다면, 신경과학은 쓸모없어진 모델을 연구하는 학문처럼 무의미해질까요?

그렇지 않기를 바랍니다. 오히려 AI의 부상으로 인간의 정신을 이해하는 일은 더욱 중요해졌습니다.

결국 AI 시스템을 설계하는 주체는 인간이며, AI를 인간에 가깝게 설계할수록(혹은 특정한 방식에서 인간과 다르게 설계할수록) AI가 예측 가능한 방식으로 우리에게 더 많은 도움이 되게 할 수 있습니다. 그리고 이를 위해서는 뇌과학이 필요합니다.

분명히 우리는 아직 가야 할 길이 멀었습니다. 이 책에서 제시한 답변들은 아직 불완전하며, 이는 인간 정신의 구석구석에 여전히 거대한 미스터리가 존재한다는 증거이기도 합니다. 그리고 이 책을 읽는 당신 역시 이 여정에 참여할 수 있습니다. 인간의 정신은 여전히 광활한 미지의 영역이며, 머릿속이라는 복잡한 우주를 함께 탐험할 사상가와 예술가들이 필요합니다.

답은 이미 존재하며 우리가 이를 찾아내주길 기다리고 있습니다.

감사의 말

꼭 감사의 말씀을 전하고 싶은 많은 분들이 있습니다.

초고를 검토해주신 친구들과 동료분들, 수엘리카 치알Suelika Chial, 에이미 킴 키부이시Amy Kim Kibuishi, 폴 스콧Paul Scott과 리네아 스콧Linnaea Scott, 알리샤 카마스Alisha Kamath, 루카스 갓윈Lucas Godwin, 마르시아 설리번Marcia Sullivan, 하미데 사닷 바게르자데Hamideh Sadat Bagherzadeh, 아킬 이자디사드르Aqil Izadysadr, 에드 에르겐징어Ed Ergenzinger께 깊은 감사를 드립니다.

만화와 과학에 대한 열정, 우리에 대한 신뢰를 보여주시고, 우리를 꾸준히 이끌어주신 편집자 드니즈 오스월드Denise Oswald께 특별한 감사의 인사를 전합니다.

항상 우리 작업의 적절한 자리를 찾아주신 세스 피시먼Seth

Fishman께 감사드립니다.

레베카 가드너Rebecca Gardner, 윌 로버츠Will Roberts, 엘렌 굿슨 커트리Ellen Goodson Coughtrey, 노라 곤잘레스Nora Gonzalez, 잭 거너트Jack Gernert를 비롯한 거너트 컴퍼니Gernert Company의 팀 전체와 이들과 협력한 해외 파트너들께 감사드립니다. 이 책의 제작과 출간에 시간과 재능을 쏟아 주신 팬테온 북스Pantheon Books의 모든 분들께 깊은 감사를 전합니다.

호르헤: 가족의 끊임없는 지원과 격려에 감사드립니다.

드웨인: 가족과 친구들의 격려와 친절에 감사드리며, 제가 가르친 것보다 더 많은 것을 가르쳐준 학생들과 박사후 연구원들께 감사드립니다. 또한 인생의 중요한 순간마다 저를 응원해준 멘토와 동료들께도 감사드립니다.

무엇보다도 이 책을 읽어주신 여러분께 감사드립니다.

주

1장. 정신은 어디에 있을까?

Breasted JH (1980). *The Edwin Smith Surgical Papyrus*. University of Chicago Press.
Broca P (1861). "Loss of speech, chronic softening and partial destruction of the anterior left lobe of the brain," *Bulletin de la Société Anthropologique* 2, 235–38. (English translation by Christopher D. Green.)
Ferrier D (1876). *The Functions of the Brain*. New York: G. P. Putnam's Sons.
Harlow JM (1848). "Passage of an Iron Rod Through the Head." *Boston Medical and Surgical Journal* 39 (20): 389–93.
Meltzer ES and Sanchez GM (2014). *The Edwin Smith Papyrus: Updated Translation of the Trauma Treatise and Modern Medical Commentaries*. Lockwood Press.
O'Driscoll K and Leach JP (1998). " 'No longer Gage': An iron bar through the head. Early observations of personality change after injury to the prefrontal cortex." *BMJ* 317(7174): 1673–74.
Penfield W and Boldrey E (1937). "Somatic motor and sensory representation in the cerebral cortex of man as studied by electrical stimulation." *Brain* 60: 389–443.
Shelley M (1821). *Frankenstein: or, the Modern Prometheus*. London: Henry Colburn and Richard Bentley. Project Gutenberg.
Wernicke K (1874). *Der aphasische Symptomencomplex. Eine psychologische Studie auf anatomischer Basis* ["The aphasic symptom complex: A psychological study from an anatomical basis"]. Breslau: M. Crohn und Weigert.

2장. 왜 우리는 사랑할까?

Aron A, Fisher H, Mashek, DJ, Strong, G, Li H, and Brown LL (2005). "Reward, motivation, and emotion systems associated with early-stage intense romantic love." *Journal of Neurophysiology* 94(1): 327–37.

Bartels A and Zeki S (2004). "The neural correlates of maternal and romantic love." *NeuroImage* 21(3): 1155–66.

Burkett JP and Young LJ (2012). "The behavioral, anatomical and pharmacological parallels between social attachment, love and addiction." *Psychopharmacology* 224: 1–26.

Damasio A and Carvalho GB (2013). "The nature of feelings: Evolutionary and neurobiological origins." *Nature Reviews Neuroscience* 14: 143–52.

Hatfield E, Bensman L, and Rapson RL (2012). "A brief history of social scientists' attempts to measure passionate love." *Journal of Social and Personal Relationships* 29 (2): 143–64.

Jankowiak WR and Fischer EF (1992). "A cross- cultural perspective on romantic love." *Ethnology* 31(2): 149–55.

Lee H- J, Macbeth AH, Pagani J, and Young WS (2009). "Oxytocin: The Great facilitator of life." *Progress in Neurobiology* 88(2): 127–51.

Marsh N, Marsh AA, Lee MR, and Hurlemann R (2021). "Oxytocin and the neu-robiology of prosocial behavior." *The Neuroscientist* 27(6): 604–19.

Poldrack R (2006). "Can cognitive processes be inferred from neuroimaging data?" *Trends in Cognitive Sciences* 10 (2): 59–63.

Sobota R, Mihara T, Forrest A, Featherstone RE, and Siegel SJ (2015). "Oxytocin reduces amygdala activity, increases social interactions, and reduces anxiety- like behavior irrespective of NMDAR antagonism." *Behavioral Neuroscience* 129(4): 389–98.

3장. 왜 우리는 혐오할까?

Glidden J, D'Esterre A, and Killen M (2021). "Morally- relevant theory of mind mediates the relationship between group membership and moral judgments." *Cognitive Development* 57: 100976.

Harrington ER (2004). "The social psychology of hatred." *Journal of Hate Studies* 3(1): 49–82.

Hein G, Silani G, Preuschoff K, Batson CD, and Singer T (2010). "Neural responses to ingroup and outgroup members' suffering predict individual differences in costly helping." *Neuron* 68(1): 149–60.

Kredlow, AM, Fenster RJ, Laurent ES, Ressler KJ, and Phelps EA (2022). "Prefrontal cortex, amygdala, and threat processing: implications for PTSD." *Neuropsychopharmacology* 47(1): 247–59.

Lasko EN, Dagher AC, West SJ, and Chester DS (2022). "Neural mechanisms of intergroup exclusion and retaliatory aggression." *Social Neuroscience* 17(4): 339–51.

McGlothlin H and Killen M (2006). "Intergroup attitudes of European American children attending ethnically homogeneous schools." *Child Development* 77(5): 1375–86.

Molenberghs P, Bosworth R, Nott Z, Louis WR, Smith JR, Amiot CE, Vohs KD, and Decety J (2014). "The influence of group membership and individual dif-ferences in psychopathy and perspective taking on neural responses when pun-ishing and rewarding others." *Human Brain Mapping* 35(10): 4989–99.

Radke S, Volman I, Mehta P, Van Son V, Enter D, Sanfey A, Toni I, De Bruijn ERA, and Roelofs K (2015). "Testosterone biases the amygdala toward social threat approach." *Science Advances* 1(5): e1400074.

Segal H (1974). *Introduction to the Work of Melanie Klein*. New York: Basic Books.

Simi P, Blee K, DeMichele M, and Windisch S (2017). "Addicted to hate: Identity residual among former white supremacists." *American Sociological Review* 82(6): 1167–87.

Sternberg RJ (2003). "A duplex theory of hate: Development and application to terrorism, massacres, and genocide." *Review of General Psychology* 7(3): 299–328.

Tiihonen J, Rautiainen MR, Ollila HM, Repo- Tiihonen E, Virkkunen M, Palo-tie A, Pietiläinen O, Kristiansson K, Joukamaa M, Lauerma H, Saarela J, Tyni S, Vartiainen H, Paananen J, Goldman D, and Paunio T (2015). "Genetic background of extreme violent behavior." *Mol Psychiatry* 20(6): 786–92.

Weinstein N, Ryan WS, DeHaan CR, Przybylski AK, Legate N, and Ryan RM (2012). "Parental autonomy support and discrepancies between implicit and explicit sexual identities: Dynamics of self- acceptance and defense." *Journal of Personality and Social Psychology* 102(4): 815–32.

White SF, Lee Y, Phan JM, Moody SN, and Shirtcliff EA (2019). "Putting the flight in 'fight-or-flight': Testosterone reactivity to skydiving is modulated by autonomic activation." *Biol Psychol*. 143 (April 2019): 93–102.

Zeki S and Romaya JP (2008). "Neural correlates of hate." *PLoS One* 3(10): e3556.

브레인툰: 공포

Digdon N (2020). "The Little Albert controversy: Intuition, confirmation bias, and logic." *Hist Psychol*. 23: 122–131.

Powell RA and Schmaltz RM (2021). "Did Little Albert actually acquire a conditioned fear of furry animals? What the film evidence tells us." *Hist Psychol*. 24: 164–81.

Tovote P, Fadok J, and Lüthi A (2015). "Neuronal circuits for fear and anxiety." *Nat Rev Neurosci* 16: 317–31.

4장. 인공지능이 내 일자리를 빼앗을까?

Glickstein M (2006). "Golgi and Cajal: The neuron doctrine and the 100th anniversary of the 1906 Nobel Prize." *Current Biology* 16(5): R147–R151.

Golgi, C (1885). Sulla fina anatomia degli organi centrali del sistema nervoso. *Reggio-Emilia: S. Calderini e Figlio*; 1885.

Golgi C (1906). "The neuron doctrine—theory and facts." Nobel Lecture. Nobel Prize.org.

Kang HW, Kim HK, Moon BH, Lee SJ, and Rhyu IJ (2017). "Comprehensive review of Golgi staining methods for nervous tissue." *Applied Microscopy* 47(2): 63–69.

Pannese, E (1999). "The Golgi stain: invention, diffusion and impact on neurosciences." *Journal of the History of the Neurosciences* 8(2): 132–40.

Ramón y Cajal S (1906). "The structure and connexions of neurons." Nobel Lecture. NobelPrize.org.

Sherrington CS (1906). *The integrative action of the nervous system.* Yale University Press.

von Bartheld CS, Bahney J, and Herculano-Houzel S (2016). "The search for true numbers of neurons and glial cells in the human brain: A review of 150 years of cell counting." *J Comp Neurol* 524(18): 3865–95.

Young NA, Collins CE, and Kaas JH (2013). "Cell and neuron densities in the primary motor cortex of primates." *Front Neural Circuits* 7: 30.

5장. 기억에 한계가 있을까?

Abraham WC, Jones OD, and Glanzman DL (2019). "Is plasticity of synapses the mechanism of long- term memory storage?" *NPJ Science of Learning* 4(1): 9.

Annese J, Schenker-Ahmed NM, Bartsch H, Maechler P, Sheh C, Thomas N, Kayano J, Ghatan A, Bresler N, Frosch MP, Klaming R, and Corkin S (2014). "Postmortem examination of patient H.M.'s brain based on histological sectioning and digital 3D reconstruction." *Nat Commun* 5: 3122.

Corkin S (2013). *Permanent Present Tense: The Unforgettable Life of the Amnesic Patient, H.M.* Basic Books.

Cowan N (2012). *Working memory capacity.* Psychology Press.

Hennig MH (2013). "Theoretical models of synaptic short term plasticity." *Front Comput Neurosci* 7: 45.

Hirano T (2013). "Long-term depression and other synaptic plasticity in the cerebellum." *Proc Jpn Acad Ser B Phys Biol Sci* 89(5): 183–95.

Jabr F (2011). "Cache cab: Taxi drivers' brains grow to navigate London's streets." *Scientific*

American. https://www.scientificamerican.com/article/london-taxi-memory/. Accessed 5/5/2024.

Ma WJ, Husain M, and Bays PM (2014). "Changing concepts of working memory." *Nature Neuroscience* 17(3): 347–56.

Maguire EA, Gadian DG, Johnsrude IS, Good CD, Ashburner J, Frackowiak RSJ, and Frith CD (2000). "Navigation-Related Structural Change in the Hippocampi of Taxi Drivers." *Proceedings of the National Academy of Sciences* 97(8): 4398–4403.

Markowitsch HJ and Staniloiu A (2023). "Behavioral, neurological, and psychiatric frailty of autobiographical memory." *Wiley Interdisciplinary Reviews: Cognitive Science* 14(3): e1617.

Miller GA (1956). "The magical number seven, plus or minus two: Some limits on our capacity for processing information." *Psychological Review* 63(2): 81–97.

Moser M- B, Rowland DC, and Moser EI (2015). "Place cells, grid cells, and memory." *Cold Spring Harbor Perspectives in Biology* 7(2): a021808.

O'Keefe J and Dostrovsky J (1971). "The hippocampus as a spatial map. Preliminary evidence from unit activity in the freely-moving rat." *Brain Research* 34(1): 171–75.

Parker ES, Cahill L, and McGaugh JL (2006). "A case of unusual autobiographical remembering." *Neurocase* 12(1): 35–49.

Purves D, Augustine GJ, Fitzpatrick D, et al., eds. (2001). "Mechanisms of Short-Term Synaptic Plasticity in the Mammalian Nervous System." *Neuroscience,* 2nd ed. Sunderland (MA): Sinauer Associates.

Riegel DC (2020). "Discovering memory: Using sea slugs to teach learning and memory." *J Undergrad Neurosci Educ* 19(1): R19–R22.

Rosenblum Y and Dresler M (2021). "Can brain stimulation boost memory performance?" *PLOS Biology* 19(9): e3001404.

Scoville WB (1968). "Amnesia after bilateral mesial temporal- lobe excision: Introduction to case H.M." *Neuropsychologia* 6: 211–13.

Scoville WB and Milner B (1957). "Loss of recent memory after bilateral hippocampal lesions." *J Neurol Neurosurg Psychiatry* 20: 11–21.

Treffert DA (2009). "The savant syndrome: an extraordinary condition. A synopsis: past, present, future." *Philosophical Transactions of the Royal Society B: Biological Sciences* 364(1522): 1351–57.

Wilson MA and McNaughton BL. "Reactivation of hippocampal ensemble memories during sleep." *Science* 265: 676–79.

Xia C. (2006). "Understanding the human brain: A lifetime of dedicated pursuit. Interview with Dr. Brenda Milner." *McGill Journal of Medicine* 9(2): 165.

Young RL, Ridding MC, and Morrell TL (2004). "Switching skills on by turning off part of the brain." *Neurocase* 10(3): 215–22.

Zhang J (2019). "Basic neural units of the brain: neurons, synapses and action potential." ArXiv preprint arXiv: 1906.01703.

브레인툰: 도둑맞은 기억

Alzheimer A, Stelzmann RA, Schnitzlein HN, and Murtagh FR (1995). "An English translation of Alzheimer's 1907 paper, Über eine eigenartige Erkankung der Hirnrinde." *Clin Anat.* 8: 429–31.

Frisoni, GB, Altomare D, Thal DR, et al. (2022). "The probabilistic model of Alzheimer disease: The amyloid hypothesis revised." *Nat Rev Neurosci* 23: 53–66.

Grieco SF, Holmes TC, and Xu X (2023). "Probing neural circuit mechanisms in Alzheimer's disease using novel technologies." *Mol Psychiatry* 28: 4407–20.

6장. 중독이란 무엇일까?

The graph of common addictive substances plotted according to their harmfulness and addictiveness is redrawn from: Nutt D, King LA, Saulsbury W, and Blake-more C (2007). Development of a rational scale to assess the harm of drugs of potential misuse. *Lancet* 369: 1047–53.

Akpan, Nslkan. "Fentanyl Is So Potent Doctors Don't Know How to Fight It," December 2017. https://www.pbs.org/newshour/science/fentanyl-is-so-potent-doctors-dont-know-how-to-fight-it. Accessed 5/5/2024.

Andreas P (2020). *Killer High: A History of War in Six Drugs.* Oxford University Press.

Anselme P and Robinson MJ (2013). "What motivates gambling behavior? Insight into dopamine's role." *Front Behav Neurosci* 7:182.

Antonio A, Brennan A, and Conversi D (2021). "The SEEKING drive and its fixation: A neuro-psycho-evolutionary approach to the pathology of addiction." *Front Hum Neuroscien* 15:635932.

Berridge KC and Kringelbach ML (2015). "Pleasure systems in the brain." *Neuron* 86 (3): 646–64.

Cash H, Rae CD, Steel AH, and Winkler A (2012). "Internet addiction: a brief summary of research and practice." *Curr Psychiatry Rev* 8(4): 292–98.

Everitt BJ, Hutcheson DM, Ersche KD, Pelloux Y, Dalley JW, and Robbins TW. "The orbital prefrontal cortex and drug addiction in laboratory animals and humans." *Annals of the New York Academy of Sciences* 1121(1): 576–97.

James A and Williams J (2020). "Basic opioid pharmacology—an update." *British Journal of Pain* 14(2): 115–21.

Lisman JE and Grace AA (2005). "The hippocampal- VTA loop: Controlling the entry of information into long-term memory." *Neuron* 46(5): 703–13.

Maslow AH (1943). "A theory of human motivation." *Psychological Review* 50(4): 370–96.

Pahuja R, Seth K, Shukla A, Shukla RK, Bhatnagar P, Chauhan LK, Saxena PN, Arun J, Chaudhari BP, Patel DK, Singh SP, Shukla R, Khanna VK, Kumar P, Chaturvedi RK, and Gupta KC. (2015). "Trans-blood brain barrier delivery of dopamine-loaded nanoparticles reverses functional deficits in parkinsonian rats." *ACS Nano* 9(5): 4850–71.

Rhodes T, Lilly R, Fernández C, Giorgino E, Kemmesis UE, Ossebaard HC, Lalam N, Faasen I, and Spannow KE (2003). "Risk factors associated with drug use: The importance of 'risk environment.'" *Drugs: Education, Prevention and Policy* 10(4): 303–29.

Roque Bravo R, Faria AC, Brito-da Costa AM, Carmo H, Mladěnka P, Dias da Silva D, Remião F On behalf of the oemonom researchers (2022). "Cocaine: An updated overview on chemistry, detection, biokinetics, and pharmacotoxi-cological aspects including abuse pattern." *Toxins (Basel)* 14(4): 278.

Voon V, Mole TB, Banca P, Porter L, Morris L, Mitchell S, Lapa TR, Karr J, Harrison NA, Potenza MN, and Irvine M (2014). "Neural correlates of sexual cue reactivity in individuals with and without compulsive sexual behaviours." *PLoS One* 9(7):e102419.

Weinstein A and Lejoyeux M (2015). "New developments on the neurobiological and pharmaco-genetic mechanisms underlying internet and videogame addiction." *American Journal on Addictions* 24(2): v117–25.

브레인툰: 중독된 탐정의 사례

Conan Doyle A DPS (1937). "Was Sherlock Holmes a drug addict?" *The Lancet*, 229: 292.

Editorial (1937). "Was Sherlock Holmes a drug addict?" *Nature* 139: 21.

Lüscher C, Robbins TW, and Everitt BJ (2020). "The transition to compulsion in addiction." *Nat Rev Neurosci* 21: 247–63.

Martin C. (2010). "Elementary, Dr. Bell." *The Lancet*, 375: 190.

Nestler EJ (2005). "The neurobiology of cocaine addiction." *Sci Pract Perspect*. 3: 4–10.

7장. 의식이란 무엇일까?

Baars BJ, Geld N, and Kozma R (2021). "Global workspace theory (GWT) and prefrontal cortex: Recent developments." *Frontiers in Psychology* 12: 749868.

Cochrane T (2021). "A case of shared consciousness." *Synthese* 199: 1019–37.

de Haan EHF, Corballis PM, Hillyard SA, Marzi CA, Seth A, Lamme VAF, Volz L, Fabri M, Schechter E, Bayne T, Corballis M, and Pinto Y (2020). "Split-brain: What we know now and why this is important for understanding conscious-ness." *Neuropsychol Rev* 30(2): 224–33.

Dennett DC (2018). "Facing up to the hard question of consciousness." *Philosophical Transactions of the Royal Society B: Biological Sciences* 373: 20170342.

Green CD (2019). "Where did Freud's iceberg metaphor of mind come from?" *History of Psychology* 22(4): 369–72.

Luppi AI, Craig MM, Pappas I, Finoia P, Williams GB, Allanson J, Pickard JD, Owen AM, Naci L, Menon DK, and Stamatakis EA (2019). "Consciousness-specific dynamic interactions of brain integration and functional diversity." *Nat Commun* 10(1): 4616.

Moutoussis K and Zeki S (2002). "The relationship between cortical activation and perception investigated with invisible stimuli." *Proc Natl Acad Sci USA* 99(14): 9527–32.

Pinto Y, De Haan EHF, and Lamme VAF (2017). "The split-brain phenomenon revisited: A single conscious agent with split perception." *Trends in Cognitive Sciences* 21: 835–51.

Ruch S, Züst MA, and Henke K (2016). "Subliminal messages exert long-term effects on decision- making." *Neuroscience of Consciousness.* 2016 e-collection: niw013.

Searle J (2013). "Theory of mind and Darwin's legacy." *Proceedings of the National Academy of Sciences* 110: 10343–48.

van der Bles AM, Postmes T, and Meijer RR (2015). "Understanding collective discontents: A psychological approach to measuring zeitgeist." *PLoS One* 10(6): e0130100.

van Erp WS, Lavrijsen JC, and Koopmans RT (2016). "The unresponsive wakefulness syndrome: Dutch perspectives." *Nederlands Tijdschrift Voor Geneeskunde* 160: D108.

van Gaal S, de Lange FP, and Cohen MX (2012). "The role of consciousness in cognitive control and decision making." *Front Hum Neurosci* 6: 121.

Weinberger J and Westen D (2008). "RATS, we should have used Clinton: Subliminal priming in political campaigns." *Political Psychology* 29(5): 631–51.

Whalen PJ, Rauch SL, Etcoff NL, McInerney SC, Lee MB, and Jenike MA (1998). "Masked presentations of emotional facial expressions modulate amygdala activity without explicit knowledge." *J Neurosci* 18(1): 411–18.

8장. 무엇이 우리를 행복하게 만들까?

Botti S, Orfali K, and Iyengar SS (2009). "Tragic choices: Autonomy and emotional responses to medical decisions." *Journal of Consumer Research* 36 (3): 337–52.

Bouchard TJ, Lykken DT, McGue M, Segal NL, and Tellegen A (1990). "Sources of human psychological differences: The Minnesota study of twins reared apart." *Science* 250: 223–28.

Chavez EJ (2008). "Flow in sport: A study of college athletes." *Imagination, Cognition and Personality* 28(1): 69–91.

Dejonckheere E, Rhee JJ, Baguma PK, Barry O, Becker M, Bilewicz M, Caste-lain T, Costantini G, Dimdins G, Espinosa A, Finchilescu G, Friese M, Gastardo-Conaco MC, Gómez A, González R, Goto N, Halama P, Hurtado-Parrado C, Jiga-Boy GM, Karl JA, Novak L, Ausmees L, Loughnan S, Mastor KA, McLatchie N, Onyishi IE, Rizwan M, Schaller M, Serafimovska E, Suh EM, Swann WB Jr., Tong EMW, Torres A, Turner RN, Vinogradov A, Wang Z, Yeung VW, Amiot CE, Boonyasiriwat W, Peker M, Van Lange PAM, Vauclair CM, Kuppens P, and Bastian B (2022). "Perceiving societal pressure to be happy is linked to poor well-being, especially in happy nations." *Sci Rep* 12(1): 1514.

Fox GR, Kaplan J, Damasio H, and Damasio A (2015). "Neural correlates of gratitude." *Front Psychol* 6: 1491.

Gao L, Sun B, Du Z, and Lv G (2022). "How wealth inequality affects happiness: The perspective of social comparison." *Frontiers in Psychology* 13: 829707.

Hovorka M, Ewing D, and Middlemas DS (2022). "Chronic SSRI treatment, but not norepinephrine reuptake inhibitor treatment, increases neurogenesis in juvenile rats." *International Journal of Molecular Sciences* 23: 6919.

Kahneman D and Deaton A (2010). "High income improves evaluation of life but not emotional well-being." *Proc Natl Acad Sci USA* 107(38): 16489–93.

Killingsworth MA (2021). "Experienced well-being rises with income, even above $75,000 per year." *Proceedings of the National Academy of Sciences* 118(4): e2016976118.

Kim ES, Whillans AV, Lee MT, Chen Y, and VanderWeele TJ (2020). "Volunteering and subsequent health and well-being in older adults: An outcome-wide longitudinal approach." *American Journal of Preventive Medicine* 59(2): 176–86.

Layard R, Mayraz G, and Nickell S (2010). "Does relative income matter? Are the critics right?" In Diener E, Helliwell JF, and Kahneman D (eds.), *International Differences in Well-Being* (pp. 139–65). Oxford University Press.

Lykken D and Tellegen A (1996). "Happiness is a stochastic phenomenon." *Psychological Science* 7(3): 186–89.

Maslow AH (1943). "A theory of human motivation." *Psychological Review* 50(4): 370–96.

Piff PK and Moskowitz JP (2018). "Wealth, poverty, and happiness: Social class is differentially associated with positive emotions." *Emotion* 18(6): 902–5.

Quello SB, Brady KT, and Sonne SC (2005). "Mood disorders and substance use disorder: A complex comorbidity." *Sci Pract Perspect* 3(1): 13–21.

Reutskaja E, Lindner A, Nagel R, Anderson RA, and Camerer CF (2018). "Choice overload reduces neural signatures of choice set value in dorsal striatum and anterior cingulate cortex." *Nat Hum Behav* 2: 925–35.

Waldinger R (2023). "What makes a good life? Lessons from the longest study on happiness." https://www.ted.com/talks/robert_waldinger_what_makes_a_good_life_lessons_from_the_longest_study_on_happiness?subtitle=en. Accessed 5/5/2024.

Wrigley WJ and Emmerson SB (2013). "The experience of the flow state in live music performance." *Psychology of Music* 41(3): 292–305.

9장. 우리에게는 자유 의지가 있을까?

Arain M, Haque M, Johal L, Mathur P, Nel W, Rais A, Sandhu R, and Sharma S (2013). "Maturation of the adolescent brain." *Neuropsychiatric disease and treatment* 9: 449–61.

Babu KS and Barth FG (1984). "Neuroanatomy of the central nervous system of the wandering spider, *Cupiennius salei* (Arachnida, Araneida)." *Zoomorphology* 104: 344–59.

Berdoy M, Webster JP, and Macdonald DW (2000). "Fatal attraction in rats infected with *Toxoplasma gondii*." *Proceedings of the Royal Society of London. Series B: Biological Sciences* 267: 1591–94.

Collias EC and Collias NE (1964). "The development of nest-building behavior in a weaverbird." *The Auk* 81(1): 42–52.

Corver A, Wilkerson N, Miller J, and Gordus A (2021). "Distinct movement pat-terns generate stages of spider web building." *Current Biology* 31(22): 4983–97.

Darby RR, Horn A, Cushman F, and Fox MD (2018). "Lesion network localization of criminal behavior." *Proceedings of the National Academy of Sciences* 115(3): 601–6.

Franklin B, Majault, Le Roy, Sallin, Bailly JS, D'Arcet, de Bory, Guillotin JI, and Lavoisier A. (2000). "Report of the commissioners charged by the King with the examination of animal magnetism. 1784." *Int J Clin Exp Hypn* 50(4): 332–63.

Marzullo TC (2017). "The missing manuscript of Dr. Jose Delgado's radio controlled bulls." *Journal of undergraduate neuroscience education* 15(2): R29–R35.

Peper JS, Brouwer RM, Boomsma DI, Kahn RS, and Hulshoff Pol HE (2007). "Genetic influences on human brain structure: A review of brain imaging studies in twins."

Human brain mapping 28(6): 464–73.

United States Senate Ninety-Fifth Congress First Session (1977). "Project MKUL-TRA, the CIA's program of research in behavioral modification." Joint Hearing before the Select Committee on Intelligence and the Subcommittee on Health and Scientific Research of the Committee on Human Resources. https://www.intelligence.senate.gov/sites/default/files/hearings/95mkultra.pdf Downloaded 5/5/2024.

Zhao J, Feng C, Wang W, Su L, and Jiao J (2022). "Human SERPINA3 induces neocortical folding and improves cognitive ability in mice." *Cell Discov* 8(1): 124.

브레인툰: 무엇이 웃기다고 느끼게 만드는 걸까?

Dunbar RI, Baron R, Frangou A, Pearce E, van Leeuwen EJ, Stow J, Partridge G, MacDonald I, Barra V, and van Vugt M (2012). "Social laughter is correlated with an elevated pain threshold." *Proc Biol Sci* 279(1731): 1161–67.

Franklin RG and Adams RB (2011). "The reward of a good joke: Neural correlates of viewing dynamic displays of stand-up comedy." *Cognitive, Affective, and Behavioral Neuroscience* 11: 508–15.

Fried I, Wilson CL, MacDonald KA, and Behnke EJ (1998). "Electric current stimulates laughter." *Nature* 391: 650.

Harris CR and Christenfeld N (1999). "Can a machine tickle?" *Psychonomic Bulletin & Review* 6: 504–10.

LoSchiavo FM, Shatz MA, and Poling DA (2008). "Strengthening the scholarship of teaching and learning via experimentation." *Teaching of Psychology* 35(4): 301–4.

Parvizi J, Anderson SW, Martin CO, Damasio H, and Damasio AR (2001). "Pathological laughter and crying: A link to the cerebellum." *Brain* 124(9): 1708–19.

Wild B, Rodden FA, Grodd W, and Ruch W (2003). "Neural correlates of laughter and humour." *Brain* 126(10): 2121–38.

10장. 죽으면 어떤 일이 일어날까?

Anonymous (1907). "Soul has weight, physician thinks." *New York Times*, March 11, 1907, edition: p5. https://www.nytimes.com/1907/03/11/archives/soul-has-weight-physician-thinks-dr-macdougall-of-haverhill-tells.html. Accessed 5/5/2024.

Baker DJ, Wijshake T, Tchkonia T, LeBrasseur NK, Childs BG, Van De Sluis B, Kirkland JL, and Van Deursen JM (2011). "Clearance of P16Ink4a-positive senescent cells delays ageing-associated disorders." *Nature* 479: 232–36.

Becker E (1973). *The Denial of Death*. Free Press.

Borjigin J, Lee U, Liu T, Pal D, Huff S, Klarr D, Sloboda J, Hernandez J, Wang MM, and Mashour GA (2013). "Surge of neurophysiological coherence and connectivity in the dying brain." *Proc Natl Acad Sci USA* 110(35): 14432–37.

Jaijyan DK, Selariu A, Cruz-Cosme R, Tong M, Yang S, Stefa A, Kekich D, Sadoshima J, Herbig U, Tang Q, Church G, Parrish EL, and Zhu H (2022). "New intranasal and injectable gene therapy for healthy life extension." *Proc Natl Acad Sci USA* 119(20): e2121499119.

Johnston MV (1996). "Cellular alterations associated with perinatal asphyxia." In *Report of the Workshop on Acute Perinatal Asphyxia in Term Infants: August 30–31, 1993, Rockville, Maryland* 16 (96): 27.

Klackl J, Jonas E, and Kronbichler M (2014). "Existential neuroscience: Self-esteem moderates neuronal responses to mortality- related stimuli." *Soc Cogn Affect Neurosci* 9(11): 1754–61.

Lavazza A (2021). " 'Consciousnessoids': Clues and insights from human cerebral organoids for the study of consciousness." *Neuroscience of Consciousness* 7(2): niab029.

Lee J, Bignone PA, Coles LS, Liu Y, Snyder E, and Larocca D (2020). "Induced pluripotency and spontaneous reversal of cellular aging in supercentenarian donor cells." *Biochem Biophys Res Commun* 525(3): 563–69.

Parent B and Turi A (2020). "Death's troubled relationship with the law." *AMA Journal of Ethics* 22(12): 1055–61.

Quirin M, Loktyushin A, Arndt J, Küstermann E, Lo YY, Kuhl J, and Eggert L (2012). "Existential neuroscience: a functional magnetic resonance imaging investigation of neural responses to reminders of one's mortality." *Soc Cogn Affect Neurosci* 7(2): 193–98.

Takahashi K and Yamanaka S (2012). "Induction of pluripotent stem cells from mouse embryonic and adult fibroblast cultures by defined factors." *Cell* 126(4): 663–76.

Yenari M and Han H (2012). "Neuroprotective mechanisms of hypothermia in brain ischaemia." *Nat Rev Neurosci* 13: 267–78.

11장. 무엇이 우리를 인간답게 만들까?

The graph that plots the brain size of different animals against the size of their bodies is redrawn from: Tartarelli G and Bisconti M (2006). "Trajectories and Constraints in Brain Evolution in Primates and Cetaceans." *Human Evolution* 21: 275–87. https://doi-org.wake.idm.oclc.org/10.1007/s11598-006-9027-4.

The graph showing the cranial capacity of our recent evolutionary ancestors is redrawn from: DeSilva JM, Traniello JFA, Claxton AG, and Fannin LD (2021). "When and why did human brains decrease in size? A new change point analysis and insights from brain evolution in ants." *Front Ecol Evol* 9: 712. 10.3389/fevo.2021.742639.

Dicke U and Roth G (2016). "Neuronal factors determining high intelligence." *Philos Trans R Soc Lond B Biol Sci* 371: 20150180.

Eriksen N and Pakkenberg B (2007). "Total neocortical cell number in the mysticete brain." *The Anatomical Record: Advances in Integrative Anatomy and Evolutionary Biology* 290(1): 83–95.

Furutani R (2008). "Laminar and cytoarchitectonic features of the cerebral cortex in the Risso's dolphin (*Grampus griseus*), striped dolphin (*Stenella coeruleoalba*), and bottlenose dolphin (*Tursiops truncatus*)." *Journal of Anatomy* 213(3): 241–48.

Godwin DW and Masicampo M (2015). "Mind like a sponge: Evolutionary paths to the brain." *Biochem* (London) 37(5): 12–15.

Göhde R, Naumann B, Laundon D, Imig C, McDonald K, Cooper BH, Varoqueaux F, Fasshauer D, and Burkhardt P (2021). "Choanoflagellates and the ancestry of neurosecretory vesicles." *Phil Trans R Soc B* 376: 20190759.

Heide M, Haffner C, Murayama A, Kurotaki Y, Shinohara H, Okano H, Sasaki E, and Huttner WB (2020). "Human- specific ARHGAP11B increases size and folding of primate neocortex in the fetal marmoset." *Science* 369: 546–50.

Herculano-Houzel S (2012). "The remarkable, yet not extraordinary, human brain as a scaled-up primate brain and its associated cost." *Proceedings of the National Academy of Sciences* 109(S1): 10661–68.

Hofman MA (2014). "Evolution of the human brain: When bigger is better." *Front Neuroanat* 8: 15.

Hunter P (2020). "The rise of the mammals: Fossil discoveries combined with dating advances give insight into the great mammal expansion." *EMBO Reports* 21(11): e51617.

Kim J, Jung Y, Barcus R, Bachevalier JH, Sanchez MM, Nader MA, and Whit-low CT (2020). "Rhesus macaque brain developmental trajectory: A longitudinal analysis using tensor-based structural morphometry and diffusion tensor imaging." *Cerebral Cortex* 30(8): 4325–35.

Ksepka DT, Balanoff AM, Smith NA, Bever GS, Bhullar BS, Bourdon E, Braun EL, Burleigh JG, Clarke JA, Colbert MW, Corfield JR, Degrange FJ, De Pietri VL, Early CM, Field DJ, Gignac PM, Gold MEL, Kimball RT, Kawabe S, Lefeb-vre L, Marugán-Lobón J, Mongle CS, Morhardt A, Norell MA, Ridgely RC, Rothman RS, Scofield RP, Tambussi CP, Torres CR, van Tuinen M, Walsh SA, Watanabe A, Witmer LM, Wright AK, Zanno LE, Jarvis ED, and Smaers JB (2020). "Tempo and pattern of avian brain size evolution." *Curr Biol* 30(11): 2026–36.e3.

Lai CS, Fisher SE, Hurst JA, Vargha-Khadem F, and Monaco AP (2007). "A forkhead-domain gene is mutated in a severe speech and language disorder." *Nature* 413: 519–23.

Marino L, Connor RC, Fordyce RE, Herman LM, Hof PR, Lefebvre L, Lusseau D, McCowan B, Nimchinsky EA, Pack AA, Rendell L, Reidenberg JS, Reiss D, Uhen MD, Van der Gucht E, and Whitehead H (2007). "Cetaceans have complex brains for complex cognition." *PLoS Biol* 5(5): e139.

Olkowicz S, Kocourek M, Lučan RK, Porteš M, Fitch WT, Herculano-Houzel S, and Němec P (2016). "Birds have primate- like numbers of neurons in the fore-brain." *Proceedings of the National Academy of Sciences* 113(26): 7255–60.

Orban GA and Caruana F (2014). "The neural basis of human tool use." *Frontiers in Psychology* 5: 81841.

Peeters R, Simone L, Nelissen K, Fabbri- Destro M, Vanduffel W, Rizzolatti G, and Orban GA (2009). "The representation of tool use in humans and monkeys: Common and uniquely human features." *Journal of Neuroscience* 29(37): 11523–39.

Roth G and Dicke U (2012). "Evolution of the brain and intelligence in primates." *Progress in Brain Research* 195: 413–30.

Sherwood CC, Subiaul F, and Zawidzki TW (2008). "A natural history of the human mind: Tracing evolutionary changes in brain and cognition." *J Anat* 212(4): 426–54.

Smaers JB, Rothman RS, Hudson DR, Balanoff AM, Beatty B, Dechmann DKN, de Vries D, Dunn JC, Fleagle JG, Gilbert CC, Goswami A, Iwan-iuk AN, Jungers WL, Kerney M, Ksepka DT, Manger PR, Mongle CS, Rohlf FJ, Smith NA, Soligo C, Weisbecker V, and Safi K (2021). "The evolution of mammalian brain size." *Sci Adv* 7(18): eabe2101.

Sun T and Hevner RF (2014). "Growth and folding of the mammalian cerebral cortex: From molecules to malformations." *Nature Reviews Neuroscience* 15(4): 217–32.

맺는 말: 여전히 광활한 미지의 영역인 우리의 정신과 뇌

Sagan C (1979). *Broca's Brain: Reflections on the Romance of Science*, Random House.

옮긴이 이영래

이화여자대학교 법학과를 졸업하였다. 번역에이전시 엔터스코리아에서 출판 기획 및 전문 번역가로 활동하고 있다. 주요 역서로는 『누구도 나를 파괴할 수 없다』, 『파타고니아, 파도가 칠 때는 서핑을』, 『씽크 어게인』, 『움직임의 뇌과학』, 『경험의 멸종』, 『인간을 진화시키는 AI』, 『AI 혁명, 슈퍼 에이전시』, 『모두 거짓말을 한다』, 『뇌는 팩트에 끌리지 않는다』 등이 있다.

우리의 행동을 결정하는 뇌에 관한 11가지 흥미로운 질문

내가 궁금할 땐 뇌과학

1판 1쇄 인쇄 2025년 10월 15일
1판 1쇄 발행 2025년 10월 25일

지은이 호르헤 챔, 드웨인 고드윈
옮긴이 이영래

발행인 양원석 **편집장** 최두은 **책임편집** 이아람
디자인 신자용, 김미선 **영업마케팅** 윤송, 김지현, 최현윤, 백승원, 유민경
해외저작권 임이안, 안효주

펴낸 곳 ㈜알에이치코리아
주소 서울시 금천구 가산디지털2로 53, 20층 (가산동, 한라시그마밸리)
편집문의 02-6443-8855   **도서문의** 02-6443-8800
홈페이지 http://rhk.co.kr
등록 2004년 1월 15일 제2-3726호

ISBN 978-89-255-7304-5 (03400)

※ 이 책은 ㈜알에이치코리아가 저작권자와의 계약에 따라 발행한 것이므로 본사의 서면 허락 없이는 어떠한 형태나 수단으로도 이 책의 내용을 이용하지 못합니다.
※ 잘못된 책은 구입하신 서점에서 바꾸어 드립니다.
※ 책값은 뒤표지에 있습니다.